21世纪高等学校计算机规划教材
21st Century University Planned Textbooks of Computer Science

C语言程序设计教程（附微课视频）

C Programming Language

胡春安 欧阳城添 王俊岭 主编
钟杨俊 副主编

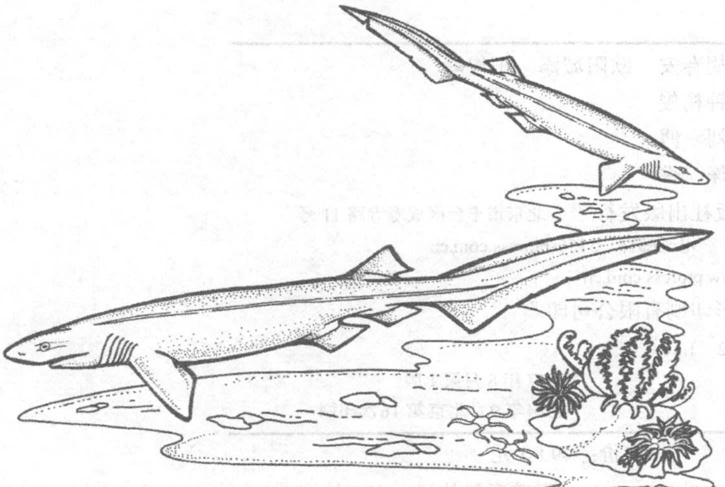

高校系列

人民邮电出版社
北京

图书在版编目（CIP）数据

C语言程序设计教程 : 附微课视频 / 胡春安, 欧阳城添, 王俊岭主编. -- 北京 : 人民邮电出版社, 2017.8
21世纪高等学校计算机规划教材. 高校系列
ISBN 978-7-115-45174-3

Ⅰ. ①C… Ⅱ. ①胡… ②欧… ③王… Ⅲ. ①C语言－程序设计－高等学校－教材 Ⅳ. ①TP312.8

中国版本图书馆CIP数据核字(2017)第151845号

内容提要

本书力图让读者轻松快乐地学习C语言程序设计，因此，在写作手法上采用生活用语、诙谐语言、典故、名人名句进行理论知识的导引，一改往日教材严肃枯燥风格，使读者学之有趣。全书共11章，每章6节，由浅入深、循序渐进，既有理论又有实践，保证内容的完整性和统一性。书中基础知识强调基本语法和语言要素的学习，编程方面突出算法思想、程序设计和方法，通过举一反三的例题强化知识的灵活应用和程序设计能力的培养，以期在较短的时间内快速提高读者分析问题和解决问题的能力。

全书结构完整、概念清晰、内容翔实、案例丰富，并且突出实践应用，适合作为高等院校理工科专业“C语言程序设计”教材使用，也适合有志从事计算机工作的工程人员选作参考用书。

本书最大特点是突出信息化，与时俱进，在主要知识点部分设计了相关视频学习材料，读者只需用手机扫描书中相应位置的二维码，便可获得相应内容的微视频。这一举措可以满足读者碎片化学习的需求，也是本教材区别于传统教材的创新点之一。

◆ 主　　编　胡春安　欧阳城添　王俊岭
副 主 编　钟杨俊
责任编辑　刘　博
责任印制　陈　犇

◆ 人民邮电出版社出版发行　　北京市丰台区成寿寺路11号
邮编　100164　　电子邮件　315@ptpress.com.cn
网址　http://www.ptpress.com.cn
北京捷迅佳彩印刷有限公司印刷

◆ 开本：787×1092　1/16
印张：18　　　2017年8月第1版
字数：415千字　　　2024年9月北京第16次印刷

定价：49.80元

读者服务热线：(010)81055256　印装质量热线：(010)81055316
反盗版热线：(010)81055315
广告经营许可证：京东市监广登字20170147号

前言 PREFACE

伴随着互联网的发展，各种高科技在行业中的应用蓬勃兴起，行业对人才的要求趋向于专业与计算机能力结合。从20世纪70年代起至今，C语言始终是计算机领域的通用语言，雄霸计算机世界。作为一名理工科学生，掌握C语言程序设计，对理解计算机编程和计算思维方式起着重要作用。

本教材的特点如下。

（1）写作风格独特，学而有趣。本书是作者根据长期理论教学经验和工程实训经验而编的，写作手法上采用生活用语、诙谐语言、名人名句进行理论知识的导引，一改往日教材严肃枯燥的风格，力图让读者在轻松快乐的氛围中学习C语言程序设计，寓教于乐。

（2）内容全面，定位准确，既有广度，又有深度。全书内容全面覆盖基础理论和案例学习，保证内容的完整性和统一性；由浅入深、循序渐进，适合非计算机专业和计算机专业的读者使用。

（3）理论与实践相结合，注重工程能力的训练。基础知识强调基本语法和语言规则，只有掌握了必要的语言规则才能正确编程、灵活应用。案例方面突出算法设计，通过举一反三的例题由浅入深地强化编程方法的讲解，以期在较短的时间内高效提高读者的逻辑思维能力、程序设计能力和解决实际问题的应用能力。

（4）提供配套实验平台，登录“学银在线”，搜索本书作者胡春安即可找到。在这个编程俱乐部平台上，读者将体会到编程的奇妙，感受到编程带来的快乐。只要坚持完成所有实验，将会玩转C语言，成为一个编程高手。

（5）学习方式与时俱进，突出信息化特色。随着信息化建设的发展，信息化已渗透到人们的学习和工作中，此书编写时录制了微课视频，读者只需用手机扫描二维码，即可进行相应知识点的视频学习，这满足了现代人碎片式学习的需求，是本教材的特色之一。

本书共分11章，每章分为6节。第1章至第5章及附录由胡春安编写，第6章至第8章由欧阳城添编写，第9章至第11章由王俊岭编写。每章的习题和实验由胡春安、王俊岭设计。书中所有二维码视频由胡春安和欧阳城添录制。书中所有例题均在Code::Blocks 16.01和Visual Studio 2015环境中调试通过，目的是让读者了解多种编译系统并提高程序调试能力。全书由胡春安和欧阳城添审稿、校对。

本书在编写过程中得到了有关专家和同事王曦、蔡虔、王华金、谢伟超等人的帮助，在此特向他们表示感谢。此外，编者在本书的写作过程中，还参考了大量的文献资料，引用或学习了他们的写作经验，在此向这些文献的作者表示衷心的感谢。

本书旨在提供一本高质量的学习用书，但限于编者水平，书中难免有错误和不妥之处，敬请读者批评指正。

编　者

2017 年 6 月

目录 CONTENTS

1 第1章 C语言概述 1

1.1 计算机语言……1
1.2 C语言程序……3
1.2.1 C语言的问世……3
1.2.2 简单C语言程序……3
1.2.3 C语言程序的基本组成……4
1.3 C语言程序的开发过程……5
1.4 C语言集成开发环境……5
1.4.1 Code::Blocks……6
1.4.2 Visual C++ 2015……12
1.5 经典算法……17
1.6 小结……19
习题……19
实验一 简单的C程序……20

2 第2章 程序设计初步 22

2.1 算法的概念……22
2.2 算法的描述……23
2.3 程序设计方法……24
2.3.1 结构化程序设计……24
2.3.2 模块化程序设计……26
2.3.3 自顶向下，逐步细化的设计过程……27
2.4 软件开发过程……27
2.5 经典算法……27
2.5.1 累加算法……27
2.5.2 擂台算法……29
2.5.3 简单选择排序法……30
2.6 小结……32
习题……32
实验二 简单算法……32

3 第3章 C语言编程基础 34

3.1 C语言的基本符号……34
3.1.1 标识符……34
3.1.2 常量……35
3.1.3 变量……35
3.2 数据类型……37
3.2.1 整型数据……38
3.2.2 实型数据……41
3.2.3 字符型数据……41

3.2.4 宏定义 ······ 44
3.2.5 应用举例 ······ 46
3.3 运算符和表达式 ······ 47
3.3.1 算术运算符与算术表达式 ··· 47
3.3.2 赋值运算符与赋值表达式 ··· 49
3.3.3 逗号运算符和逗号表达式 ··· 51
3.3.4 强制类型转换 ······ 51
3.3.5 自增自减运算符 ······ 52
3.3.6 sizeof 运算符 ······ 53
3.3.7 关系运算符和关系表达式 ··· 53
3.3.8 逻辑运算符和逻辑表达式 ··· 54
3.4 C语言语句 ······ 56
3.5 经典算法 ······ 57
3.5.1 整除求余算法 ······ 57
3.5.2 数位拆解算法 ······ 57
3.6 小结 ······ 58
习题 ······ 58
实验三 C语言编程基础 ······ 60

第4章 顺序结构程序设计 63

4.1 顺序结构 ······ 63
4.2 标准的输出函数 ······ 65
4.2.1 格式输出函数printf() ······ 65
4.2.2 字符输出函数putchar() ····· 68
4.3 标准的输入函数 ······ 69
4.3.1 格式输入函数scanf ······ 69
4.3.2 字符输入函数getchar ······ 72
4.4 数学函数 ······ 72
4.5 经典算法 ······ 75
4.5.1 摄华算法 ······ 75
4.5.2 海伦算法 ······ 75
4.6 小结 ······ 77
习题 ······ 77
实验四 顺序结构程序设计 ······ 79

第5章 选择结构程序设计 84

5.1 单分支结构 ······ 84
5.2 双分支结构 ······ 85
5.3 多分支结构 ······ 87
5.3.1 if 语句嵌套 ······ 88
5.3.2 switch语句 ······ 91
5.4 条件运算符和条件表达式 ······ 94
5.5 经典算法 ······ 95
5.5.1 海伦算法 ······ 95
5.5.2 数位拆解 ······ 96
5.5.3 分段函数 ······ 97
5.5.4 芳龄几何 ······ 97
5.5.5 简易计算器 ······ 98
5.5.6 报数游戏 ······ 99
5.6 小结 ······ 100
习题 ······ 100
实验五 选择结构程序设计 ······ 102

6 第6章 循环结构程序设计 105

6.1 前测循环 105
6.1.1 while循环语句 105
6.1.2 for循环语句 107
6.2 后测循环 108
6.3 循环嵌套 109
6.4 break语句和continue语句 111
6.4.1 break语句 111
6.4.2 continue语句 112
6.5 经典算法 113
6.5.1 迭代算法 113
6.5.2 穷举法 116
6.5.3 擂台算法 119
6.5.4 数位拆解 120
6.5.5 反证算法 120
6.6 小结 122
习题 123
实验六 循环结构程序设计 127

7 第7章 数组 132

7.1 一维数组 132
7.1.1 一维数组的定义 132
7.1.2 一维数组元素的引用 133
7.1.3 一维数组的初始化 134
7.1.4 一维数组应用举例 134
7.2 二维数组 135
7.2.1 二维数组的定义 135
7.2.2 二维数组元素的引用 136
7.2.3 二维数组的初始化 136
7.2.4 二维数组应用举例 137
7.3 字符数组 139
7.3.1 字符数组的定义 139
7.3.2 字符数组的初始化 139
7.3.3 字符数组的输入和输出 140
7.4 字符串函数 140
7.5 经典算法 145
7.5.1 顺序查找算法 145
7.5.2 冒泡法排序算法 145
7.5.3 选择法排序算法 147
7.6 小结 149
习题 149
实验七 数组 152

8 第8章 函数 155

8.1 函数 155
8.1.1 函数的定义 155
8.1.2 函数的返回值 158
8.1.3 函数的调用 159
8.1.4 函数的声明 161
8.2 递归函数 162

8.3 数组与函数 166
8.3.1 数组元素作函数实参 166
8.3.2 数组名作为函数参数 167
8.4 变量的属性 170
8.4.1 局部变量和全局变量 170
8.4.2 动态存储与静态存储方式 173
8.5 经典算法 175
8.5.1 二分查找算法 175
8.5.2 冒泡法排序算法 176
8.5.3 选择法排序算法 176
8.6 小结 177
习题 178
实验八 函数 181

9 第 9 章 指针 185

9.1 指针变量 185
9.1.1 内存地址 185
9.1.2 指针变量的定义 187
9.1.3 指针变量的引用 187
9.1.4 指针变量作为函数参数 189
9.2 一维数组与指针 190
9.2.1 一维数组的元素指针 190
9.2.2 通过指针引用数组元素 191
9.2.3 数组名作函数参数 193
9.2.4 指针数组 197
9.2.5 字符指针和字符串 200
9.3 二维数组与指针 201
9.3.1 二维数组与地址 201
9.3.2 二维数组与指针变量 203
9.4 函数与指针 204
9.4.1 函数指针 204
9.4.2 指针函数 208
9.5 经典算法 209
9.5.1 通用定积分算法 209
9.5.2 插入排序算法 211
9.6 小结 213
习题 213
实验九 指针 216

10 第 10 章 结构体和共用体 220

10.1 结构体 221
10.1.1 结构类型定义 221
10.1.2 结构体变量的定义 221
10.1.3 用typedef定义结构体类型 223
10.1.4 结构体变量成员的引用和赋值 224
10.2 结构体数组 225
10.3 结构体指针 227
10.3.1 指向结构体变量的指针 227

10.3.2 指向结构体数组的指针 228
10.3.3 结构体指针变量作函数参数 230
10.4 共用体 232
10.5 经典算法 233
10.6 小结 235
习题 235
实验十 结构体 238

11 第 11 章 文件 240

11.1 文件的概述 240
11.1.1 文件概念 240
11.1.2 文件系统 241
11.2 文件的打开与关闭 241
11.2.1 文件指针 241
11.2.2 文件的打开 242
11.2.3 文件的关闭 243
11.3 文件的顺序读写 243
11.3.1 读/写字符 243
11.3.2 读/写字符串 244
11.3.3 读/写数据块 246
11.3.4 格式化读/写 247
11.4 文件的随机读写 248
11.5 文件的其他操作 251
11.5.1 文件检测函数 251
11.5.2 文件遍历函数 252
11.6 小结 253
习题 253
实验十一 文件 255
实验十二 趣味编程题 256

习题参考答案 263
附录A ASCII码表 266
附录B C语言关键字 269
附录C 运算符及优先级表 270
附录D 常用库函数 272
参考文献 278

01

第1章　C语言概述

人与人之间可以通过语言进行交流和沟通，人与计算机之间也可以进行交流，甚至物与物之间也在开始交流。人与人之间沟通交流使用人类语言，人们借助语言保存和传递人类文明的成果，例如汉语、英语、法语、俄语、西班牙语、阿拉伯语等。人与计算机之间交流也需要语言，影响较大、使用较普遍的语言有 FORTRAN、ALGOL、COBOL、BASIC、LISP、Pascal、C、C++、VC、VB、Delphi、JSP、ASP、Java 等，这些都是人与计算机打交道的语言，称为计算机语言。

计算机程序设计语言经历了从机器语言、汇编语言到高级语言的发展历程。

1.1　计算机语言

有人说我不懂计算机语言，为什么也能和计算机沟通交流？也可以使用计算机进行聊天，使用计算机进行文字处理工作，也可以在网络上冲浪……说的没错，但那是因为有千千万万个懂计算机语言的程序员为我们设计和编写了可以和计算机交流的计算机程序，在这些程序的帮助下才能完成我们要做的事情。例如，想与朋友聊天，深圳腾迅公司使用 C++语言为人们开发了即时通信程序；想写个人简历、实验报告和项目计划书等，微软公司使用 C 语言为人们开发了办公软件 Word，Excel 和 PowerPoint 等；我们浏览的各种网站也是使用 JSP、ASP、PHP 等计算机语言开发的。图 1.1 所示为常用的计算机程序。

图1–1　常用的计算机程序

计算机程序（**Computer Program**）是指一组指示计算机或其他具有信息处理能力的装置进行每一步动作的指令，通常用某种程序设计语言编写，运行于某种目标体系结构上。

计算机程序设计（**Programming**）就是给出计算机解决某个问题的程式化的步骤和实现的方法，并以某种计算机语言为工具，在这种语言约定的规则下编写计算机工作的流程（即程式化的步骤），这个过程就是程序设计。用C语言进行的程序设计，就叫C语言程序设计。程序设计一般包括分析、设计、编码、测试、排错等不同阶段。

计算机语言的发展经历了从机器语言、汇编语言到高级语言的历程。

机器语言和汇编语言都是面向机器的语言，一般称为低级语言。低级语言对机器的依赖性太大，不适合用于开发应用程序。而高级语言比较接近于人们习惯使用的自然语言和数学语言，易于普及和推广，因此，称为高级语言。如表1-1中所示，使用C语言编写的程序要比使用机器语言和汇编语言编写程序容易得多。其中int a=2,b=5,c;语句接近自然语言，c=a+b; 语句接近数学语言。高级语言的优点是通用性强，可以在不同的机器上运行，程序可读性、易维护性和可移植性较好。

表1–1　机器语言，汇编语言和高级语言

机器语言	汇编语言	高级语言
C7 45 F8 02 00 00 00	mov　dword ptr [a],2	int a=2,b=5,c;
C7 45 EC 05 00 00 00	mov　dword ptr [b],5	
8B 45 F8	mov　eax,dword ptr [a]	c=a+b;
03 45 EC	add　eax,dword ptr [b]	
89 45 E0	mov　dword ptr [c],eax	

目前，计算机高级语言已有上百种之多，而得到广泛应用的只有十几种。并且，几乎每一种高级语言都有其最适合的领域。得到最广泛应用的有C、Java、C++、PHP、VB、.Net等，其中以C最为经典，雄霸计算机语言领域。图1-2是2002年以来流行语言的使用排行榜。

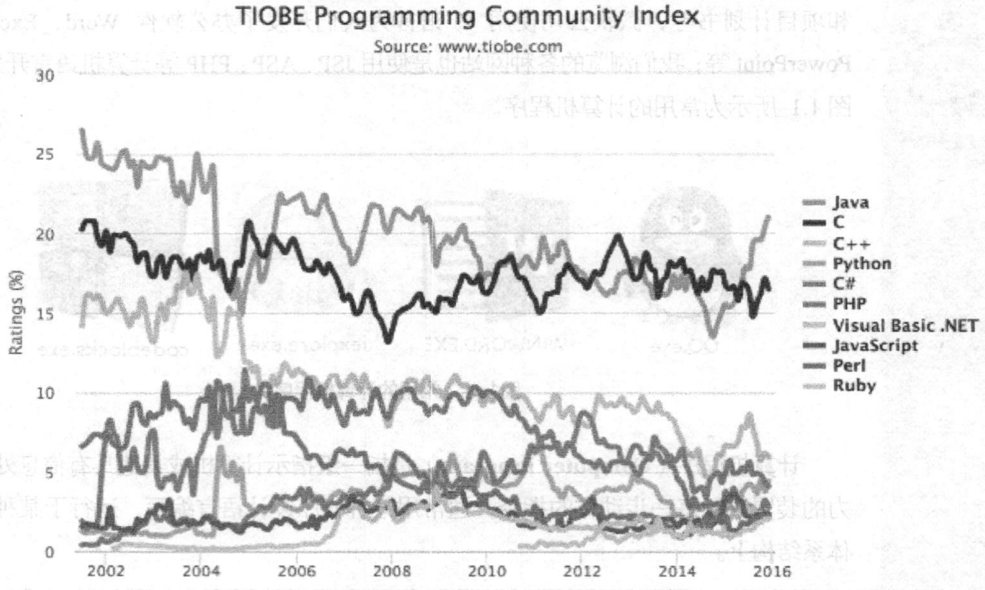

图1–2　TIOBE世界编程语言排行榜榜单

1.2 C语言程序

1.2.1 C语言的问世

图1-3 丹尼斯·里奇

C 语言是由美国 Bell 实验室的丹尼斯·里奇（Dennis M.Ritchie）于 1973 年为研制 Unix 操作系统而专门设计的，它是国际上公认的最重要的通用程序设计语言之一，至今已有 40 多年。1983 年，美国国家标准化协会（ANSI）根据 C 语言问世以来的各种版本对 C 的发展和扩充制定了新的标准，称为 ANSI C。目前流行的多种版本的 C 语言都是以此为基础的。1989 年，ANSI 公布了新标准 ANSI C 89，这个标准被国际化标准组织所接受。1999 年，ANSI 又公布了新标准 ANSI C 99。

丹尼斯·里奇（见图 1-3），C 语言之父，于 1965 年获得哈佛大学数学博士学位，1967 年进入贝尔实验室。1969 年，里奇和贝尔实验室人员开发 Unix 操作系统时研发了 C 语言。1978 年，他与汤普逊出版了著名的《C 程序设计语言》。1983 年荣获计算机科学界最高荣誉奖——图灵奖。2011 年 10 月 12 日，丹尼斯·里奇去世，享年 70 岁。

在 C 语言诞生以前，系统软件主要是用汇编语言编写的。由于汇编语言程序依赖于计算机硬件，其可读性和可移植性都很差，而一般的高级语言又难以实现对计算机硬件的直接操作（这正是汇编语言的优势），于是人们盼望有一种兼有汇编语言和高级语言特性的新语言。C 语言的问世解决了这个问题。C 语言既具有高级语言的特点，又具有汇编语言的特点；既可以用来写系统软件，也可以用来写不依赖计算机硬件的应用软件。例如，操作系统（如 Windows、Linues）和设备驱动程序（如打印机驱动程序、U 盘驱动程序）都是用 C 语言开发的，嵌入式系统、工业机器人、智能家电等控制程序也都是用 C 开发，且程序运行效率高。C 语言无所不能，几乎没有不能用 C 语言编写的软件，也没有不支持 C 语言的系统。C 语言简洁、紧凑，使用方便、灵活和高效，使得它在世界范围内深受广大计算机编程者的喜爱。

1.2.2 简单C语言程序

对于初学者来说，学习程序设计语言的最好方法就是尽快用它写程序。但编写程序遇到的首要问题可能是不知在哪里书写！如何书写又如何运行？下面我们先看一个例题，读者便能很快明白。

人们初次见面，往往使用礼貌用语与人打招呼，“Hello!”“你好！”“Hi”和“How do you do!”等，我们和 C 语言初次见面，也来和它打个招呼吧！

【例 1-1】请用 C 语言说“How do you do!”。

```
#include <stdio.h>                    /*编译预处理，包含标准库的信息*/
int main()                            /*定义名为main的主函数*/
{
  printf("How do you do!\n ");        /*调用库函数printf()以输出字符串*/
  return 0;                           /*返回0值*/
}
```

运行该程序，屏幕上会出现：

```
How do you do!
```

这是一个非常简单、完整的C语言程序。

程序说明：

（1）第1行#include是一个编译预处理指令，以“#”号开头。初写程序时可以不必知道其含义，但在每个程序的第一行几乎都要有它，后续的学习中自然会明白为什么要这么做；

（2）第2～6行是程序的主体，它是一个主函数，主函数名固定为main()；

（3）第4行是标准输出函数printf()，其作用是在输出设备上原样输出双引号内的字符串；

（4）第5行的作用是向操作系统返回一个零值，表示程序正常执行完毕。如果程序不能正常执行，则会自动向操作系统返回一个非零值，一般为-1，以此判断程序是否正常执行。

敬请读者注意，【例1-1】中的行号在输入程序时不要输入，这里是为了表述方便特意加上的。切记哦！

1.2.3 C语言程序的基本组成

从【例1-1】中大致可以看出C语言程序的基本模样。

1-1

1. C语言程序的基本组成框架

```
#include <stdio.h>                    /*编译预处理命令*/
int main()
{
    变量说明部分                      /*变量定义*/
    程序语句部分                      /*程序功能的实现*/
    printf( ....... );                /*输出结果*/
    return 0 ;                        /*程序正常结束*/
}
```

在此框架下，可以根据不同的问题在程序语句部分书写不同的语句，以完成程序的功能。

2. C语言程序的基本组成

（1）C语言规定，一个完整的C语言程序由一个或多个函数组成，必须有且只能有一个名为main()的主函数，它可以出现在程序的任何位置。程序总是从main()函数开始执行，也结束于main()函数中。

（2）C语言程序是以函数为基本单位的。函数包括：主函数main()，系统提供的**库函数**，如scanf()和printf()（详见附录D），**用户自定义函数**，如【例1-4】中的用户定义函数Pythagoras ()。

（3）C程序的每一个语句必须以**英文分号**“;”结束。分号“;”是语句的组成部分。C语言语句书写格式是自由的，一行上可以写多个语句，也可以一个语句写在多行上。但实际编写时还是按阶梯式的规范书写以增加程序的可读性。

（4）#include是编译预处理命令，其作用是将尖括号或双引号括起来的文件内容读到该命令位置处。如#include <stdio.h>即通知预处理器把标准输入/输出头文件stdio.h中的内容包含进程序中。头文件stdio.h包含了编译器在编译标准输入/输出函数时要用到的信息。每个使用标准输入/输出函数的程序中都要加上该命令。即凡是程序中调用了printf()和scanf()这两个标准输入/输出函数时都必须在程序的第一行加上#include <stdio.h>。

> **注意** 由于#include是编译预处理命令，不是语句，所以，它们不能以“;”结束，且必须单独占用一行，见【例1-1】。

（5）在C程序的任何位置可出现/*……*/或//，表示该内容为注释内容，用来对程序进行说明。程序员插入注释语句可以提高程序的可读性，帮助人们阅读和理解该程序。实际运行程序时编译系统会忽略这些注释，即对注释不进行编译。

另外，一些C语言编译环境还支持“//”表示本行文本为注释内容。如果跨行注释，习惯用/*……*/。

1.3 C语言程序的开发过程

一个C语言程序从最初编写代码到得到最终运行结果，大致需要经过以下五个步骤：

1. 编辑源程序

输入编写好的程序代码称之为**源程序**，源程序文件的扩展名为“.c”。

建立C源程序文件应选择一种开发工具，目前较流行的开发工具有很多，例如，CodeBlocks、Microsoft Visual C、C-Free、Borland C和Turbo C等，虽然这些编译系统基本部分都是相同的，但还是有一些差异，所以请读者注意自己使用的编译系统的特点和规定。

2. 编译源程序

为了使计算机能执行高级语言编写的源程序，必须把源程序转换为二进制形式的目标程序，这个过程称为**编译源程序**。如果在这一步中发现有语法错误，则要对源程序进行编辑修改，再进行编译。一般编译系统出错信息有两种：一种是语法错误信息，这类错误出现后必须修改重新再编译；另一种是警告信息，通常不影响程序的运行。

目标文件的扩展名为“.obj”。

3. 连接目标文件

编译结束后得到一个或多个目标文件，此时要用系统提供的“连接程序”（linker）将一个程序的所有目标文件和系统的库文件以及系统提供的其他信息连接起来，最终形成一个可执行的二进制文件。

可执行文件的扩展名为“.exe”。

4. 运行程序

运行第三步得到的可执行文件。

5. 分析结果

在编译连接过程中，虽然可以发现源程序中的大部分语法错误，但不能发现程序中的全部错误，特别是不能发现程序中的逻辑错误。因此，在运行过程中还有可能出现错误，系统仍会显示错误信息。即使系统没有显示错误信息，但运行结果仍会不正确或运行异常，此时，还需要对源程序进行检查修改，然后再进行编译连接，直至运行结果正确为止。

1.4 C语言集成开发环境

集成开发环境（Integrated Development Environment，IDE）是用于提供程序开发环境的应用程序，一般集成了代码编辑器、编译器、连接器、调试器和图形用户界面工具。适合C语言的集成开发环境有许多，如Codeblocks、Visual C++、Dev C++、Borland C++、C++ Builder、GCC、C_Free和Turbo C等。Visual C++ 6.0曾经是一款经典的学习C语言应用软件，由于它与现在常用的操作系统Windows10等存在兼容性问题，因此，本节主要介绍的集成开发环境是Codeblocks和Visual C++ express 2015。

1.4.1 Code::Blocks

CodeBlocks是一个开放源码的全功能的跨平台C/C++集成开发环境，可以在Windows/Linux等平台下运行，体积比较小。CodeBlocks是开放源码软件。CodeBlocks由纯粹的C++语言开发完成，它使用了著名的图形界面库wxWidgets版，支持最新的C/C++语法和最新的库文件，因此很多专业开发人员都推荐使用Code::Blocks。

1-2

1. 下载与安装

安装Code::Blocks IDE，首先需要从Code::Blocks官网http://www.codeblocks.org中下载安装程序，目前Code::Blocks 16.01是最新的版本。建议C/C++的初学者下载内置GCC编译和调试器的版本：codeblocks-16.01mingw-setup.exe，这样不至于花费太多时间配置编译器和调试器，从而可以把大部分时间用于学习调试和编写程序。

安装过程比较简单，运行下载后的安装文件进入安装界面，通常单击Next和I Agree等默认按钮，就可以顺利完成安装。安装后第一次启动Code::Blocks，会出现图1-4所示对话框，告诉您自动检测到GNU GCC Compiler编译器，用鼠标选择对话框右侧的Set as default按钮，然后再选择OK按钮。

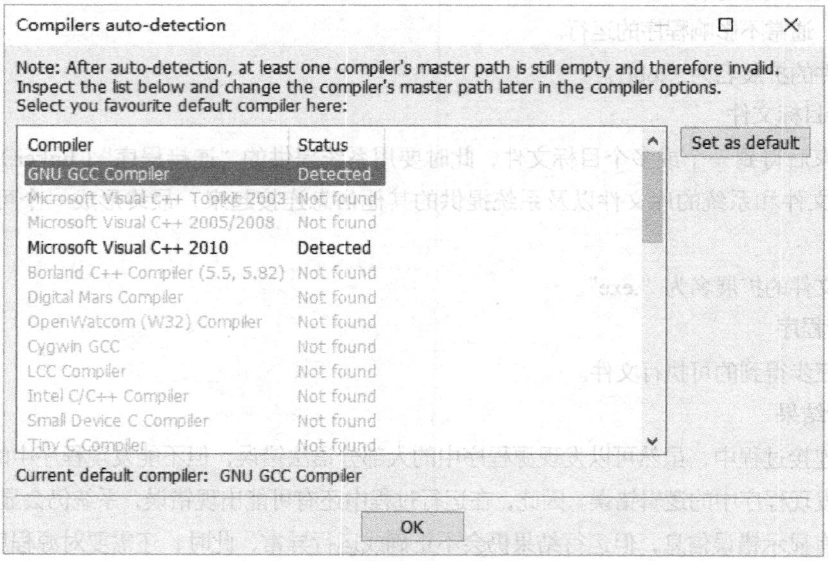

图1-4 编译器自动检测

2. 新建C语言项目

我们以【例1-1】为例介绍C语言项目的新建过程；并且介绍程序编辑、编译、连接、运行和调试的过程。单击“开始”菜单→“程序”→CodeBlocks→CodeBlocks，打开图1-5所示的Code::Blocks的主界面。

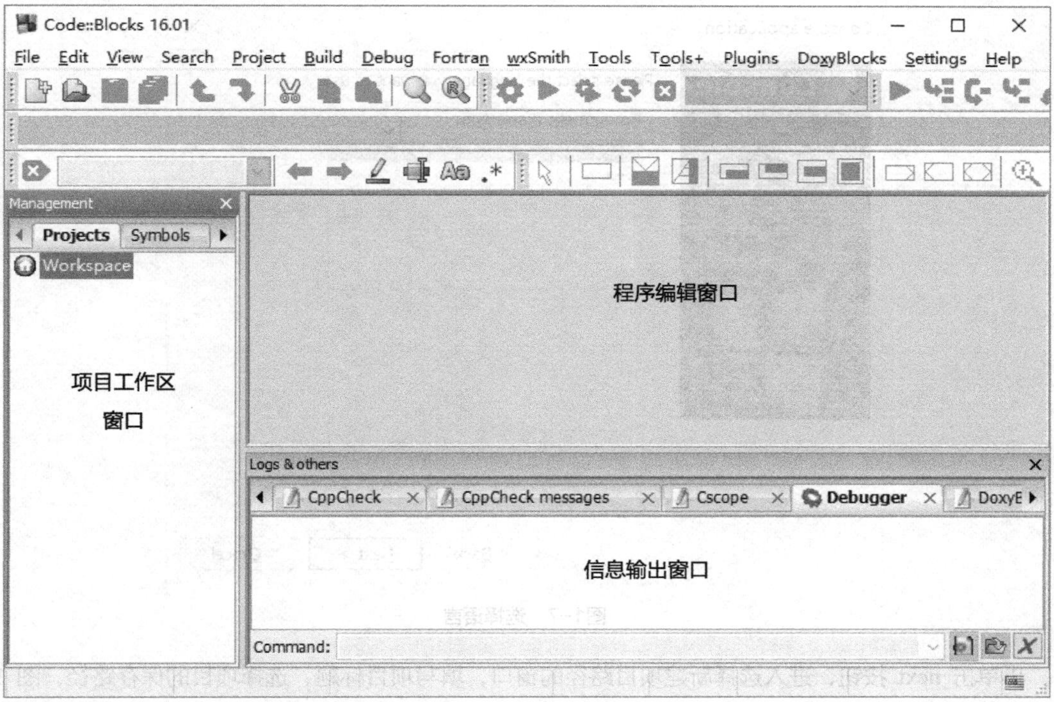

图1-5　Codeblocks主窗口

在图 1-5 的主窗口中选择 File→New→Project 弹出“New from template”窗口，如图 1-6。选择“Console Application”单击右边的 go 按钮。

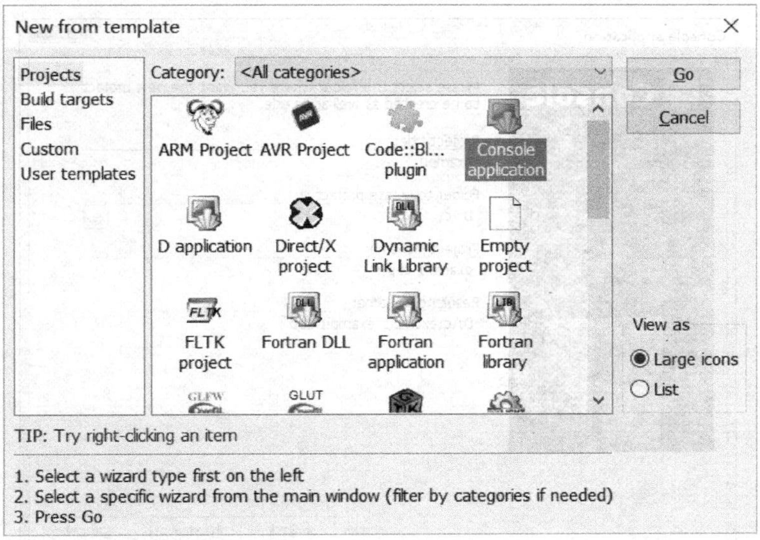

图1-6　从模板新建窗口

再单击 next 按钮，进入选择语言窗口，请选择你需要使用的语言，在这里我们选择 C 语言，如图 1-7。虽然我们编写的是 C 语言程序，其实选择 C++语言也是可以的。因为 C++语言兼容 C 语言。

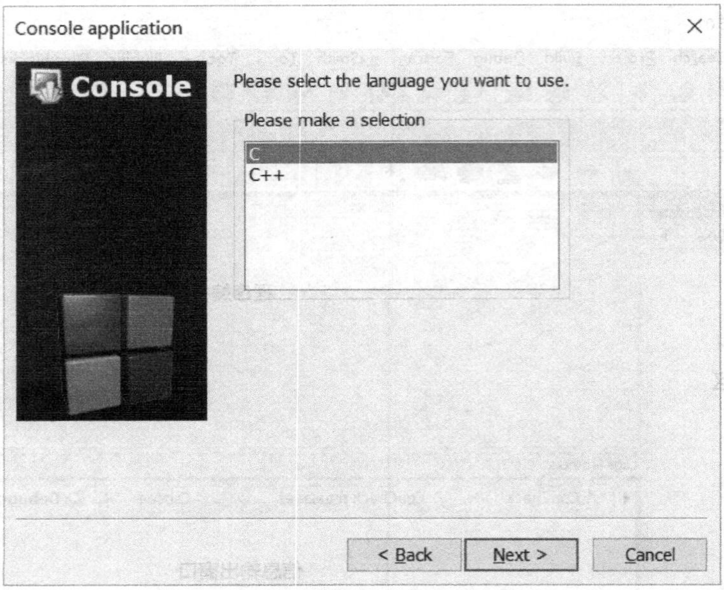

图1-7 选择语言

再单击 next 按钮，进入选择新建项目路径的窗口，填写项目标题，选择项目的保存路径，图 1-8 所示的 project title 项目标题为 exampl1，选择 D:\c 作为项目存放的路径，后面两个空的文本框不用填写，系统自己会填写。选择项目存放路径是非常重要，初学者往往会忽视这步，结果自己写的程序不知道放在什么地方。另外还需注意：项目程序名不能用中文名，也不能把项目保存在带有中文的路径中，否则程序将无法调试。再单击 next 按钮继续，最后单击 finish 按钮，完成项目文件的新建。

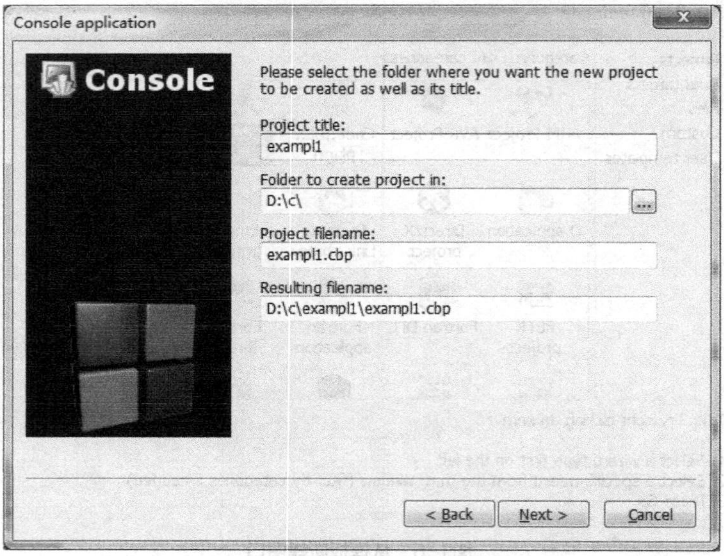

图1-8 选择新建项目的路径

项目新建完成后，在 codeblocks 主界面左边的项目管理的“exampl1”项目的 sources 文件夹中找到 main.c 文件，双击打开，如图 1-9 所示，整个程序的框架系统已经自动搭建好了。不要把自动生成的程序代码删除，可以根据需要增删自己编写的源程序代码。只要把图 1-9 中的“Hello world!”修改为图 1-10 中的“How do you do!”即可。输入完成后，单击主菜单栏中的“File”菜单项下的“Save File”命令或者直接单击工具栏中的“保存”图标按钮。

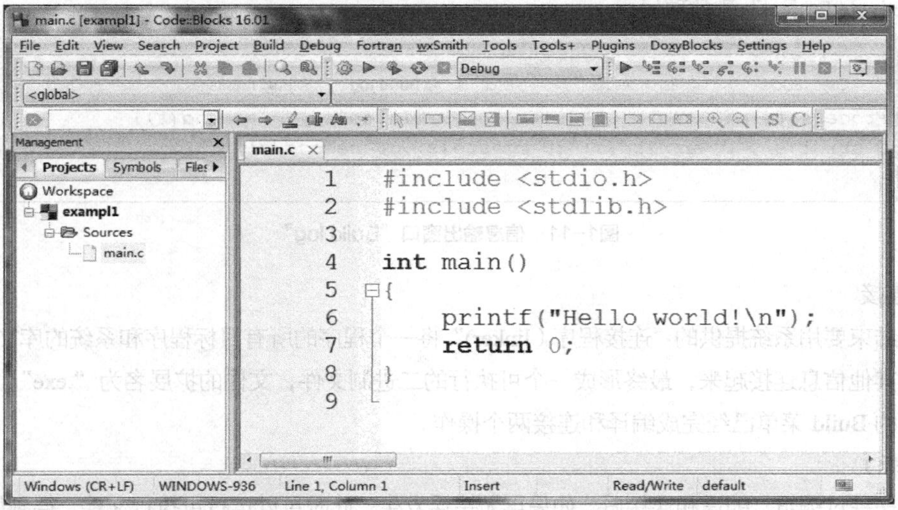

图1-9 系统自动生成的程序代码

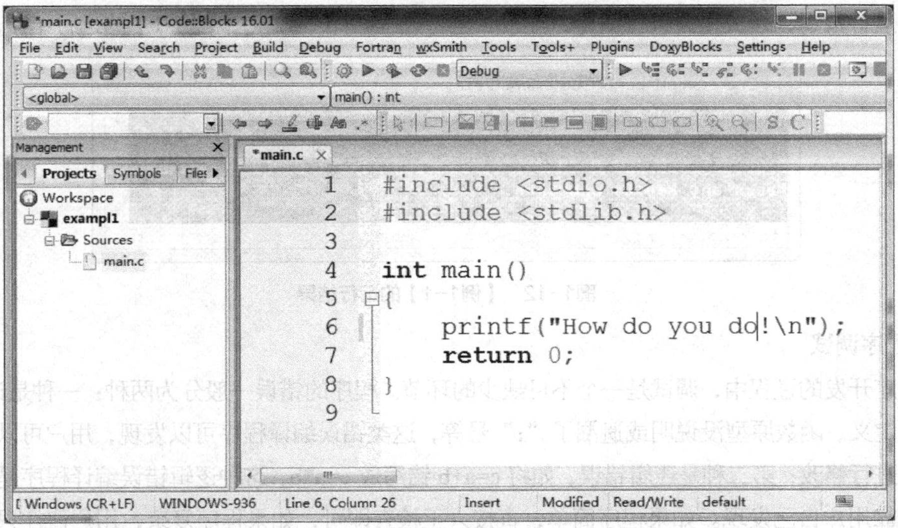

图1-10 自己编写的代码

3. 编译

源程序输入并编辑完后，接着进行编译。操作如下。

单击主菜单中的 Build 菜单，在选择编译命令后，信息输出窗口“Build log”和“Build Messages”中出现编译信息。例如，程序中有多少个出错的地方，在哪里出错，多少个警告，编译是否成功等，如图 1-11 所示。这个窗口是编程人员经常看的，而且要读懂这些英文的各种出错信息。对于程序员来说，不要怕出错，出错越多，你编程能力就提高得越快，这就是失败是成功之母的真正含义。

需要特别提醒的是，如果你在项目工作区中新建了多个项目，编译前，要选中你需要编译的项目，双击项目激活后，才能进行编译；也可以选择要编译的项目后，单击鼠标右键，在弹出的快捷菜单中，单击“Activate Project”激活项目。

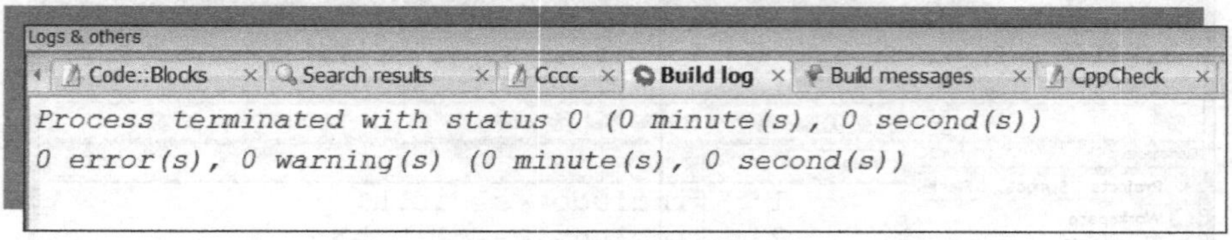

图1-11 信息输出窗口“Build log”

4. 连接

编译结束要用系统提供的“连接程序（linker)”将一个程序的所有目标程序和系统的库文件以及系统提供的其他信息连接起来，最终形成一个可执行的二进制文件，文件的扩展名为“.exe”。其实单击主菜单中的 Build 菜单已经完成编译和连接两个操作。

5. 运行

源程序经过编辑、编译和连接后，如果再无错误发生，此时可以运行可执行文件，得到最终结果。单击主菜单中的“Build”菜单，在下拉菜单中选择“Run”命令项就可以运行程序。也可直接单击“Build and run”运行按钮，系统也会进行编译、连接、运行过程。图 1-12 为【例 1-1】的运行结果。

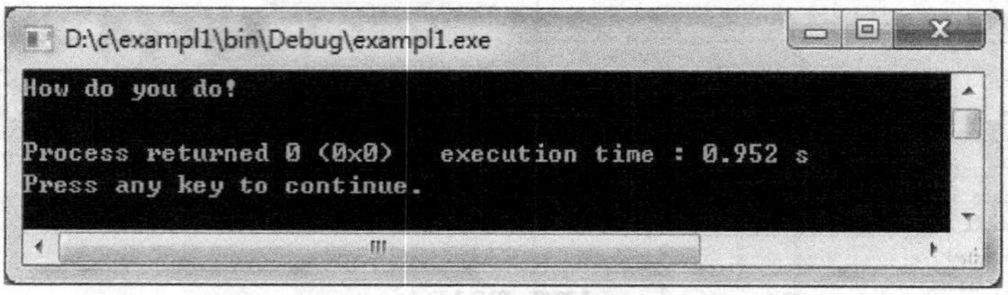

图1-12 【例1-1】的运行结果

6. 程序调试

在程序开发的过程中，调试是一个不可缺少的环节。程序的错误一般分为两种：一种是语法错误，如变量没定义、函数原型没说明或遗漏了“;”号等，这类错误编译程序可以发现，用户可以根据错误提示信息进行修改；第二种是逻辑错误，如将 c=a+b 错写成 c=a*b，这种逻辑错误编译程序是无法判断的，只有靠用户自己发现。如果程序简单，直接人工检查即可，如果程序复杂，用户往往只有通过设置断点，跟踪程序的运行过程，才能发现错误。

C 程序调试步骤如下。

（1）第一种语法错误

① 读懂错误代码

在编译、连接阶段，如果程序有语法错误，系统则会在输出窗口中显示错误信息。错误信息的形式为：

文件名：行号：错误内容

如图 1-13 所示：

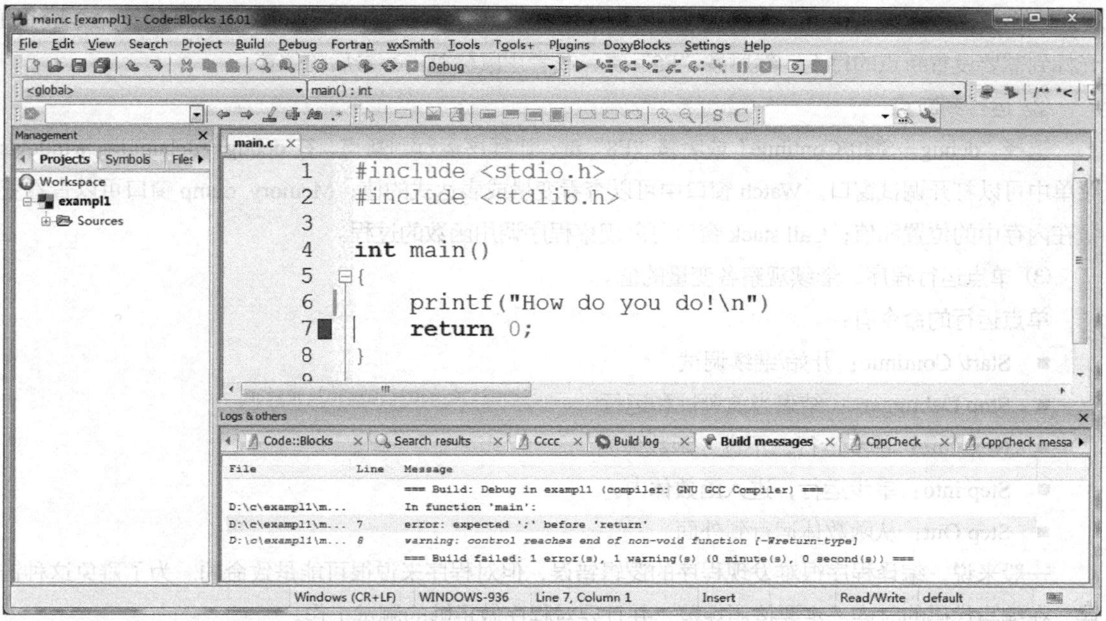

图1-13 编译时出现的错误

在输出窗口中，用鼠标双击任何一条错误信息，系统就可以定位到源程序中错误所在的位置，然后仔细检查错误原因并改正。

除了错误信息之外，编译器还可能输出警告（Warning）信息。如果只有警告信息而没有错误信息，程序还是可以运行的，但很可能存在某种潜在的错误，而这些错误又没有违反 C 语言的规则。对于警告信息，在调试的过程中也要给予一定的重视，这种警告一般不影响程序的执行，但运行结果可能会不正确。

② 修改程序错误

用鼠标双击任何一条错误信息进行定位时，有时系统并不能准确地定位到错误所在的位置，这是因为代码中的某个错误，在编译器看来实际是另一种错误引起的。通常如果在定位处没有发现错误，那么这个错误应该就在定位的上下行。图 1-13 中提示信息为："D:\c\exampl1\main.c|7|error: expected ';' before 'return'|"，说明第 7 行的 return 的前面缺少分号。根据这个错误信息提示，我们在 printf("How do you do!\n")后面加上分号就可以解决问题。

当编译时出现很多错误时并不意味着真有这么多错误，因为有时一个错误可能会影响其他语句也产生错误。因此，调试时应每修改一处错误就立即进行编译，观察是否还存在错误信息，如有，继续修改错误再编译。即使有多个错误，也要修改一处编译一次，逐个完成，直至全部错误解决为止。

（2）第二种逻辑错误

一般来说，逻辑错误很难发现，一种有效的方法是设置断点，并让程序运行到该断点，然后在 Debug

窗口中观察各变量的值，从中发现错误。

① 设置断点

在需要设置断点的行上单击右键，在弹出的快捷菜单中选择“Toggle Breakpoint”命令，或者移动光标到需要设置断点的行上，然后按“F5”键，或者用鼠标单击行号后的位置。

② 运行到断点

选择“debug→Start/Continue”或者按“F8”键，让程序运行到断点，在 debug→debugging windows 菜单中可以打开调试窗口。Watch 窗口中可以查看变量或表达式的值；Memory dump 窗口可以查看变量在内存中的位置和值；Call stack 窗口可以观察程序调用函数的过程。

③ 单点运行程序，继续观察各变量的值。

单点运行的命令有：

- Start/ Continue：开始/继续调试。
- Stop Debugger ：结束当前调试和运行。
- Next line：单步运行，不进入函数体内。
- Step into：单步运行，进入函数体内。
- Step Out：从函数体运行到外面。

一般来说，编译程序很难发现程序的逻辑错误，但对程序来说很可能是致命的。为了避免这种错误，在编写代码的时候一定要按照规范，并且要对程序做足够的测试工作。

1.4.2 Visual C++ 2015

Microsoft Visual C++是 Microsoft 公司推出的以 C++语言为基础的开发 Windows 环境程序，面向对象的可视化集成编程系统。它具有程序框架自动生成、灵活方便的类管理、代码编写和界面设计集成交互操作、可开发多种程序等优点。Visual C++2015 建立在早期版本上，提供了成熟的、支持大多数 C++11 特性以及 C++ 2015 子集的编译器。Visual C++虽是 C++的集成开发环境，但 C++语言兼容 C 语言，完全可以使用 Visual C++编写 C 语言程序。另外，Visual C++的调试功能比其他的 C 语言集成开发环境要强大得多，推荐使用 Visual C++开发 C 程序。

1-3

1. 下载与安装

Visual Studio 是一套基于组件的软件开发工具和技术，可用于构建功能强大、性能出众的应用程序。Visual Studio 2015 有专业版、企业版和社区版等，建议下载社区版的镜像文件 vs2015.com_chs.iso，社区版是一款可供各个开发者、学术研究、教育和小型专业团队免费使用的产品。

Visual Studio 2015 适合安装在 Windows 10 操作系统中，如果是 Windows 7 操作系统或 Windows 8 操作系统，建议安装 Visual Studio 2010 或 Visual Studio 2013。下载安装文件后，选中 vs2015.com_chs.iso 文件，在“管理”菜单装载文件，如图 1-14 所示。装载后单击 vs_community.exe 就可以开始安装，安装过程也是比较简单，按默认设置进行安装即可。

安装后，第一次启动要求使用微软注册账号登录。社区版本是免费的，所以大家可以在微软上注册账号，如果有账号可以直接登录。登录后，在账户设置中检查更新的许可证就得到授权，如图 1-15 所示。

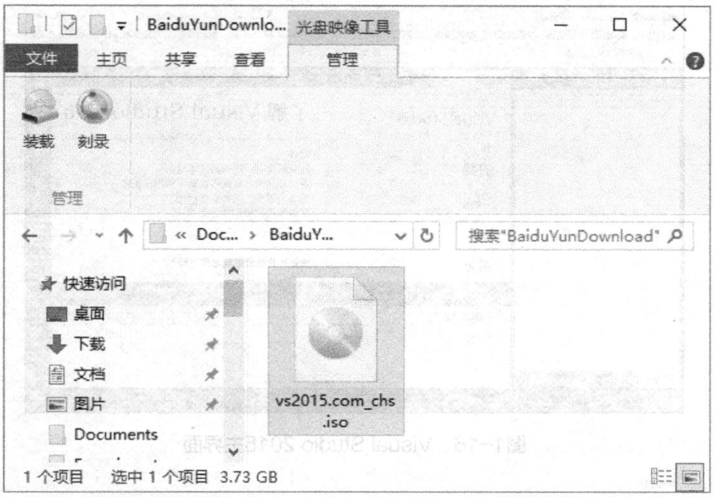

图1-14　装载vs2015.com_chs.iso文件

图1-15　个性化账户管理

2. 新建C语言项目

以【例1-3】为例介绍C语言项目的新建过程，并且介绍程序编辑、编译、连接、运行和调试的过程。单击 “开始”菜单→“所有应用”→Visual Studio 2015，打开如图1-16所示的Visual Studio 2015的主界面。主窗口中选择 “文件”→“新建”→“项目”，弹出“新建项目”窗口，如图1-17所示；也可以在“起始页”中新建项目；或者使用Ctrl+Shift+N组合键新建项目。

在“新建项目”窗口中选择“Win32 控制台应用程序”，填写项目名称，如项目名称为【例1-3】。选择项目保存位置，如项目保存在D:\。项目保存位置很重要，初学者往往会忽视这一步，导致自己写的程序都不知道放在哪里。

填写好项目信息后，再按“确定”按钮，进入“欢迎使用Win32应用程序向导”窗口，单击“下一步”进入应用“程序设置”窗口，在附加选项中选择空项目，如图1-18所示。最后，单击“完成”按钮就可以完成项目的创建。

图1-16　Visual Studio 2015主界面

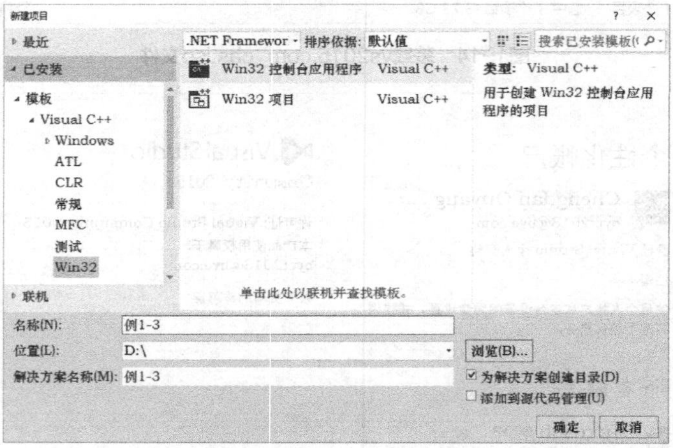

图1-17　新建项目窗口

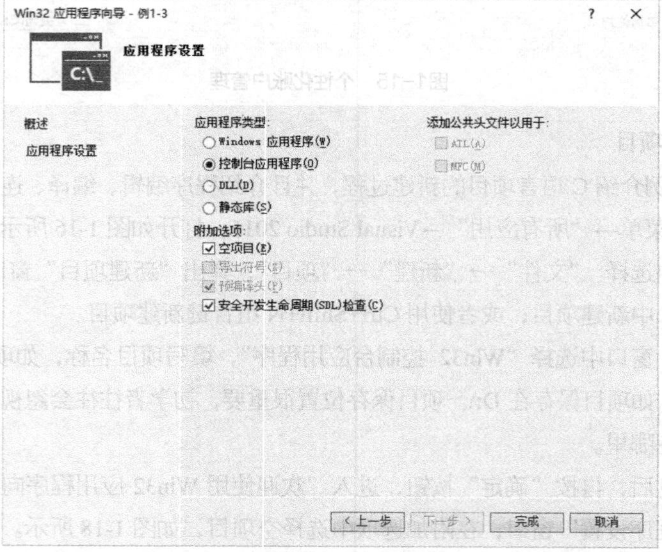

图1-18　选择空项目

新建的“例 1-3”项目是个空项目，还没有源文件，需要再添加源文件。在主界面的“解决方案资源管理器”中选择“源文件”，单击鼠标右键，在弹出的快捷菜单中选择“添加”→“新建项”，进入“添加新项”窗口，如图 1-19 所示。在“添加新项”窗口中选择“C++文件”，并填写文件名称。单击“添加”按钮。

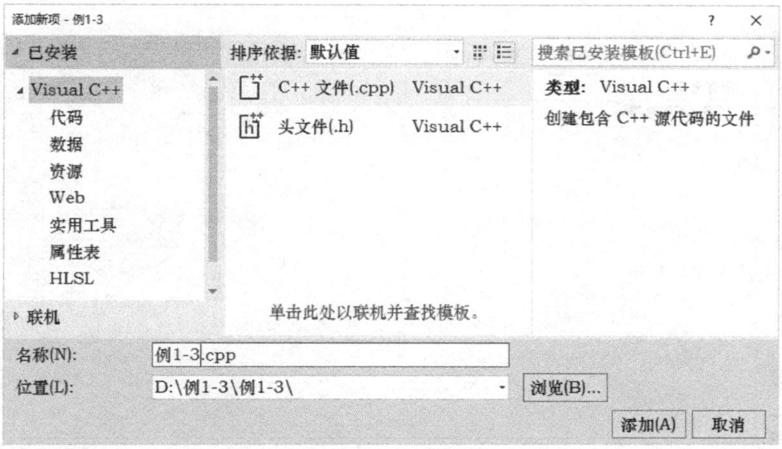

图1-19 新建C++文件

在 Visual Studio 的程序编辑窗口输入源程序，如图 1-20 所示，输入完成后单击主菜单栏中的“文件”菜单项下的“保存”命令，或者直接单击工具栏中的“保存”图标按钮。

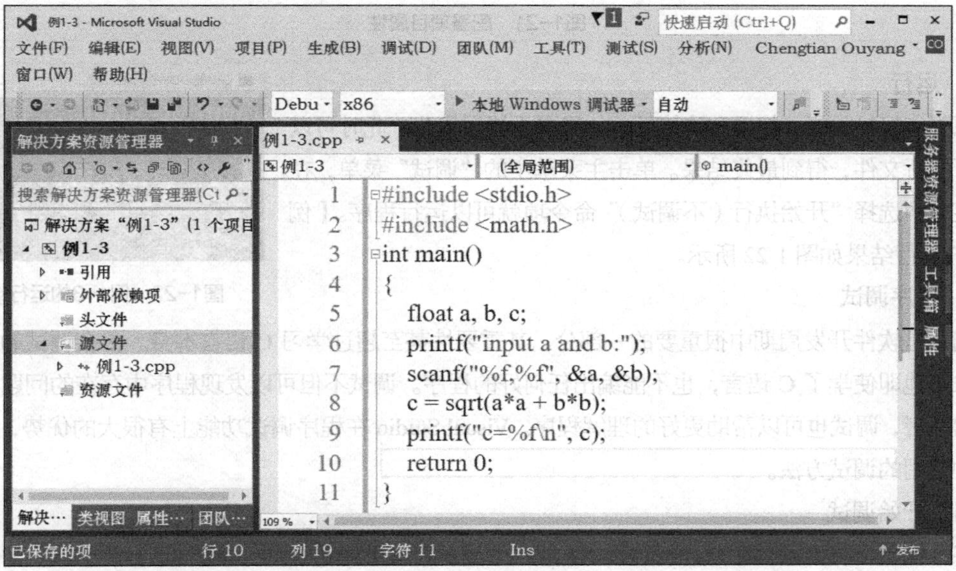

图1-20 编辑源程序

3. 编译与连接

源程序输入并编辑完成后，进行编译与连接。单击主菜单中的“生成”菜单→“生成解决方案”，会自动编译与连接。在输出窗口中输出编译后的一些信息，例如，出现这个错误“error C4996: 'scanf': This function or variable may be unsafe. Consider using scanf_s instead. To disable deprecation, use _CRT_SECURE_NO_WARNINGS. See online help for details."，解决方法为：右击“例 1-3 工程”→“属性”→“配置属性”→“C/C++”→“命令行”。在命令行增加：/D _CRT_SECURE_NO_WARNINGS，如图 1-21 所示。解决了这个错误后，重新编译。

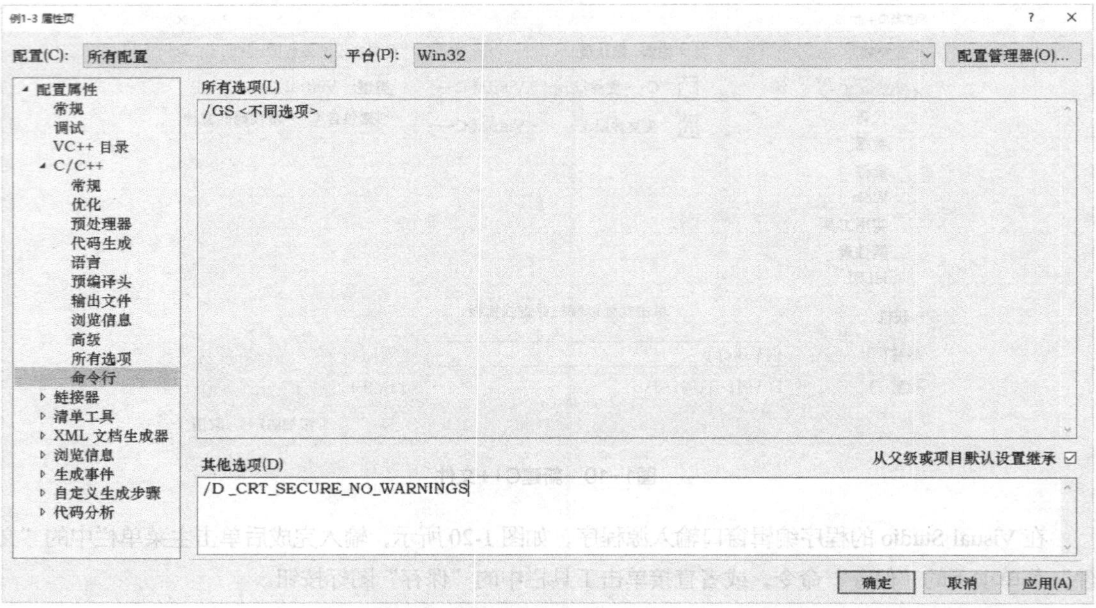

图1-21　配置项目属性

4. 运行

源程序经过编辑、编译和连接后，如果再无错误发生，此时可以运行可执行文件，得到最终结果。单击主菜单中的“调试”菜单，在下拉菜单中选择“开始执行（不调试）”命令项就可以运行程序。【例 1-3】的运行结果如图 1-22 所示。

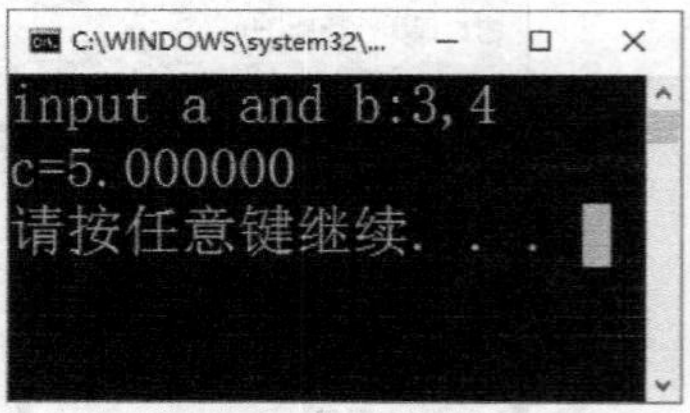

图1-22　例1-3的运行结果

5. 程序调试

调试是软件开发周期中很重要的一部分，其重要性甚至超过学习 C 语言本身。不会调试的程序员就意味着他即使学了 C 语言，也不能编出任何好的程序。调试不但可以发现程序中存在的问题，而且对于初学者，调试也可以帮助更好的理解程序。Visual Studio 在程序调试功能上有很大的优势，下面介绍几种常用的调试方法。

（1）开始调试

将鼠标置于将要设置断点的行，按 F9 或在“调试”菜单中选择“切换断点”，或单击将要设置断点的代码行的左侧边区域，设置或取消断点。设置好断点后，选择“调试”→“开始调试”，或者按快捷键 F5 进入调试状态。进入调试状态后，有以下常用的调试命令帮助我们调试程序。

① 逐语句执行：当程序中断后可以按 F11 或者单击“调试”菜单→“逐语句”命令，可以逐语句执行程序。逐语句执行时遇到调用函数时，将会进入所调用的函数进行逐行执行。

② 逐过程执行：当程序中断后可以按 F10 或者单击“调试”菜单→“逐过程”命令，可以逐过程执行程序，逐语句执行时遇到所调用的函数，将不会进入函数内执行，而是将整个函数作为一条语句执行。

③ 跳出函数：当按 F11 进入函数逐句执行时，按 Shift + F11 组合键可跳出该函数，返回原调用该函数的语句，继续执行下一条语句。

④ 继续执行：按 F5 或者单击“调试”菜单→“继续”命令，恢复程序的继续执行。

⑤ 停止调试：按 Shift+F5 组合键或者单击“调试”菜单→“停止调试”命令，终止程序的调试。

中断调试是为了查看程序的运行状况。例如查看变量的值或地址，查看变量在内存中的情况，或者查看程序的调用堆栈情况等。根据这些运行状况诊断程序中存在的问题，找出解决问题的办法。

（2）观察变量或表达式的值

大部分调试器都有监视窗口。Visual studio 的监视窗口使用特别简单，可以很方便地增加和删除变量。只要在监视窗口的空白行中输入表达式，然后按 Enter 键；或者选中表达式单击鼠标右键→“添加监视”就可以查看表达式的值和类型。按 Delete 键删除不需要查看的表达式。如图 1-23 所示，查看【例 1-3】中的三个变量的值。

1-4

也可以选中程序中的表达式后，把鼠标停在所需查看的表达式或者变量上，可以看到它的值或者它属性的值。如查看程序中 b*b 的值，如图 1-24 所示。

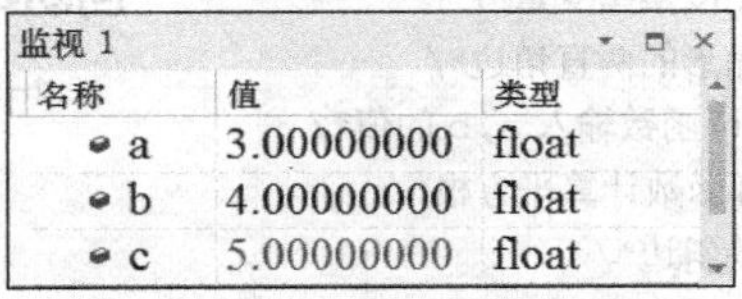

图1-23　【例1-3】的中a，b，c变量的值

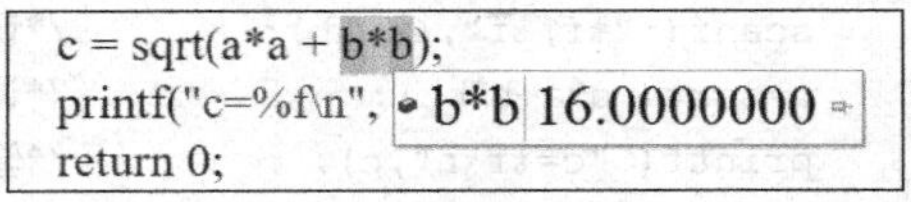

图1-24　查看表达式的值

（3）查看变量在内存中的情况

有时需要查看变量内存中的位置，变量的值等。单击“调试”→“窗口”→“内存”→“内存 1”可以打开内存窗口。例如查看变量 a 在内存中的值为 3.00000000，变量 a 的地址为 0x004FFB54，占用 4 个字节的内存空间，如图 1-25 所示。

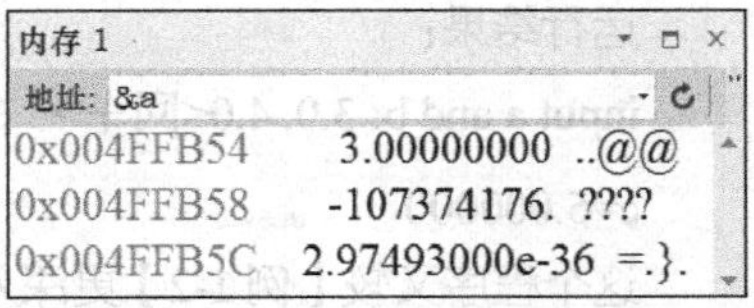

图1-25　查看变量在内存中的情况

Visual Studio 的调试程序功能极其丰富，本节只介绍了一些常用调试方法，建议多花些时间去掌握它，更多调试方法可以查阅网络中的相关资料。“用手去思考”，通过不断地调试程序、修改程序提高自己的编程能力。

1.5　经典算法

远在公元前约三千年的古巴比伦人就知道并应用勾股定理。中国西周的商高提出了“勾三股四弦五”的勾股定理的特例。最早提出并证明此定理的人为公元前 6 世纪古希腊的数学家毕达哥拉斯，他用演绎法证明了勾股定理，因此勾股定理也称为毕达哥拉斯定理。把勾股定理写到程序中，称之为勾股算法。

【例 1-2】已知勾三股四，计算弦五的平方。

```
/*验证勾三股四弦五*/
#include <stdio.h>
int main()
{
    int a,b,c;                    /*定义三个整型变量*/
    a=3;                          /*给变量 a 赋值*/
    b=4;                          /*给变量 b 赋值*/
    c=a*a+b*b;                    /*计算直角三角形的斜边平方赋值给变量 c2*/
    printf("c^2=%d\n",c);         /*输出斜边平方值*/
   return 0;
}
```

运行结果：

c^2=25

这是一个有计算功能的程序，实现的功能较【例 1-1】实用了一点点，但两者结构仍是一样的。

【例 1-3】使用勾股定理，求直角三角形的斜边。

```
1 #include <stdio.h>
2 #include <math.h>                      /*编译预处理，包含数学函数库信息*/
3 int main()
4 {
5     float a,b,c;                       /*定义三个双精度实型变量*/
6     printf( "input a and b:" )         /*提示输入三角形的两直角边*/
7     scanf( "%f,%f",&a,&b);             /*调用 scanf()函数输入 a,b 的值*/
8     c=sqrt( a*a+b*b );                 /*调用 sqrt()函数计算平方根*/
9     printf( "c=%f\n",c);               /*输出三角形的斜边*/
10    return 0;
11 }
```

1-5

运行结果：

input a and b: 3.0, 4.0<回车>

c=5.000000

这个程序又较【例 1-2】更深入、复杂了一点，除了有计算和输出功能外，程序还设计了人机交互的输入功能。

本例第 8 行调用了平方根 sqrt()函数，因而在编译预处理部分要指明数学函数的头文件“math.h”。sqrt(a*a+b*b)的功能是计算数学表达式 $\sqrt{a^2+b^2}$ 的值。

【例 1-4】使用毕达哥拉斯定理，求任意直角三角形的斜边长度。

```
#include <stdio.h>
#include <math.h>
double Pythagoras(double a,double b)     /*定义一个求直角三角形斜边的长度函数*/
{
    double c;
    c= sqrt(a*a+b*b);
    return c;
}
int main()
{
    double x,y;
```

1-6

```
    printf("input x and y:") ;
    scanf( "%lf,%lf",&x,&y);
    int c= Pythagoras(x,y);        /*调用 Pythagoras()函数*/
    printf("直角三角斜边的长度为%lf\n",c);
    return 0;
}
```

程序说明：

（1）该程序较前几个程序貌似又更复杂了，它由两个函数构成，这符合了 C 程序基本组成的规定：一个完整的 C 语言程序由一个或多个函数组成，有且只有一个 main()函数；

（2）勾股定理如此重要，在数学中可能经常要用到，我们可以把计算任意直角三解形斜边的长这个功能封装成一个以古希腊数学家、哲学家毕达哥拉斯的名字命名的 Pythagoras()函数，这种做法叫模块化设计；

（3）Pythagoras()函数作用是求任意直角三角形斜边的长。直角三角形的两个直角边长 a、b 作为函数的两个入口参数；计算出来的直角三角斜边 c 作为函数的出口参数，通过 return c；语句把计算结果返回给主调函数。这部分如有不懂，不要着急，后续的第 8 章函数还有详细介绍。

1.6 小结

通过本章的学习，初学者可以了解计算机语言和程序设计的关系，明白什么是 C 语言程序设计，初步掌握了 C 语言程序的基本组成。

C 语言程序是由函数构成，有且必须仅有一个称为 main()的主函数，它可以在程序的任何位置。程序的执行总是从 main()函数开始，按自顶向下的顺序执行并结束于 main()函数中。

通过 C 语言集成开发环境的学习，读者可以较全面地掌握 C 语言程序的编辑、编译、连接、运行和程序调试的全过程。

习 题

一、选择题

（1）一个C程序的执行是从（　　）。

A. 本程序的main函数开始，到main函数结束

B. 本程序文件的第一个函数开始，到本程序文件的最后一个函数结束

C. 本程序的main函数开始，到本程序文件的最后一个函数结束

D. 本程序文件的第一个函数开始，到本程序main函数结束

（2）以下叙述不正确的是（　　）。

A. 一个C源程序可由一个或多个函数组成

B. 一个C源程序必须包含一个main函数

C. C程序的基本组成单位是函数

D. 在C程序中，注释说明只能位于一条语句的后面

（3）C语言规定在一个源程序中main的位置（　　）。

A. 必须在最开始　　B. 必须在系统调用的库函数后面

C. 可以任意　　D. 必须在最后

（4）一个C语言程序是由（　　）。

A. 一个主程序和若干子程序组成　　B. 函数组成

C. 若干过程组成　　D. 若干子程序组成

二、填空题

（1）C源程序的基本单位是______。

（2）一个C源程序中至少包括一个______。

（3）在一个C源程序中，注释部分两侧的分界符分别为______和______。

（4）在C语言中，输入操作是由库函数______完成的，输出操作是由库函数______完成的。

（5）一个C语言程序的开发过程至少包括______、______、______、______四个过程。

三、程序阅读题

（1）写出下列程序的运行结果（　　）。

```
#include <stdio.h>
 int main()
 {
     printf("Welcome to Jxust!");
     return 0;
 }
```

（2）写出下列程序的运行结果（　　）。

```
#include <stdio.h>
 int main()
 {
     int a,b;
     a=3; b=4;
     printf("a+b=%d\n",a+b);
     return 0;
 }
```

实验一　简单的C程序

一、实验目的

1. 初步认识CodeBlocks编译环境，熟悉操作界面。
2. 掌握C语言上机步骤，掌握项目的建立，编辑、连接、调试、运行过程。
3. 掌握C语言程序的基本结构和书写格式。

二、实验方式

提前编写程序，写好实验报告，上机实验时一边调试程序一边将实验报告上关于程序调试和运行结果的信息填写到实验报告上，实验完成时上交实验报告。

特别说明：后续所有实验的实验方式都按这个要求完成，不再重复。

三、实验内容

1. 启动Codeblocks，进入集成编译环境，输入下列程序并运行，观察运行结果。

```
#include <stdio.h>
int main()
{
    printf("*");
    printf("**");
    printf("***");
    printf("\n");
    printf("#\n");
    printf("##\n");
    printf("###\n");
    return 0;
}
```

编译、连接及运行，并记录下列问题：

（1）在编译该程序时，信息窗口是否显示了错误信息？请搞清楚错误信息的含义。

（2）请将错误信息记录在实验报告中。

（3）对错误信息进行分析，找出错误原因，重新编译，直到程序正确运行为止。

（4）保存文件：打开File菜单的Save选项，将输入的源程序保存在磁盘中。

特别提醒：由于初学者对C程序的字符集不熟练，在输入程序时特别容易产生字符输入的错误（约90%的初学者出现过这种错误），因此，编译时可能会出现许多语法错误信息。初学者要根据错误信息的提示仔细与源程序进行比对、仔细检查每一个字符，看看是否是拼写错误或其它类型错误；每修改一处，必须重新编译一次，如此反复操作直至错误不再出现。同样的错误信息见的次数多了，修改的次数多了，下次再出现你就可以轻松搞定，希望读者不要害怕错误，有错就改，只有这样才能不断进步，这也是提升编程和调试程序能力的必经过程。

2. 请运行下列程序，观察结果。

```
#include <stdio.h>
int main()
{
    int a,b,c;
    a=12
    b=10;
    c=a/b;
    printf("a=%d,b=%d,c=%d",a,b,c);
    return 0;
}
```

3. 编写一个简单的程序，输出字符串“Welcome to Jxust!”。

02 第2章　程序设计初步

一个禅者在恒河边打坐，连续三次伸手救起掉在水里的蝎子，每次都被蝎子的毒刺蜇，当他第四次伸出已经肿起来的手去捞蝎子时，旁边的渔夫说："你真蠢，难道不知道蝎子会蜇人？"，说着把一个干枯的枝条递到他手上。禅者用这枝枯枝捞起蝎子，放到岸边。这次，他的手没有再被蜇。渔夫笑着说："慈悲是对的，既要慈悲蝎子，也要慈悲自己，但慈悲要有慈悲的手段"。

在数学家高斯小学时，老师让学生们算出 1 到 100 的和，其他同学都老老实实地从 1 算到 100，只有他用了首尾相加乘以项数再除以 2 的方法，很快就得出答案了。

这两个故事告诉我们：做事要讲究方式、方法，学会找到合适的"枯枝"，才能更有效地解决问题。在学习程序设计时情形也是如此，程序设计之前要学会寻找解决问题的方法和实现的步骤，这样做对编写程序会起到事半功倍的效果。

2.1　算法的概念

例如新生报到，通常需要完成以下事务的流程：

（1）新生资格审查

（2）财务处缴学杂费

（3）保卫处办理户口迁移

（4）办理保险

（5）办理校园一卡通

（6）办理党团关系

（7）办理入住手续

（8）身体体检

（9）注册成功

按照这个报到流程新生才能有序进行报到注册。现实生活中，无论从事何种工作和活动，都需要这样事先安排好工作步骤，然后按步骤执行，避免出错和遗忘。若将这种事务进程设计成程序并交由计算机执行，计算机将严格按照这种事先设计好的程式化的步骤一一执行，这些步骤的集合就称为算法。

算法的定义：广义地说算法就是解决问题的方法和步骤。

从程序设计的角度来看，**算法（Algorithm）**是指对解题方案的准确而完整的描述，是一系列解决问题的一系列指令，算法代表着用系统的方法描述解决问题的策略机制。

计算机程序设计的**首要任务就是进行算法设计**。有了好的算法，程序设计工作就完成了一大半。程序设计是对数据和处理问题的方法和步骤的完整而准确的描述。所谓对数据的描述，就是指明程序中要用到哪些数据的类型和数据的组织形式，即数据结构；对问题的方法和步骤的描述，即计算机进行操作的步骤，也就是所采用的算法。

著名的计算机科学家尼古拉斯·沃斯曾提出：程序=数据结构+算法。

这个公式可以很好的说明程序与算法的关系。选择一个好的算法是程序设计的关键。选择算法主要应考虑以下两个基本原则。

（1）实现算法所花费的代价要尽量的小，即计算工作量要小。

（2）根据算法所得到的计算结果应可靠。

图2-1 尼古拉斯·沃斯

尼古拉斯·沃斯（Niklaus Wirth，1934年2月15日—），生于瑞士温特图尔，是瑞士计算机科学家。少年时代的Niklaus Wirth与数学家帕斯卡Pascal一样喜欢动手动脑。1958年，Niklaus从苏黎世工学院取得学士学位后来到加拿大的莱维大学深造，之后进入美国加州大学伯克利分校获得博士学位。从1963年到1967年，他成为斯坦福大学的计算机科学部助理教授，之后又在苏黎世大学担当相同的职位。1968年，他成为瑞士联邦理工学院的信息学教授，又去施乐帕洛阿尔托研究中心进修了两年。

他有一句在计算机领域人尽皆知的名言**"算法+数据结构=程序"（Algorithm+Data Structures=Programs）。尼古拉斯·沃斯凭借这句话获得计算机图灵奖。**这个公式展示出了程序的本质，这个公式对计算机科学的影响程度足以类似物理学中爱因斯坦的质能方程"E=MC^2"。

算法具有的五个重要特征如下：

1. 有穷性：一个算法必须保证执行有限步之后结束；
2. 确切性：算法的每一步骤必须有确切的定义；
3. 输入：一个算法有0个或多个输入。所谓0个输入是指算法本身设定了初始条件；
4. 输出：一个算法有一个或多个输出，以反映对输入数据加工后的结果。没有输出的算法是毫无意义的；
5. 可行性： 算法可以解决问题并且能在计算机上运行。

2.2 算法的描述

在程序设计过程中，常用的算法描述有以下五种。

1. 用自然语言描述算法

自然语言就是人们日常使用的语言，包括汉语、英语和其他语言。用自然语言描述一个流程时，一般要求直接简练，尽量减少语言上的修饰，避免二义性。用自然语言描述流程通常针对简单的问题。

2. 用流程图描述算法

流程图是用具有专门含义的几何图形、线条以及简单文字来描述流程的。该方法形象、简明直观，易于理解和掌握。ANSI 规定了一些常用的流程图符号，如图 2-2 所示。它的缺点是对流程线的使用没有严格限制，使用者可以毫不受限制地使流程任意转来转去，当流程图比较复杂时难以阅读且占篇幅。

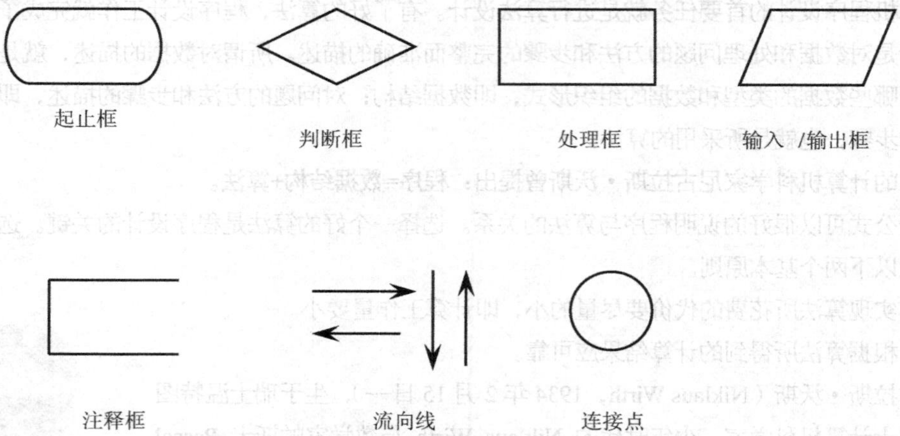

图2-2 流程图符号

3. 用 N–S 图描述算法

N-S 流程图取消了流程线，简化了控制流向，是由美国学者纳西 I.Nassi 和施耐德曼 B.Shneiderman 提出的表示算法的图形工具。该表示方法的基本单元是矩形框，用不同的形状线作为分割，可以表示三种基本结构。流程图只有一个入口、一个出口，没有流程线。

4. 用伪代码描述算法

与流程图一样，伪代码对程序表示算法特别有用。伪代码不是实际的程序设计语言，而是使用一种结构化程序设计语言的语法控制框架，内部却可灵活使用自然语言来表示各种操作条件和过程。伪代码与程序设计语言的差别在于，伪代码的语句中嵌有自然语言的描述，它是不能被执行的。

5. 用计算机语言实现算法

要完成一项工作，包括设计算法和实现算法两个部分。设计算法的目的是实现算法，不仅要考虑如何设计一个算法，也要考虑如何实现一个算法。在算法实现阶段，采用计算机语言来实现算法。

2.3 程序设计方法

程序设计方法是影响程序设计成败以及程序质量的重要因素之一，在进行程序设计过程中需要综合掌握以下三个方面的设计思想：

（1）结构化程序设计

（2）模块化程序设计

（3）自顶向下、逐步细化的设计

2.3.1 结构化程序设计

C 语言程序是一种结构化的程序，结构化程序设计也称为面向过程的程序设计，任何一个程序都可以由“顺序结构、选择结构和循环结构”这三种基本结构构成，利用这三种基本结构可以解决任何复杂的问题。也就是说，任何用C语言程序来解决的问题，都可以分解成相互独立的几个部分，每个部分都可以通过简单的语句或结构来实现，这个分解问题的过程就可以看作是设计程序算法的过程。

结构化程序设计的三种基本结构：

1. 顺序结构

顺序结构的特点是：程序在执行过程中是按语句自顶向下的先后顺序逐条执行的。每一条语句都代表着一个功能，所有的语句执行完毕，程序就结束了。如图2-3所示，程序执行了语句1后才能执行语句2，顺序结构是最简单的一种程序结构。

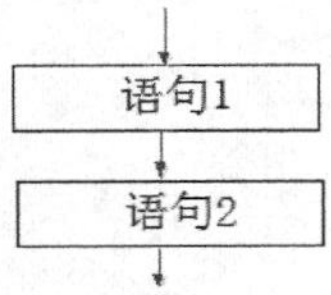

（a）顺序结构流程图

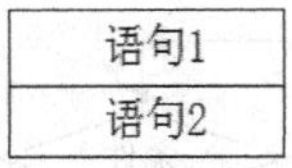

（b）顺序结构N-S图

图2-3 顺序结构

2. 选择结构

选择结构又称为分支结构，此结构分为单分支结构、双分支结构和多分支选择结构。

（1）单分支结构

单分支结构的特点是：程序在执行过程中只有一个流程需要根据条件来决定是否执行。当“条件”为“真”（或成立）时，执行该流程，否则不执行。

（2）双分支结构

选择结构的特点是：程序在执行过程中需要根据条件来决定程序执行的方向（或流程）。当“条件”为“真”（或成立）时，执行语句块1，否则执行语句块2，如图2-4所示。

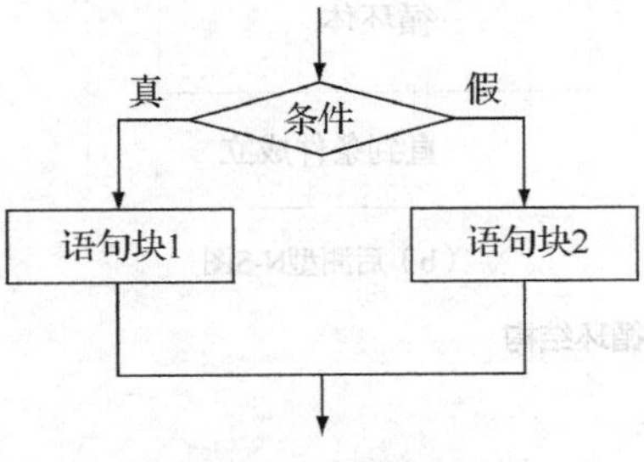

（a）选择结构流程图

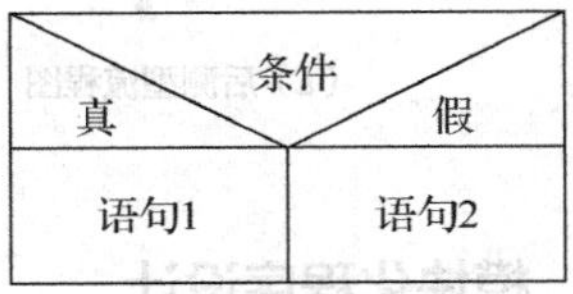

（b）选择结构N-S图

图2-4 选择结构

（3）多分支结构

多分支选择结构又称为开关语句。在多分支选择结构中，根据条件的取值分为多种情况，不同情况将选择不同的功能操作。如图2-5所示。

3. 循环结构

循环结构的特点是：程序在执行过程中，在满足一定的条件下重复执行某些操作，直到条件不再满足，结束循环。循环结构有两种形式：

（1）前测型循环结构

先判断条件，当条件为“真”（或成立）时，则执行循环体，直到条件为“假”（或不成立）时，结束循环，接着执行该循环结构后面的下一条语句。值得注意的是：当条件一开始就不满足时，循环体一次也不执行，如图 2-5 所示。

（2）后测型循环结构

先执行循环体，再判断循环条件是否为“真”，如果条件为“真”，则继续执行循环体，直到条件为“假”时，结束循环，接着执行该循环结构后面的下一条语句。值得注意的是：此循环体至少执行了一次。如图 2-6 所示。

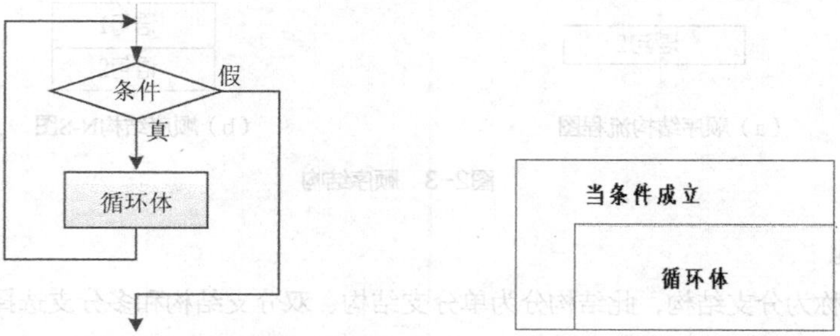

（a）前测循环流程图　　（b）前测循环N-S图

图2-5　前测循环结构

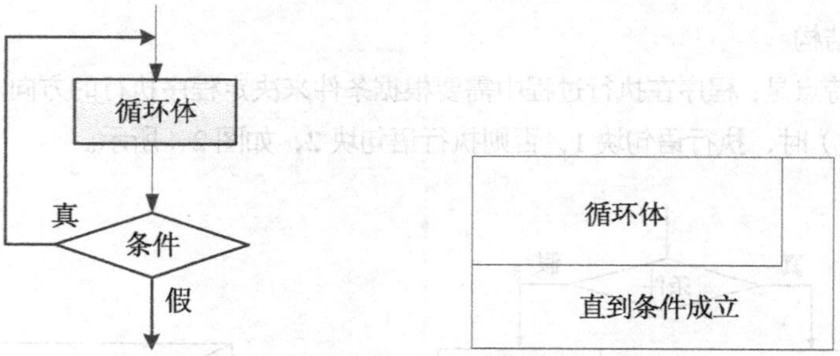

（a）后测型流程图　　（b）后测型N-S图

图2-6　后测型循环结构

2.3.2 模块化程序设计

在程序设计的过程中，还需要用到模块化设计思想，即将大任务分解成若干个子任务，这些子任务还可以划分为更小、更简单的子任务，每个子任务实现一个比较简单的功能，模块之间彼此联系较少，相对独立。当任务较大较复杂时，采用模块化设计可以将大的任务分解给多个程序员共同完成开发，提高工作效率。在 C 语言中模块化程序设计方法是用函数来实现的，将程序分块设计的好处在于方便程序员实现程序功能，易于维护、修改和调试。

如【例 1-4】程序由 Pythagoras()和 main()两个函数组成，Pythagoras()函数仅完成斜边的计算，而 main()函数完成数据的输入和结果的输出。两个函数功能独立，程序结构层次清晰。

2.3.3　自顶向下，逐步细化的设计过程

采用自顶向下，逐步细化的设计过程是将一个复杂问题的解法分解和细化成由若干模块组成的层次结构，然后再对模块的功能逐步分解，细化为一系列的操作步骤，直到某条语句或命令。这种设计过程符合人们解决复杂问题的思维方式，用先全局后局部、先整体后细节、先抽象后具体的逐步细化过程，这样设计出的程序具有清晰的层次结构，容易阅读和理解。

2.4　软件开发过程

许多正在学习 C 语言的初学者经常有这样的疑惑，我熟知 C 语言中各种语句和语法，为什么一旦问题复杂一点，我就不知道怎样下手编写程序。对初学者来说出现这种情况其实也是很正常的，这说明练习不够。要想成为一个优秀的程序员，必须从问题分析、算法设计开始，经过一定量的学习和练习，才能达到一个满意的水平。

对于一个不太复杂的问题，软件开发的基本过程大致可以分为问题分析、算法设计、编码、调试和测试等几个阶段。

1. 问题分析

问题分析是程序设计的第一步，在这个阶段，务必明确：

（1）解决这个问题有什么已知条件？

（2）期望得到什么结果？

（3）根据已知条件和期望得到结果，需采用什么样的算法来实现？

2. 算法设计

算法设计主要是明确问题求解的基本思路和步骤，将任务目标进一步细化为对应的程序具体的要求，并在此基础上确定实现问题的基本要素，如数据结构、算法、程序结构等。

3. 编码

编码过程是程序的具体实现，是将对问题求解过程和步骤的描述由非计算机语言的描述转换为计算机语言的描述，即用计算机语言编写实现算法的程序代码。

4. 测试与调试

程序编写完后，程序员首先要进行仔细检查，然后将源程序输入计算机，经过编译、连接、运行，才能得到结果。在此过程中，如果某一步发现错误，必须找到错误并修改，然后再重复上述过程，直到结果正确为止。测试与调试的目的是检查程序的功能和性能是否符合题目的各项要求。

2.5　经典算法

2.5.1　累加算法

2-1

【例 2-1】求 s=1+2+3……100 的和。

1. 问题分析：

（1）输入的已知条件为：n=100；

（2）希望输出的结果：s=1+2+3……100；

（3）采用的算法：累加算法。

累加算法的要领是使用 s=s+i 累加式，必须重复使用累加式才能实现累加功能。s 是用来存放数据之和的变量，通常初始值为 s=0，该变量称为累加器（相当于一个容器，该容器最初是空的，然后不断地往里放东西，直到符合某个条件结束存放，最后容器存放了符合条件的所有东西），i 是有规律变化的表达式，例如 i=i+1。因此，i 也称为计数器（相当于计算存放东西的次数）。

下面分别用四种方法描述累加算法：

（1）自然语言描述

S1：设 s=0；

S2：设 i=1；

S3：求 s+i，求出的和仍放回变量 s 中，即 s=s+i；

S4：使 i 的值加 1，即 i=i+1；

S5：如果 i 小于等于 100，返回重新执行步骤 S3，否则，算法结束。此时 s 的值就是 1+2+3……100 的和。

S6：输出 s。

（2）流程图描述，如图 2-7 所示。

（3）N-S 图描述，如图 2-8 所示。

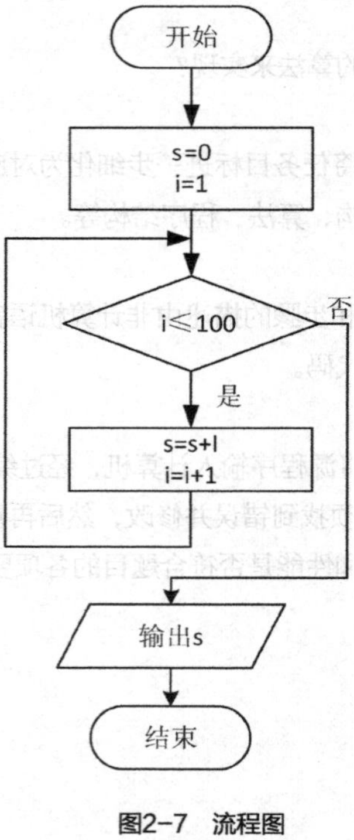

图2-7　流程图

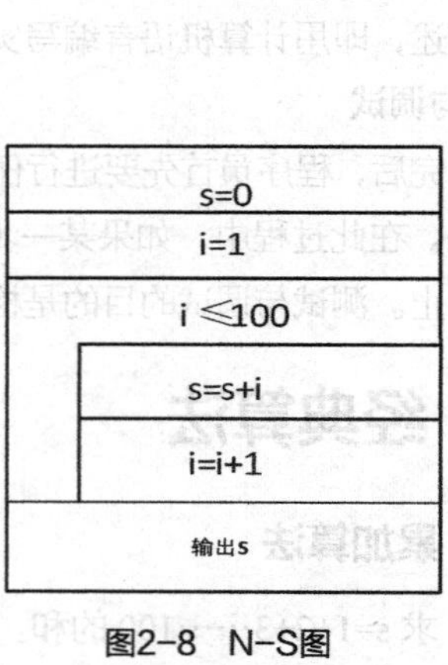

图2-8　N-S图

（4）伪代码描述，如图 2-9 所示。

```
start
 s=0
 i=1
 while i<=100
 {
  s=s+i
  i=i+1
 }
 输出 s
end
```

图2-9 伪代码

2. 代码实现求和算法

```
#include"stdio.h"
int main()
{
int s=0,i=1;
while(i<=100)
{
      s=s+i;
      i++;
}
      printf("s=%d\n",s);
      return 0;
}
```

2.5.2 擂台算法

【例 2-2】任意输入 10 个数，输出其中的最大数。

2-2

1. 问题分析

（1）输入的已知条件：任意 10 个数；

（2）希望输出的结果：10 个数中的最大数；

（3）采用的算法：擂台算法寻找最大数。

擂台算法寻找最大数的基本思想：首先第一个人站上擂台，其他参赛人员逐一上台和擂台上的人进行 PK，获胜方站在擂台上，失败者离开擂台。所有参赛人员都 PK 完毕，最后留在擂台上的就是最厉害的擂主。

2. 算法设计

本例用流程图的方法描述算法，如图 2-10 所示。

3. 算法实现

```
/*【例 2-2】：求 10 个数中的最大数*/
#include <stdio.h>
int main()
```

```
4    {
5    int i,max,x;
6    scanf("%d",&max);              /*输入站到擂台 max 上的首个数*/
7    for(i=1;i<10;i++)              /*第 7 行至第 11 行是循环结构，重复执行第 9，10 行语句*/
8    {
9        scanf("%d",&x);            /*下一个参赛者 x，上台*/
10       if (max<x)  max=x;         /*x 与 max 进行 PK，若 x 的值更大 x 站在擂台 max 上 */
11   }
12   printf("max=%d\n",max);        /*输出最后留在擂台上的数*/
13   return 0;
14   }
```

运行结果：

12 23 25 63 53 87 19 26 37 57

max=87

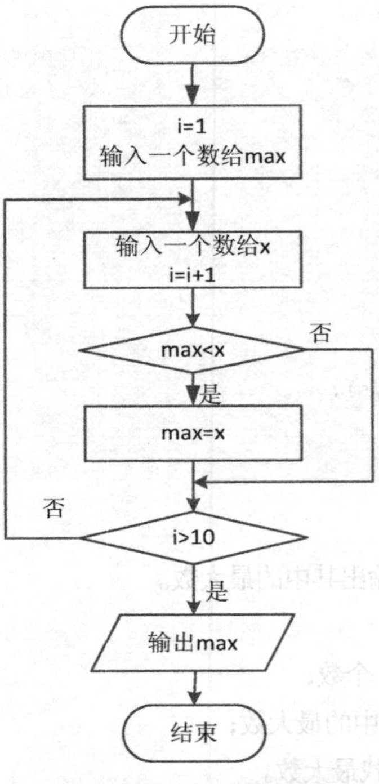

图2-10 【例2-3】算法传统流程图

2.5.3 简单选择排序法

【例 2-3】 将 a,b,c 三个数按大小顺序输出。

1. 问题分析

（1）已知条件：输入任意三个无序的数 a,b,c；

（2）希望输出的结果：从大到小排好序的三个数 a,b,c；

（3）采用的算法：选择排序法。

2-3

选择排序算法的基本思想：每趟排序都选择一个最大元素放在未排序部分的最前面。

例如 a,b,c 三个数按从大到小的顺序排序。

第 1 趟排序：三个元素都未排序，要从三个元素中选择一个最大元素放到最前面，a 就要和他后面的两个元素 b,c 逐一进行比较，如果后面的大，就换到前面来，如下面的第①②步；第 2 趟排序：经过第一趟排序，a 已经是最大数了，也就是说 a 已经排好序了。那么，未排序部分为 b, c 这两个数，要从这两个元素中选择一个最大元素放到未排序部分的最前面，只要比较 b,c 就可以了，如下的第③步；

使用选择排序法对 a,b,c 进行从大到小排序的步骤如下。

① 如果 a<b，将 a 值与 b 值进行交换，使得 a 的值大于 b 的值；

② 如果 a<c，将 a 值与 c 值进行交换，使得 a 的值大于 c 的值；

（这两步完成后，a 是三个数中的最大数）

③ 如果 b<c，将 b 值与 c 值进行交换，使得 b 的值大于 c 的值；

（这步完成后，b 是第二大的数，c 是最小的数）

经过①②③步的比较，得到 a>b>c 的有序数列。

2. N–S 流程图描述算法

本例用 N-S 流程图描述算法，如图 2-11 所示。

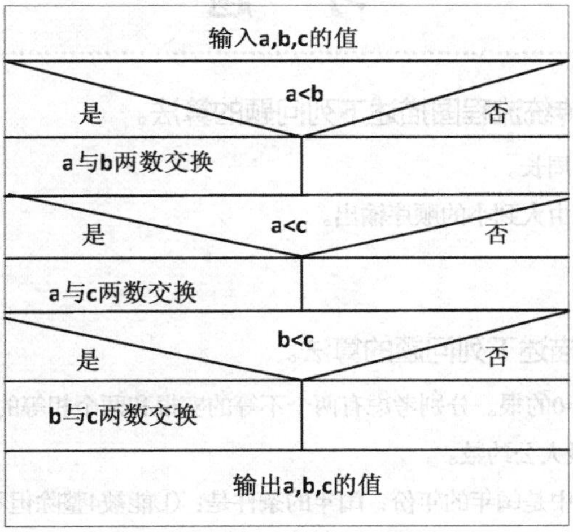

图2–11　三数比较的N–S流程图

3. 算法实现

```
#include <stdio.h>
int main()
{
    int a,b,c,t;
    printf("任意输入 a,b,c 的值：\n");   /*在屏幕上输出双引号内的字符串*/
    scanf("%d%d%d",&a,&b,&c);           /*从键盘输入三个数*/
    if(a<b) { t=a;a=b;b=t;}             /*如果 a<b，两数进行交换，使得 a>b*/
    if(a<c) { t=a;a=c;c=t; }            /*如果 a<c，两数进行交换，使得 a>c*/
    if(b<c) { t=b;b=c;c=t;}             /*如果 b<c，两数进行交换，使得 b>c*/
    printf("排序后的三个数：\n");
    printf("%d,%d,%d\n",a,b,c);         /*将排序后的 a,b,c 三个数输出*/
```

```
        return 0;
    }
```

运行结果：

任意输入 a,b,c 的值：

12 43 28

排序后的三个数：

43,28,12

2.6 小结

通过本章的内容学习，读者了解了算法的概念和作用。通过算法的学习，读者可以掌握自顶向下、逐步细化的设计思想和方法，掌握算法的描述方法以及程序设计的三种基本结构（顺序结构、选择结构、循环结构）的基本概念。最后通过案例学习，读者对算法设计及实现可以有一个理论与实践相结合的感性认识，为后续学习编程做好准备。

习 题

一、用自然语言和传统流程图描述下列问题的算法。

（1）求任意圆的面积和周长。

（2）判断两数大小，按由大到小的顺序输出。

（3）求任意10个数的和。

二、用N-S流程图描述下列问题的算法。

（1）求方程式$ax^2+bx+c=0$的根。分别考虑有两个不等的实根和两个相等的实根。

（2）求两个数m和n的最大公约数。

（3）输出2000～2020年中是闰年的年份，闰年的条件是：①能被4整除但不能被10整除；或②能被100整除且能被400整除。

（4）判断m是否是素数。

实验二 简单算法

一、实验目的

1. 掌握结构化程序设计的思想和方法，理解程序设计与算法的关系。
2. 了解算法的四种表示方法，并能熟练地用自然语言、流程图和N-S图描述。
3. 熟练使用Microsoft Visio 2010画出实验内容中的算法图。

二、实验内容

1. 用自然语言、流程图两种方法描述两数大小的比较算法。

2. 用自然语言、流程图两种方法描述求任意十个数中最大数的算法。

3. 用传统流程图、N-S图描述下列问题的算法。

（1）求任意矩形的面积和周长。

（2）判断一个整数能否被3和5整除。

（3）已知鸡兔总头数为h（设为30），总脚数为f（设为90），求鸡兔分别有多少只？

03 第3章　C语言编程基础

正如用汉语写作一样，首先要掌握字、词、句，然后可以阅读、理解文章，最后才能自己动手写文章。同样，C 语言也有一套严密的语法规则和字符集。C 语言中的常量、变量、关键字、运算符、语句相当于汉语中的字、词、句，函数相当于段落，算法相当于写作大纲，程序则相当于文章。C 语言程序设计就是用这些基本字符和语句按照问题的逻辑关系编制出相应的程序。因此，在 C 程序设计中不能违反语言本身的语法规则，也不能使用 C 语言字符集以外的字符，否则，写出的程序没人看得懂，计算机也不能运行。初学者编程时出现的错误 90%的原因就是没有正确掌握基本的“字、词、句”。

3.1　C语言的基本符号

任何一种高级语言都有自己的基本符号。C 语言的基本符号有：

- 数字：0，1，2，3，4，5，6，7，8，9；
- 英文字母： A～Z，a～z；
- 下划线字符：_；
- 关键字：具有专用语义的单词，如 int、float、char、for 等，详见附录 B；
- 运算符：用于运算的符号，如+、−、*、/、!、&&、<、>、( )、\、[]、{}等，详见附录 C。

3.1.1　标识符

在 C 语言中有许多需要命名的对象，以方便在程序中使用它们。如变量名、符号常量名、函数名、数组名、文件名等，这些名称在程序中由用户自已定义，这些符号统称为标识符。标识符的命名规则如下：

3-1

- 只能由字母、数字和下划线组成；
- 第一个字符必须为字母或下划线；
- 用户自定义的标识符不能使用关键字。

说明：

（1）以下划线开头的标识符通常是系统变量或系统函数，用户自定义标识符时最好不用这种形式进行命名，以免出错；

（2）C 语言有 32 个关键字，每个关键字在 C 语言中有自已特定的含义。如 int 表示整型数据，float 表示单精度浮点型数据，double 表示双精度浮点型数据，用户自定义的标识符就不能以此命名；

（3）C 语言的标识符区分大小写，因此，Sum、sum 和 SUM 是三个不同的标识符；

（4）标识符命名时尽量按见名知义的原则，如变量名 year、age、area 等，这样，一眼就知其表达的意义，便于记忆和阅读；

（5）当标识符由多个词组成时，每个词的第一个字母大写，其余全部小写。比如：

```
int AverageYear;
```

这样的名字看起来比较清晰，远比一长串字符好得多。

如：

下面是合法的标识符：

Total、m、Day、DATE、a1、int_a、_m（但最好不用这种形式）；

下面是不合法的标识符：

char、1_a、a>b、a$、int、a1#（因为这些标识符违背了标识符的命名规则）

3.1.2 常量

回顾一下数学中常数的概念。**常数是指固定不变的数值**，如圆周率 π ≈ 3.1415926535、真空光速 c = 2.99 792 458×108 m/s 等。

在计算机中**常量是指在程序运行过程中其值不能改变的量**。例如，数值和字符值本身就是常量，如 24、−23.567、'A'、"CHINA"等，24 是整型常量，−23.567 是浮点型常量，'A'是字符型常量，"CHINA"是字符串常量，这几种类型的常量从字面形式就可以判别出来，称之为字面常量。

还有一些常量我们会用符号给它命名，例如圆周率 3.1415926535，这字面常量通常用符号 PI 表示；自然对数底 2.71828183，这字面常量通常用符号 E 表示。这种用符号来表示的常量称之为**符号常量**。

符号常量的定义采用宏定义，如定义 PI 为符号常量。

#define PI 3.1415926535

3.1.3 变量

1. 变量的概念

再回顾一下数学中变量的概念，**变量是指没有固定的值，可以改变其值，用字母符号来表达**。例如 y=f（x），其中 x 是自变量，y 是因变量。

在计算机中，**变量是指程序运行期间其值可以改变的量**。例如在前两章的例题中读者已多次见过类似 int a,b,c ;float x,y;这样的语句，其中的 a、b、c、x、y 在 C 语言中被称为变量。

在数学和计算机中，变量的概念虽然相似，但也存在区别；数学中的变量表示未知量，通过解方程求出其值。在**计算机中的变量**虽然也含有未知量的含义，但它更表现其**具有存储数据的功能**，这点对理解变量很重要。如：*x*=*x*+1，在数学上它是无解的，但在 C 程序中它是有意义的，它表示将变量 *x* 存储单元中的值读出再与 1 相加，得到的结果重新存入变量 *x* 的存储单元中。

因此，计算机中的变量实质上是指程序运行过程中用于保存数据的内存单元，为了在程序中使用这个存储单元，需为这个存储单元取个变量名，图 3-1 中变量名为 a、b、c 是 int 类型的变量，变量中存放的值分别为 3、4、5。

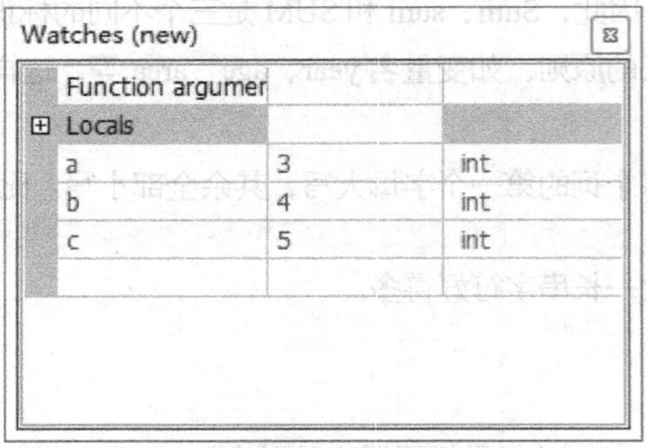

3-2

图3-1　使用监视窗口查看变量

需要注意的是，存储单元可能由一个或多个字节组成，每个字节有一个唯一标识它的数字，称之为地址。地址用十六进制数据表示，内存的编址范围是 0x00000000～0Xffffffff，其中变量 a 在内存中的地址为 0x0018F8B0，其值为 00000003，在内存中占用 4 个字节的存储单元，存储顺序是低位在前、高位在后，如图 3-2 所示。计算机内通过地址存取数据，而高级语言里通过变量存取数据，变量与地址如何对应起来，这由编译系统来完成。在不同的编译系统中，同一类型的变量分配的字节数可能不一样。例如，WinTc 和 Turboc 中，int 类型的变量被分配 2 个字节，而 Visual C 和 CodeBlocks 以及 CFree 中，int 类型的变量被分配 4 个字节，这点请读者注意。

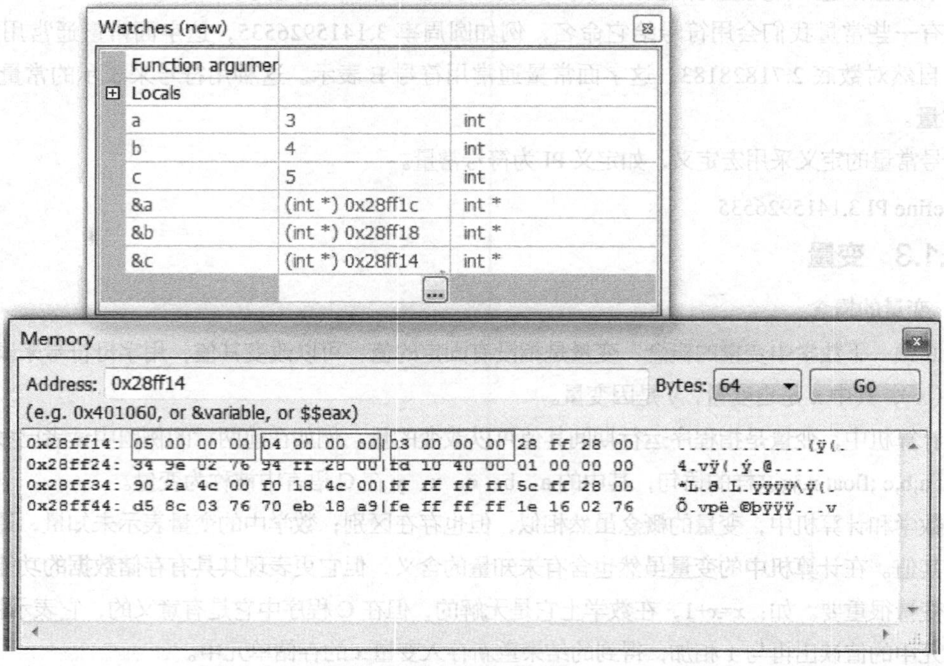

图3-2　内存示意图

在 C 语言中，所有**变量必须先定义，后使用**。变量类型确定后，编译系统才会为该变量分配相应的存储单元，用于存放变量的值。变量名的命名规则必须遵循标识符的命名规则。

2. 变量的定义

定义的一般格式：

```
数据类型  变量名1，变量名2，变量名3，…变量n;
```

例如：

```
int a,b,c ;              /*定义三个整型变量，变量名为a, b, c*/
float x,y,z;             /*定义三个单精度浮点型变量，变量名为x, y, z */
double m,n;              /*定义两个双精度浮点型变量，变量名为m, n */
char  ch1,ch2            /*定义两个字符型变量，变量名为ch1, ch2*/
```

变量定义（或变量声明）通常放在函数起始处，在任何可执行语句之前。

一条变量定义语句可以同时定义多个同类型的变量，各变量之间用逗号“,”分隔，变量的顺序无关紧要。多个同类型的变量也可以用多条变量定义语句。

例如：

int a,b,c ;与 int a, b; int c; 等价，都是定义 a、b、c 变量为整型变量。

3. 变量的初始化

在 C 语言中，定义变量的同时还可以为变量指定初始值，这个过程称为变量的初始化。

变量定义只是说明为这些变量分配了存储单元，用于存放对应类型的数据，在未对变量赋值前，这些变量中的值是不确定的数。

如：int a=3,b=4,c ;

此定义语句表示定义 a 为整型变量，给 a 分配存储单元的同时将 3 存入其中；定义 b 为整型变量，给 b 分配存储单元的同时将 4 存入其中；定义 c 为整型变量但未初始化，c 的初值为不确定的值（这是因为系统分配存储单元时，该存储单元保留了之前使用过的值，这个值是个不确定的数，也可以说是个随机数）。

```
char ch='a';
```

此语句表示定义 ch 为字符型变量的同时，将字符'a'存入变量 ch 分配的存储单元中。

特别注意如下形式：

```
float x=0,y=0,z=0;
```

此语句表示定义了 x、y、z 是浮点型变量，其初始值都为 0。

但切不可如此定义：float   x=y=z=0;这样定义违背了变量先定义后使用的规则。

这里的“=”号是赋值运算符，其意义就是将“=”右侧的表达式的值存入左边变量分配的存储单元中，因而左边必须是变量名，否则不符合语法和语义规则，编译会出错。

3.2 数据类型

由于内存资源的宝贵，C 语言对数据进行分类，主要是为了规范数据的使用、提高程序的可读性以及更有效地利用内存空间，这就如同量体裁衣，身材高大体胖者的衣服就需要多用布料，而身材矮小体瘦者的衣服则没必要用同样多的布料，可以少用一些布料，以达到节约布料的目的。

数据是程序加工和处理的基本对象，每个数据在计算机中是以特定的形式存储在内存中的。不同的数据类型在内存中所占的字节数不同，因而其决定了数据的精度、有效范围等重要属性，例如，表示年龄、天数、个数、次数等通常用整数比较合适，而表示温度、面积、利率等则用浮点数比较合适，而仅表示一个符号意义的数则用字符型比较合适。

数学中，数据可以分为实数和复数，实数又分为有理数和无理数。C 语言中，数据也有分类，第一类是基本数据类型，包括整型、浮点型和字符型；第二类是构造类型，包括数组、结构体、共用体、枚举类型；还有两个特殊类型，指针类型和空类型。本章主要介绍基本数据类型，其他数据类型将在后续各章中学习。如图 3-3 所示。

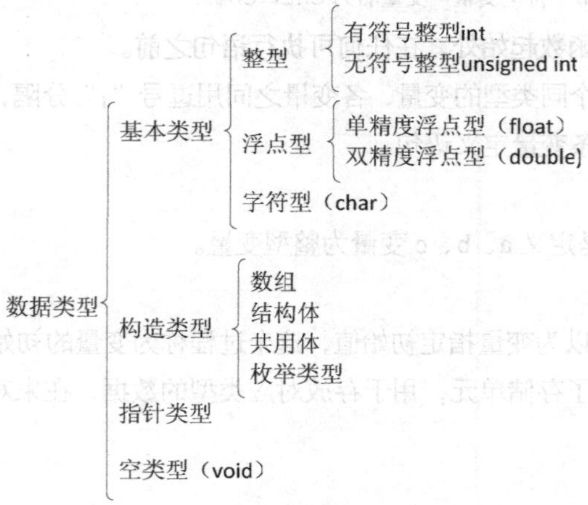

3-3

图3-3　数据类型分类

3.2.1　整型数据

整型数据有整型常量和整型变量两种形式。

1. 整型常量

整型常量有以下三种形式。

（1）十进制整数：如 24、4、-52、0。

（2）八进制整数：以数字 0 开头，并由数字 0~7 组成的数字序列，如 0234 表示八进制数 234，转换成十进制数是 156。

（3）十六进制整数：以 0x（x 也可大写）开头，并由数字 0~9 和字符 a~f（可大写）组成的数字序列，如 0x5A，转换成十进制数是 90。

2. 整型变量

在 C 程序中，用于存放整型数据的变量称为整型变量。整型数据分为：有符号的整型和无符号的整型。其中，又可以细分为整型、短整型和长整型。通常所说的整型指的就是基本整型 int。

（1）int：整型。

如：int x,y,z；定义 x，y，z 为整型变量，用于存放有符号的整型数据。

（2）short int（简化为 short）：短整型。

如：short int a,b; 或 short a,b;定义 a，b 为短整型变量，用于存放有符号的短整型数据。

（3）long int（简化为 long）：长整型。

如：long int a,b; 或 long a,b;定义 a，b 为长整型变量，用于存放长整型数据。

（4）unsigned int：无符号整型。

如：unsigned int a,b；或 unsigned a,b；定义 a，b 为无符号的整型变量，用于存储无符号的整型数。

（5）unsigned short int：无符号短整型。如：unsigned short int a,b 或 unsigned short a,b;定义 a，b 为无符号的短整型变量，用于存放无符号的短整型数据。

（6）unsigned long int：无符号长整型。

如：unsigned long int a,b;或 unsigned long a,b;定义 a，b 为无符号的长整型变量，用于存储无符号的长整型数据。

一般来说，整型变量在内存中占的字节数与所选择的编译系统有关，不同的编译系统对整型数据的存储是不同的，取值范围由 2^n 决定，n 是整型类型所占内存位数。表 3-1 表示了常用整型变量的存储情况。

表 3–1　整型类型数据在不同编译系统下所占字节数

类型名称	类型说明符	字节数	位数	取值范围
整型	int	4	32	–2147483648～2147483647
短整型	short [int]	2	16	–32768～32767
长整型	long [int]	4	32	–2147483648～2147483647
无符号整型	unsigned int	4	32	0～4294967295
无符号短整型	unsigned short	2	16	0～65535
无符号长整型	unsigned long	4	32	0～4294967295

（3）整型变量的定义

① 定义整型变量

```
int x,y,z ;
```

定义 x、y、z 为整型变量，用于存放整型数据。

② 定义长整型变量

```
long int a,b; 或 long a,b;
```

定义 a、b 为长整型变量，用于存放整型数据。

③ 定义短整型变量

```
short int a,b; 或 short a,b;
```

④ 定义无符号整型变量

```
unsigned int a,b; 或 unsigned a,b;
unsigned long int a,b;   或 unsigned long a,b;
unsigned short int a,b;  或 unsigned short a,b;
```

由于整型变量所占的字节数有限，它们所能存放的整数在表 3-1 规定的范围内。当整数超过这个范围系统就无法表示，此时的结果便会出现异常，见【例 3-1】。

【例 3-1】在 CodeBlocks 环境下运行如下 C 程序。

```
#include <stdio.h>
```

```
int main()
{
    int  x;
    unsigned  y;
    long  z;
    x=4294967295;
    y=4294967295;
    z=4294967295;
    printf("x=%d\n", x);
    printf("y=%u\n", y);
    printf("z=%ld\n", z);
    return 0;
}
```

运行结果为：

x=–1　　　　　　/*有点不可思议吧，看看后面的解释*/

y=4294967295

z=–1

显然输出的 x、z 的值与我们期望的不一样，为什么呢？从表 3-1 得知，整型和长整型最大的数是 2147483647，x、z 的初值超出这个数值，因而出错。为什么输出的是–1 呢？这是因为：

在计算机中存储**有符号**的数时，用最高位表示符号（0 表示正数，1 表示负数），而存储**无符号**数时，没有符号位，所有的位都是数据位。程序中变量 x、z 定义成有符号的整数，而 y 定义成无符号的整数，根据表 3-1 得知，它们在内存中均占 4 个字节，4294967295 对应十六进制值为 FFFFFFFF，即 32 位全是 1，在计算机内的二进制存储形式为：

1	1	1	1	1	1	1	1	1	1	1	1	1	1	1	1	1	1	1	1	1	1	1	1	1	1	1	1	1	1	1	1

① 变量 x 被定义成基本整型 int，是个有符号的整数，因此，在计算机内把最高位 1 处理成符号位，用来表示负号，剩下的 31 个 1 作为数据位，计算得到十进制数据–1，因此，按%u 格式输出的数为–1。

② 变量 y 被定义成无符号整型 unsigned int，是个无符号的数，没有符号位，所有的 32 个 1 都是数据位，转换成十进制数刚好是 4294967295，因此，输出的数为 4294967295。

③ 变量 z 虽然被定义成长整型 long int，但也是个有符号的数，理由与变量 x 相同。

补充知识：原码、反码、补码的概念。

为了方便运算，计算机中存储整数是以补码的形式存储的。

规则：正数的原码、反码、补码相同，而负数的反码是原码除符号位外各位取反，补码则是反码加 1。

以 4 个字节存储 1 和–1 为例。

1 的原码：00000000 00000000 00000000 00000001

1 的反码：00000000 00000000 00000000 00000001

1 的补码：00000000 00000000 00000000 00000001　（这是 1 在计算机内的存储形式）

–1 的原码：10000000 00000000 00000000 00000001

–1 的反码：11111111 11111111 11111111 11111110

–1 的补码：11111111 11111111 11111111 11111111　（这是–1 在计算机内的存储形式）

现在能明白 4294967295 作为有符号的数为什么输出的是-1 了吧，因为它与-1 在计算机内的存储形式一致，所以被当作-1 处理了。

理解关键：计算机内同一组二进制代码其值到底是多少是由定义的数据类型决定。

3.2.2 实型数据

实型数据也叫浮点型数据，分为单精度浮点型数据和双精度浮点型数据，其存储形式是按指数和尾数两部分进行存储的。

1. 实型常量

实型常量又称实数或浮点数。实数有以下两种表示形式：

（1）十进制形式：12.56、0.001、-51.3467，这是大家最熟悉的形式。

（2）指数形式：一般格式是尾数、字符 e（或 E）、指数。例如，123.456 的指数形式可以是 0.123456e3、1.23456e2、12.3456e1、1234.56e-1 等，有效数值都是 123456。

尾数可以通过小数点的左右“浮动”得到，所以称之为浮点数。浮点数通过调整指数，写成小数点前不含有效数字，小数点后第 1 位由非 0 数字表示。因此，123.456 规格化为 0.123456e3。

> **注意** e之前必须有数字，且e后面的指数必须为整数。如e2、1.2345e3.5等就不合法。

实型常量在大部分 C 编译系统中不分单精度与双精度，在计算机中统一以双精度型来处理，以保证计算结果更加精确。

2. 实型变量

用于存放实型数据的变量称为实型变量。

（1）单精度实型：以 float 作为类型说明符。如，float x,y,z;定义 x、y、z 为单精度浮点型变量。

（2）双精度实型：以 double 作为类型说明符。如，double a,b,c;定义 a、b、c 为双精度浮点型变量。

其中，单精度型具有 6～7 位有效数字，在内存中占 4 个字节，双精度型具有 16～17 位有效数字，在内存中占 8 个字节。如表 3-2 所示。

表 3-2 实型数据在不同编译系统下所占字节数

类型名称	类型说明符	字节数	位数	有效数字	取值范围
单精度实型	float	4	32	6～7	-10^{-38}～10^{38}
双精度实型	double	8	64	15～16	-10^{-308}～10^{308}

3.2.3 字符型数据

在各种不同编译系统中，字符类型都只占一个字节。

1. 字符常量

字符常量是用单撇号括起来的一个字符，例如：'a'、'A'、'? '、'*'、'6'等都是字符常量。

注意字符常量与变量名的区别。这是初学者比较头疼的问题，经常搞不清哪个是作字符用，哪个作变量用？其实只需记住：字符常量表达的是字面上的值，用单撇号括起来；变量名表达的是一个存储空间，用于存放数据。如，'a'是字符常量，而“int a;”中的 a 是变量。

2. 转义字符

以反斜杠“\”开头的特殊字符序列，也是字符常量的一种，称为转义字符。

所谓的转义字符就是把“\”后面的字符序列转换成另外的意义，用于代表一种特定的控制功能或一个特定的字符。常用转义字符表如表 3-3 所示。

3-4

表 3-3　常用转义字符表

转义字符	含义
\0	空字符，表示字符串结束
\a	响铃，发出系统警告声音
\b	退格，将当前光标位置移到前一列
\t	水平制表符，使屏幕光标跳到下一制表位。
\n	换行符，使屏幕光标移到屏幕下一行开头
\v	重直制表（跳到下一个 Home 位置）
\f	换页，将当前光标移到下一页的开头
\r	回车，将当前光标移到本行的开头
\"	双引号字符
\'	单引号字符
\\	反斜杠字符
\ddd	1～3 位八进制数表示的字符
\xhh	1～2 位十六进制数表示的字符

3. 字符变量的定义

用于存放一个字符的变量。即这种变量只能存放一个字符。

如：char ch1,ch2;

定义了 ch1、ch2 为字符型变量，且未初始化，其值是个不确定的值。

```
char c1='a',c2;
```

定义了 c1、c2 为字符型变量，且对 c1 进行了初始化，即将'a'存放到 c1 存储单元中，c2 未初始化。

C 编译系统为字符型变量分配一个字节，用于存放字符的 ASCII 码值。因此，字符型变量存放字符，实际上存放的是该字符的 ASCII 码值，这样便与整数的存储形式相似。因此，字符型数据与整型数据之间可以通用。当字符型数据用字符格式控制输出，则显示字符本身，用整数格式控制输出，则显示该字符的 ASCII 码值。例如，字符'0'的 ASCII 码值为 48，在计算机中用一个字节进行存储。

【例 3-2】字符型数据与整型数据的输出

```
#include <stdio.h>
int main()
```

```
{
    int c1;
    char c2;
    c1='A';
    c2=66;
    printf("c1=%c,c2=%c\n",c1,c2);          /*用字符格式控制输出 c1 和 c2 的值*/
    printf("c1=%d,c2=%d\n",c1,c2);          /*用整型格式控制输出 c1 和 c2 的值*/
    printf("c1=%c,c2=%c\n",c1+32,c2+32);
    return 0;
}
```

运行结果：

c1=A，c2=B

c1=65，c2=66

c1=a，c2=b

【例 3-3】阅读程序，理解转义字符

```
#include <stdio.h>
int main()
{
    printf("a\tbc\tABC\bc\n");
    printf("xyz\n");
    printf("xyz\r\101\t\\\x41\\");
    return 0;
}
```

运行结果：

```
a       bc      ABc
xyz
A       \A\
```

首先解释一下什么是输出位？系统把一行分为 10 个输出区，每个输出区占 8 列。

执行 printf("a\tbc\tABC\bc\n")；语句时，在第 1 行第 1 列输出字母 a，接着输出转义字符'\t'（其作用是使光标水平跳到下一个制表位置即第 9 列），所以在第 9 列到第 10 列上输出 bc；之后又是'\t'，跳到第 17 列，在第 17 列到第 19 列上输出 ABC，继续输出转义字符'\b'（其作用是向前退一格，光标退到大写字符'C'的位置），接着输出小写字符'c'改写了'C'，得到 Abc，继续输出转义字符'\n'（其作用是将光标换到下一行的开头）。

执行 printf("xyz\n")；输出 xyz 后换行到下一行的开头。

执行 printf("xyz\r\101\t\\\x41\\")；在第 1 列输出 xyz，'\r'表示回车，将光标移到本行的开头，接着输出'\101'，这是八进制数表示的字符'A'，替换掉了字符'x'，接着又遇到'\t'，跳到下一个制表位位置，此时将 yz 消掉了，从第 9 列开始输出双斜杠'\\'表示的字符单斜杠'\'，接着输出十六进制数'\x41'表示的字符'A'，再输出转义字符'\\'表示的字符'\'。

4. 字符串常量

字符串常量是由一对双引号括起来的字符序列（其中也可以包括转义字符），例如，"How are you!""A""12345"。

字符串常量中的字符按先后顺序依次逐个存储在内存中一块连续的区域内，并在字符串的尾部自动加上'\0'，作为字符串的结束标志。因此，对于字符个数为 n 的字符串，所占内存空间应为 n+1 个字节。转义字符'\0'为空操作，它既不引起任何操作，也不会显示出来，但系统根据该符号判断一个字符串是否结束。

例如，字符串"HELLO"的字符个数为 5，所占内存空间应为 6 个字节。如图 3-4 所示，每个小格表示 1 个字节。

H	E	L	L	O	\0

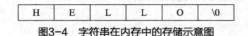

图3-4　字符串在内存中的存储示意图

在程序中，要仔细区分字符常量和只包含一个字符的字符串常量，如"A"和'A'，虽然都只有一个字符，但在内存中的情况是不同的。字符'A'在内存中只占一个字节，而字符串"A"在内存中占 2 个字节。

3.2.4　宏定义

C 语言中的宏定义有两种形式：不带参数的宏定义与带参数的宏定义。

宏定义用#define 开头，它是一条编译预处理命令。

所谓的编译预处理就是指系统在对程序编译前先将宏名进行替换处理。这就像有一篇英文文章，作者在文章里用了一些代表特定意义的缩写符，且字典里没有缩写符这个词，所以，在给翻译人员翻译前，作者需先告诉他缩写符的真实意思，并在文章中进行替换，然后翻译人员再进行全文翻译。

1. 不带参数的宏定义

除了前面介绍的整型常量、实型常量、字符常量和字符串常量外，还有一种用标识符表示的常量称为**符号常量**（又称宏常量），可以使用不带参数的宏定义来定义符号常量。

不带参数的宏定义格式：

```
#define  宏名  宏体
```

宏展开方法：宏体替换宏名；

【例 3-4】已知圆的半径，求圆的面积。

```
#include <stdio.h>
#define PI  3.1415926        /*PI 为宏名，即常量符号 PI，代表宏体 3.1415926 这串符号*/
int main()
{
   float r=12.5,area,length;
   area=PI*r*r;
   length=2*PI*r;
   printf("area=%6.2f,length=%6.2f\n",area,length);
   return 0;
}
```

#define PI　3.1415926 是不带参数的宏定义命令，其中宏名为 PI，宏体为 3.1415926。

宏展开过程：编译前系统将程序中凡是有宏名 PI 的地方全部换成宏体 3.1415926。在编译预处理后，这个程序等价于：

```
#include <stdio.h>
int main()
```

```
{
    float r=12.5,area,length;
    area=3.1415926*r*r;
    length=2*3.1415926*r;
    printf("area=%6.2f,length=%6.2f\n",area,length);
    return 0;
}
```

运行结果：

area=490.87，length= 78.54

需要注意以下几个问题。

① 宏定义一般在函数外定义，通常放在程序的开头处。

② 编译系统仅对宏名进行简单替换，不做语法检查。

③ 宏定义后不能接分号，它是命令，不是语句。如果接了分号，分号会被看成是宏体的一部分。

④ 符号常量不能在程序中重新赋值。例如：程序中出现 PI=3.14；这是错误的。因为符号常量也是常量，它可以像常量一样使用，但不能在程序中发生改变，否则就违背了常量的概念。如果需要修改符号常量（或宏常量）的值，只能在宏定义中修改。

⑤ 在 C 语言中，人们习惯用小写字母表示变量，用大写字母表示符号常量。虽然这类规则不是 C 语言规定的语法规则，但是是由程序员共同遵守的约定俗成的编程风格，这样编写的程序才能优美、易懂，便于交流以及后期的修改维护。

⑥ 在程序中使用符号常量，可以做到“含义清楚”“一改全改”，提高了程序的可读性，方便程序的修改。

2. 带参数的宏定义

定义带参数宏的格式：

```
#define  宏名(形参表) 宏体
```

宏展开方法：实参替换形参；在宏体替换宏名。

【例 3-5】下列程序段运行后，求 i 的值。

```
#define MA(x,y)  x*y          /*MA(x,y)定义成带参数的宏，宏体为 x*y*/
int  i=5;
i=MA(i,i+1)-7;
```

3-5

宏展开过程：①实参 i 替换形参 x，实参 i+1 替换形参 y，则宏名 MA(i,i+1)被宏体 i*i+1 替换；②语句 i=MA(i,i+1)−7 也就变为 i=i*i+1−7。③ 执行结果：将 i=5 的值读入表达式 i=i*i+1−7，得 i=5*5+1−7；运算后 i=19。

特别注意：初学者很容易犯宏展开时对参数进行心算的毛病。

假如对 MA(i,i+1)进行替换时，先对 MA(i,i+1)中的参数进行心算得到 MA(5，6)，然后再替换掉 x*y 中的参数，得到 i=5*6-7；这样计算后 i=23，这个结果是错的。千万不可以先计算参数后替换，因为宏展开的过程是在编译之前完成的，编译前变量是没有值的，只有执行程序时变量才有值。试想一个没有值的变量，怎么能够运算？因此宏展开过程只能进行参数替换，不能有任何计算过程。

如果将上述程序中的宏改成：

```
#define MA(x,y)  (x)*(y)
```

```
int  i=5;
i=MA(i,i+1)-7;
```

宏展开过程：①实参 i 替换形参 x，实参 i+1 替换形参 y，则宏 MA(i,i+1)替换后得到(i)*(i+1)；②i=MA(i,i+1)−7 也就变为 i=(i)*(i+1)−7。③ 程序执行时：i=5，则 i=(i)*(i+1)−7，得 i=(5)*(6)−7；运算结果 i=23。

3.2.5 应用举例

【例 3-6】请写出以下程序的运行结果。

```
#include <stdio.h>
int main()
{
    short  int x;
    unsigned y;
    long z;
    x=65535;                  /*x 是短整型，65535 超出其最大值范围，产生溢出，分析同【例 3-1】*/
    y=65535;
    z=65535;
    printf("x=%d\n",x);       /*%d 表示将 x 的值按基本整型数输出*/
    printf("y=%u\n",y);       /*%u 表示将 y 的值按无符号整型数输出*/
    printf("z=%ld\n",z);      /*%ld 表示将 z 的值按长整型数输出*/
    return 0;
}
```

运行结果：

x=−1

y=65535

z=65535

【例 3-7】请分析以下程序的运行结果。

```
1. #include <stdio.h>
2. int main()
3. {
4. int a=12345, b= -23456;        / *定义 a, b 为整型变量，并初始化 a,b 的值 */
5. int  c=32100, sum1;            /*定义 c, sum1 为整型变量*/
6. unsigned int  sum2;            /*定义 sum2 为无符号整型变量 */
7. sum1=b-a;
8. sum2=c-b;
9. printf ("sum1=%d, sum2=%u",sum1,sum2);
10. return 0;
11. }
```

运行结果：

sum1=−35801，sum2=55556

思考：请将程序中的第 4 行和第 5 行分别改成：

```
short int a=12345, b= -23456;
short int c=32100, sum1;
```

并再次运行程序，观察结果并分析原因。

3.3 运算符和表达式

运算符是表示某种操作的符号，操作的对象叫操作数，用运算符把操作数连接起来形成一个有意义的式子叫表达式。

C 语言把除了控制语句和输入输出以外的几乎所有的基本操作都作为运算符处理，因此，C 语言的运算符非常丰富，如表 3-4 所示。

表 3–4 C 语言中的运算符表

序号	类别	运算符
1	算术运算符	*、/、%、+、−
2	关系运算符	>、>=、<、<=、==、! =
3	逻辑运算符	!、&&、‖
4	位运算符	<<、>>、～、|、^、&
5	赋值运算符	=、+=、−=、*=、/=、%=、<<=、>>=、&=、^=、|=
6	自增自减运算符	++、--
7	条件运算符	？ ：
8	逗号运算符	，
9	指针运算符	* 、&
10	强制类型转换运算符	（类型）
11	求分量类运算符	−>、.、[ ]

任意一个运算符都具有两个属性：优先级和结合方向。

（1）优先级

当若干个运算符同时出现在表达式中时，优先级规定了运算的先后次序。C 语言的运算符种类共有 15 级。见附录 C。

（2）结合方向

当若干个具有相同优先级的运算符相邻出现在表达式中时，结合方向规定了运算的先后次序，分为“从左至右”和“从右至左”两个结合方向。

大家最熟悉的四则运算“先乘除，后加减，括号最优先，同一级运算符顺序从左到右”。这个四则运算规定了括号最优先，乘除优先于加减，同一级运算顺序从左到右的结合方向。

从附录 C 可以看出，大部分的运算符的结合方向为“从左至右”，只有第 2 级、第 13 级和第 14 级是“从右至左”，因此，只要对这三类运算符稍加记忆，其余的运算符按平时习惯，无需特别记忆。

3.3.1 算术运算符与算术表达式

算术运算符分为一元算术运算符和二元算术运算符，一元算术运算符只需要一个操作数，放在运算符的后面，二元算术运算符需要两个操作数，操作数写在运算符两边。在 C 语言中算术表达式必须书写在同一行。例如：

数学表达式：$\frac{-b+\sqrt{b^2-4ac}}{2a}$

C 语言表达式：（-b+sqrt(b*b-4*a*c)）/(2*a)

1. 算术运算符

+ 加法运算符（双目运算符），或正值运算符（单目运算符）。如 a+b、+x。

- 减法运算符（双目运算符），或负值运算符（单目运算符）。如 a-b、-4。

* 乘法运算符（双目运算符）。如 5*a。

/ 除法运算符（双目运算符）。如 a/b。

% 求余运算符或模运算符（双目运算符）。如 9%2。

2. 算术运算规则

（1）C 语言规定，两个整型量相除，其结果仍为整型。如：

9/2=4； 3/5=0； 但 9/2.0=4.5；3.0/5=0.6。

（2）求余运算符%：两侧的操作数必须是整型数据，运算结果是两个整数相除后的余数，运算结果为整数。另外，规定，运算结果的正负符号与被除数的符号一致。如：

9%2=1； 2%9=2； -9%2=-1； 9%-2=1；

（3）C 语言允许在表达式中进行混合运算，系统将自动进行类型转换

在进行混合运算时，字符型数据自动转换成 ASCII 码值参与运算；所有实型数据统一转换成双精度；当基本整型与无符号整型数据进行运算时，则将基本整型转换成无符号整型；当无符号整型与长整型数据进行运算时，则将无符号整型转换成长整型；当长整型与双精度实型数据进行运算时，则将长整型转换成双精度实型。数据转换的规则按图 3-5 所示，图中水平方向表示必须转换，重直方向表示从低到高转换。

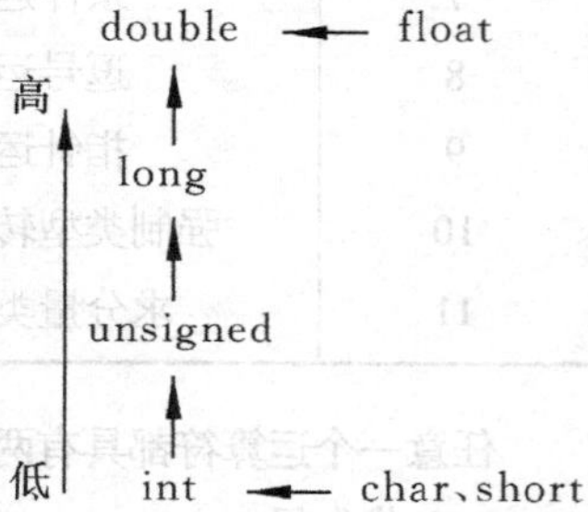

图3-5 混合运算自动转换关系图

特别要注意的是，虽然 C 语言允许在表达式中进行混合运算并自动进行类型转换，但并不是将表达式中的所有量统一按上述规则转换后再进行运算，而是在运算过程中逐步进行转换。例如，计算表达式 97+2.5*4+3/2+'A'的值，其转换过程为：按照运算符的优先级，先将 4 自动转换成实型数 4.0，然后计算 2.5*4.0，得结果 10.0；再计算 3/2，得结果 1；'A'用 ASCII 码值 65 替换，则表达式被转换成：97+10.0+1+65，此时系统运算时再按最高类型 double 进行自动转换，表达式被转换成：97.0+10.0+1.0+65.0，最后结果为 173.0。为表述方便，这里的实型数用 1 位小数位表示，实际上系统是自动转换成 6 位有效数字，如 173.0 实际上是 173.000000。

自动转换存在隐患，由于是自动转换，这种转换存在一定的数据丢失或数据溢出的隐患，编译时不会报错。如：

```
int a;
a=17.3;  /*以变量 a 的类型为准，a 只能存放 17，数据发生丢失*/
printf("a=%d",a);
```

结果：a=17

再如：

```
short a;
int b=65535;
a=b;      /*将 b 的值自动转换成短整型赋值给 a，数据发生溢出*/
printf("a=%d",a);
```

输出结果：a=-1

因为 int b=65535;在内存中 b 占 4 个字节，short a;在内存中 a 占 2 个字节，其内存的存储形式为（第 1 位为符号位，0 表示正数，1 表示负数）：

从图 3-6 中可以看出，变量 b 只有一半的值能存储到 a 中，数据发生溢出。a 的第 1 位为 1，表示负数，其余 15 位 1 是数据位，计算后为-1。

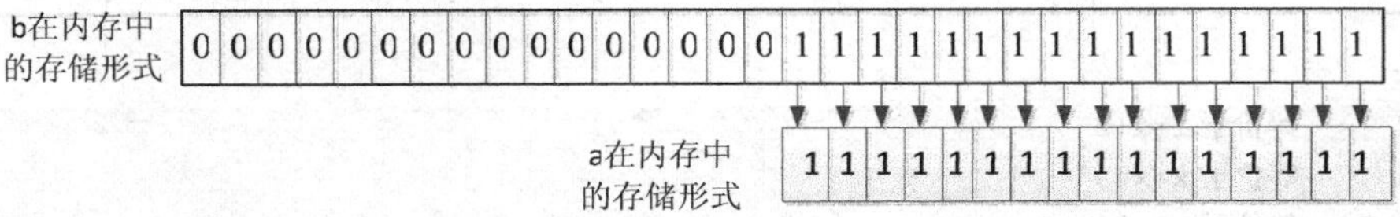

图3-6 数据类型转换示意图

3.3.2 赋值运算符与赋值表达式

数学中的等于“=”符号在 C 语言中被称为赋值运算符。

由赋值运算符将一个变量和一个表达式连接起来的式子称为赋值表达式。

1. 赋值表达式格式为：

变量名=表达式

它的作用是将一个数据赋给“=”号左边的变量。

赋值表达式的值就是赋值运算符左边变量的值。

如果右边表达式的值的类型与左边变量的类型不一致，以左边变量的类型为准，将右边表达式值的类型自动转换为左边变量的类型。

优先级：赋值运算符的优先级较低，见附录 C，位于倒数第 2 级。

结合方向：赋值运算符按照“从右至左”的结合顺序运算。

> 注意
>
> 表达式后不能接分号“;”，否则就不是赋值表达式，而是赋值语句。

例如：

```
a=10       /*赋值表达式*/
a=10;      /*赋值语句*/
```

2. 复合的赋值运算符

算术运算符与赋值号“=”结合在一起，形成复合的赋值运算符。表 3-5 为复合赋值运算符表。

表 3–5　复合赋值运算符

类型	复合赋值运算符	实例
与算术运算符复合	+=、-=、*=、/=、%=	a+=b　等价于 a=a+b a- =b　等价于 a=a-b a* =b　等价于 a=a*b a/=b　等价于 a=a/b a%=b　等价于 a=a%b
与位运算符复合	<<=、>>=、&=、^=、|=	a<<=b　等价于 a=a<<b a>>=b　等价于 a=a>>b a& =b　等价于 a=a&b a^=b　等价于 a=a^b a| =b　等价于 a=a|b

例如：

```
i+=2        等价于 i=i+2
x%=a        等价于 x=x%a
a*=b+5      等价于 a=a*(b+5)
```

【例 3-8】设 int a=12,b=5; float x=2.5; 计算下列各赋值表达式的值。

3-6

（1）a+=a

（2）a*=2+3

（3）a%=b%=3

（4）a+=a-=a*=a

（5）b=a/x

求解这类问题一定要理解复合运算符的意义。

（1）a+=a

求解过程：等价于 a=a+a，则 a=12+12，则 a=24，表达式的值为 24。

（2）a*=2+3

求解过程：等价于 a=a*5，则 a=12*5，则 a=60，表达式的值为 60。

（3）a%=b%=3

求解过程：按照赋值运算符从右至左的结合方向，其执行顺序为：

$$\underbrace{a\% = \underbrace{b\% = 3}_{①}}_{②}$$

先计算①式，转换后 b=b%3，将 b=5 的值代入，得 b= 5%3，计算后 b=2，则①式的值为 2；得②式的表达式 a%=2，转换后 a=a%2，将 a=12 代入，得 a=12%2，则 a=0，赋值表达式 a%=b%=3 的值为变量 a 的值 0。因此，a%=b%=3 表达式的值为 0。

（4）a+=a-=a*=a

求解过程：按照赋值运算符从右至左的结合方向，则该赋值表达式可以转化为：a+=(a-=(a*=a)) 。

计算过程如下：

① 先计算 a*=a，转换后 a=a*a， 将 a=12 代入，得到 a=12*12，即 a=144，则赋值表达式 a*=a 的

值为 144；

② 再执行 a−=(a*=a)，由①步计算后 a−=144，转换后 a=a−144，由于①计算后 a 的值为 144，代入后得到 a=144−144，a=0，则赋值表达式 a−=(a*=a)的值为 0；

③ 最后计算 a+=(a−=(a*=a))，由②步得到 a+=0，转换后 a=a+0，由于②步计算后 a 的值为 0 代入后得到 a=0+0，a=0，则赋值表达式 a+=(a−=(a*=a))的值为 0。

（5）b=a/x

求解过程：首先计算算术表达式 a/x，即 12/2.5，结果 4.8。由于变量 b 是整型变量，按照转换规则将实型数 4.8 转换成整型数 4 赋值给变量 b，则赋值表达式 b=a/x 的值为 4。

3.3.3 逗号运算符和逗号表达式

在 C 语言中，逗号不仅仅可以作为分隔符出现在变量的定义、函数的参数表中，还可以作为一个运算符把多个表达式连接起来，形成逻辑上的一个表达式。

逗号表达式的格式：

表达式 1，表达式 2，表达式 3，……，表达式 n

逗号表达式的求解过程：按从左到右的顺序逐个计算各子表达式的值，且最后表达式 n 的值就是逗号表达式的值。

例如：a=2+5, a*5, 10*4　是一个逗号表达式，其值为算术表达式 10*4 的值 40。

在这个表达式里由于赋值运算符优先级高于逗号运算符优先级，因此，在求解过程中先算赋值表达式 a=2+5，再计算表达式 a*5，最后计算 10*4，通过逗号运算符将三个表达式连接起来，因此是一个逗号表达式。

再如：a=（2+5, a*5, 10*4）是一个赋值表达式，其值为 40。根据运算符的优先级规则，括号最优先，因而先计算括号里的逗号表达式（2+5, a*5, 10*4），再将这个逗号表达式的值 40 赋给变量 a，即 a=40。

逗号运算符是所有运算符级别最低的一个。

3.3.4 强制类型转换

前面介绍的自动类型转换是系统自动进行的，存在一定的隐患，为了消除这种隐患，可以用强制类型转换运算符强制转换成需要的类型。

强制类型转换是指将表达式的值转换为指定的目标类型。

强制类型转换的格式：

（类型说明符）表达式

例如：

```
(int) (x+y)          /*将表达式 x+y 的结果强制转换成整型数*/
(float) x/y          /*将变量 x 的值强制转换成实型后与变量 y 相除*/
```

必须注意的是：对变量进行强制类型转换只是将其值转换成指定的类型，并不会改变该变量本身的类型。例如：

```
float x=3.5;
int y=2;
(int) x/y ;
```

将变量 x 的值 3.5 强制转换成整型 3 后与变量 y=2 的值相除，结果为 1。而变量 x 的类型仍为实型变量。

3.3.5 自增自减运算符

自增运算符“++”与自减运算符“--”是 C 语言特有的单目运算符，它们只能作用于变量。

自增自减运算符的格式：

```
++变量 或 变量++      如：++i 或 i++
--变量 或 变量--      如：--i 或 i--
```

其作用是使变量的值增 1 或减 1，优先级较高，其结合方向自右向左，详见附录 C。

表 3-6 自增自减运算符

运算	含义	实例
i++	先引用 i 值，再进行 i+1 运算	求下列表达式的值及 i 的值。 设 int i=4; ① 5*i++; 这个表达式里有乘法运算符和自增运算符。根据优先级规则：须先算 i++，后算 5*i。因此，运算 i++时，是先引用 i=4 参与 5*i 运算，得到 20，再对 i 进行自增 1 运算，得 i=5。 ② 5*++i; 根据优先级规则：先算++i 得 i=5；后引用 i 的值参与 5*i 运算，得 25。 ③ 5* i− −; 根据优先级规则，先算 i− −，先引用 i=4 参与 5*i 运算，得 20，然后 i 再自减 1，得 i=3。 ④ 5*− −i; 根据优先级规则，先算− −i,i 自减后得 i=3；再引用 i 的值参与 5*i 运算，得 15。 5*i++; 等价于 5*（i++）; 5*++i; 等价于 5*（++i）; 5* i--;等价于 5*（i--）; 5*--i; 等价于 5*（--i）;
++i	先进行 i+1 运算，再引用 i 的值	
i--	先引用 i 的值，再进行 i-1 运算	
--i	先进行 i-1 运算，再引用 i 的值	

3-7

在①②式中，无论是 i++还是++i，对 i 而言都有 i+1 的运算，++位置对 i 的值没有影响，但影响了 i 参与运算的表达式的值，见表 3-6。

同理，在③式④式中，无论是 i--还是--i，对 i 而言都有 i-1 的运算，--位置对 i 的值没有影响，但影响了 i 参与运算的表达式的值。

【例 3-9】阅读程序，分析结果

```
#include <stdio.h>
int main()
{
int i,k;
   i=5;
   k=i++;                    /*先将 i 的值 5 赋给变量 k，然后 i 自增，i=6*/
   printf("k=%d,i=%d\n",k,i);
```

```
    i=5;                    /*i 被重新赋值 5，即 i 变量的存储单元中存入 5 */
    k=++i;                  /*先将 i 自增，i=6，然后将 i 的值赋给 k*/
    printf("k=%d,i=%d\n",k,i);
    i=5;
    k=4*i--;                /*先将 i 的值与 4 进行乘法运算，结果赋给 k，然后 i 自减，i=4*/
    printf("k=%d,i=%d\n",k,i);
    i=5;
    k=4*(--i);              /*先将 i 自减，i=4，然后将 i 的值与 4 进行乘法运算，结果赋给 k*/
    printf("k=%d,i=%d\n",k,i);
}
```

运行结果：

k=5,i=6

k=6,i=6

k=20,i=4

k=16,i=4

3.3.6 sizeof 运算符

C 语言中各种类型的数据在计算机中所占的内存空间（即字节数）是不同的，并且，同一种数据类型在不同的编译系统中所占的内存空间也有可能不同。那么程序员如何知道某类型的数据或变量在计算机中所占的内存空间大小呢？C 语言提供了 sizeof 运算符来解决这个问题。注意，sizeof 是运算符，而非函数。

sizeof 运算符有以下两种格式：

（1）用于求得表达式的值所占内存的字节数，其格式如下：

sizeof 表达式

（2）用于求得某种数据类型的量所占内存的字节数，其格式如下：

sizeof （类型名）

3-8

【例 3-10】 请在不同编译系统下运行下列程序，观察不同数据类型所占的字节数。

```
#include <stdio.h>
int main()
{
  printf("%d,%d,%d",sizeof(short int),sizeof(int),sizeof(long int));
  printf("%d,%d,%d",sizeof(char),sizeof(float),sizeof(double));
}
```

3.3.7 关系运算符和关系表达式

1. 关系运算符

基本的关系运算符有以下 6 个：

<（小于） <=（小于等于） >（大于） >=（大于等于）
==（等于） !=（不等于）

3-9

在以上 6 个关系运算符中，前 4 个运算符（<、<=、>、>=）的优先级相同，后两个运算符(==、! =)的优先级也相同，但前 4 个运算符的优先级高于后两个运算符的优先级。

如：a>=b!=b<=3 其求解过程等价于（a>=b）!=（b<=3）。

结合方向：从左至右。

特别要注意的是，在 C 程序中，表示“等于”的运算符是“==”，而非“=”。这与平时的习惯有冲突，这点初学者很容易用错，请记牢各自的语义，在C语言中，“=”号是赋值运算符。

2. 关系表达式

用关系运算符将两个操作数连接起来的有意义的式子称为关系表达式。操作数可以是常量、变量、算术表达式、赋值表达式等。

例如，以下这些都是关系表达式。

```
a>b，5>3，a>b==c，a>=b+c，(a=b)!=(c=d)，(c=10)=='b'
```

关系表达式的值为逻辑值“真”或“假”。

C语言中没有逻辑型数据，规定用1表示逻辑“真”，用0表示逻辑“假”。

设a=5, b=3, c=2，d=2，则

a>b，5>3，a>b==c，a>=b+c，(a=b)!=(c=d) ，(c=10) =='b'的值分别为：1，1，0，1，1，0。

例如：求6>5>4的值。

初学者可能会很快给出结果1。但我要告诉你，你的结果是错的。因为在C语言中根据关系运算符的优先级和结合方向，应先算6>5，结果为1，再判断关系式1>4，所以结果为0。因此，数学上的不等式与C语言中的关系表达式，其意义是不同的。

3.3.8 逻辑运算符和逻辑表达式

3-10

1. 逻辑运算符

C语言提供了三种逻辑运算符。

```
!（逻辑非）    &&（逻辑与）        ||（逻辑或）
```

优先级由高到低依次为：!、&&、||。

“&&”和“||”是双目运算符，要求有两个操作数，“!”为单目运算符，要求有一个操作数，如a&&b、a||b、!a。表达式中的a、b可以是表达式、变量或常量，甚至是任意表达式。

其运算过程如下：

a&&b　　若a、b都为真，则a&&b为真；若a、b之一为假，则a&&b为假。

a||b　　若a、b之一为真，则a||b为真；若a、b都为假，则a||b为假。

!a　　若a为真，则!a为假；若a为假，则!a为真。

逻辑运算符与其它运算符优先级的关系见图3-7所示。

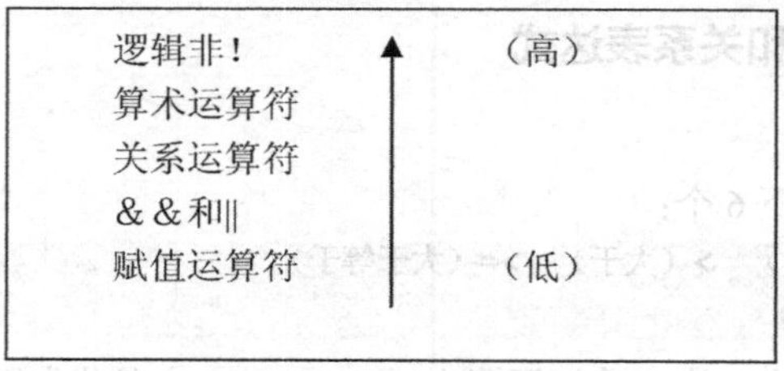

图3-7 几种运算符的优先级

例如：

① 5>3 && 2 || 8<4-!0 等价于((5>3) && 2) ||(8<(4-!0))

② a=5>4>3 是个赋值表达式。因为关系运算符的优先级高于赋值运算符，因此，先求出关系表达

式 5>4>3 的值，再赋值给 a。先求 5>4 的值为 1，再求 1>3 的值为 0，则 a=0。

2. 逻辑表达式

逻辑表达式是由逻辑运算符将逻辑量连接起来的式子。这个逻辑量可以是关系表达式，也可以是任何类型的常量、变量，如字符型、实型、整型等。

例如：(a<=b)&& (c>d)

3. 逻辑值的判断

编译系统在求逻辑表达式运算结果时，以数值 0 代表"假"，以 1 代表"真"。但在判断一个逻辑量是否为"真"时，系统以 0 和非 0 为依据来判断它们是"真"还是"假"，即如果表达式的值是非 0 就被认为是"真"，否则就被认为是"假"。

例如： 'b ' &&' d'

因为'b '和' d'是一个字符常量，其值非 0，编译系统将其作"真"值处理，因而逻辑表达式'b ' &&' d'的值为真，即结果为 1。

再如：3&&4 的值为 1；0&&'a'的值为 0；5||0 的值为 1；! 'b'的值为 0。

4. 逻辑表达式的求解技巧

实际上，在逻辑表达式的求解过程中，并非所有的逻辑运算符都会被执行，只有在必须执行下一个逻辑运算符能得出表达式的值时，该运算符才被执行。

例如：

a&&b　　当 a 为假时，系统已经可以确定该表达式的值为 0，因而不会判断 b。

a||b　　当 a 为真时，系统已经可以确定该表达式的值为 1，因而不会判断 b。

例如：设 int a=3;求表达式 a<1&&--a>1 的运算结果和 a 的值。

a<1&&--a>1 是一个逻辑与表达式，因为 a<1 的值为 0，已能确定该表达式的值为 0。因此，表达式--a>1 没有被执行，因而 a 的值没有发生改变，a 的值依然是 3。

在求解逻辑表达式时要注意这两条技巧规则的应用，否则求解结果可能出错。(此题若继续执行--a>1 的判断，则 a 的值会被认为是 2，这就错了)。

再如前面的例题，表达式 5>3 && 2 || 8<4-!0 在求解"5>3 && 2"为真时，便不再求解"8<4-!0"这部分的表达式了。

再如：假设 a=3,b=2,c=6,d=5,m=7,n=8，则执行(m=a<b) && (n=c-d)后，a,b,c,d,m,n 的值各是多少？

根据求解规则，先执行(m=a<b)，m=0，则该表达式为 0，因而(n=c-d)不会被执行，所以，a=3,b=2,c=6,d=5,m=0,n=8。

【例 3-11】写出能被 3 整除又能被 5 整除的数的逻辑表达式。

若用 m 表示该数，则逻辑表达式表示为：m%3==0 &&m%5==0 或 m%15==0 。

【例 3-12】判断某年份是否闰年。

闰年的条件是：年份能被 4 整除，但不能被 100 整除；或能被 4 整除又能被 400 整除，则该年为闰年，否则为非闰年。

若设 year 表示年份，能被 4 整除的表达式为：year % 4==0，不能被 100 整除的表达式为：year % 100!=0，能被 400 整除的表达式为：year % 400==0。

则闰年的逻辑表达式为：(year % 4==0&& year % 100!=0）|| (year % 400==0)。

非闰年的逻辑表达式为：!((year % 4==0 && year % 100!=0）|| (year % 400==0))

或 (year % 4!= 0) || (year % 100 == 0 && year % 400 != 0)

【例 3-13】 名次预测。

有人在赛前预测 A、B、C、D、E、F 六名选手在比赛中会按顺序分获第一名到第六名，但是这一预测只猜对了三个人的名次。请写出这一预测情况的逻辑表达式。

问题分析：假设用整型变量 a～f 表示这六人的名次，按预测可知 a==1、b==2、c==3、d==4、e==5、f==6，由于这一预测只猜对了三个人的名次，也就是说这六个表达式中只有三个表达式的值等于 1。因此，这一预测情况的逻辑表达式可以写成：

((a==1)+ (b==2)+ (c==3)+ (d==4)+ (e==5)+ (f==6))==3

3.4 C语言语句

C 程序的执行部分是由语句组成的。程序的功能也是由执行语句实现的，C 语句可分为以下五类：表达式语句、函数调用语句、复合语句、空语句、控制语句。

1. 表达式语句：由一个表达式加一个分号构成。

```
i=i+1;                  /*赋值表达式加分号构成赋值语句*/
b+=4;                   /*复合赋值表达式加分号构成赋值语句*/
a=15, a*5, a+5;         /*逗号表达式加分号构成逗号表达式语句*/
```

2. 函数调用语句：由一个函数调用加一个分号构成。

```
printf("This is a C statement");    */由 printf 输出函数加分号构成一条函数语句*/
add(a,b);                           */由 add() 函数加一个分号构成一条函数语句*/
```

3. 复合语句：用{ }将多个语句括起来成为一个复合语句，它在程序中的地位等同于一条语句。复合语句在选择结构和循环结构中经常用到。

```
{
m++;
 s=s+m;
 printf("%d",s);
}
```

4. 空语句：仅有一个分号构成。

```
;              (表示空操作)
```

5. 9 条控制语句

```
if( )...else...      (条件语句)
switch               (多分支选择语句)
for( )...            (循环语句)
while( )...          (循环语句)
do...while( )...     (循环语句)
continue             (结束本次循环语句)
break                (结束循环或 switch)
goto                 (跳转语句)
return               (从函数返回语句)
```

3.5 经典算法

3.5.1 整除求余算法

3-11

【例 3-14】假设今天是星期三，求 3576 天后是星期几。

问题分析

（1）已知条件：今天是星期三，用 today=3 表示，days 表示 3576 天；

（2）希望输出的结果：3576 天后是星期几?

（3）采用的算法：整除取余法。由于一星期共七天，因此，取（days+today）%7 的余数即是 3576 天后的星期几。

程序参考代码：

```
#include <stdio.h>
int main()
{
    int today=3,days=3576;
    today=(today+days)%7;
    printf("%d 后是星期%d\n",days,today);
    return 0;
}
```

思考：若求任意天后是星期几，又该如何修改程序?

3.5.2 数位拆解算法

【例 3-15】求任意三位数各位数字的和。

3-12

问题分析

（1）输入的已知条件：输入一个三位数；

（2）希望输出的结果：三位数各位数字的和；

（3）采用的算法：数位拆解法，将 m 分离出个位、十位、百位，分别用 d0、d1、d2 表示，再计算 sn=d0+d1+d2，即为所求的和。

现在关键的问题是如何将一个整数按位拆分?

先看看一个例子，如需拆解 5824 的数位：

个位：　　5824/1%10=4

十位：　　5824/10%10=2

百位：　　5824/100%10=8

千位：　　5824/1000%10=5

有没有发现一些规律? 给定一个数 m：要拆分出个位，m 先除以 1 再跟 10 进行模运算；要拆分出十位，m 先除以 10 再跟 10 进行模运算；要拆分出百位，m 先除以 100 再跟 10 进行模运算。要拆分出千位，m 先除以 1000 再跟 10 进行模运算。

那么规律就是：要拆分出第 i 位，m 先除以 10^i（i 从 0 开始）再跟 10 进行模运算，即 $di = m/10^i\%10$

程序参考代码：

```
/*求任意三位数各位数字的和*/
```

```
#include <stdio.h>
int main()
{
    int m,d0,d1,d2;
    scanf("%d",&m);
    d0=m/1%10;
    d1=m/10%10;
    d2=m/100%10;
    printf("sum=%d\n",d0+d1+d2);
    return 0;
}
```

思考：这个程序不能把m控制在三位数的范围，因此，程序存在漏洞。若想堵住这个漏洞，我们将用第5章和第6章的知识来解决。

3.6 小结

本章主要内容是标识符、常量、变量、数据类型、运算符和表达式。知识点较多，语法和规则较细，但它们是整个C语言学习中最基础的语言要素，必须认真学习和掌握。标识符规范了C语言中使用的字符集，规定了命名的规则，这是最基础的知识点，读者必须掌握。在数据类型这一节中，读者必须掌握各数据类型的表达，即关键字的拼写及其代表的具体含义。准确理解整型数据、实型数据、字符型数据在计算机内的存储形式；其次，还需要掌握常量和变量的表示，牢记变量必须先定义后使用的语法规则，牢记常用转义字符的形式和代表的字符；在运算符这一节中，共有34个运算符，共分为15级，要求掌握运算符的优先级和结合方向以及相关的语法细则，在求解表达式时才能避免出错。只有把语言基础学扎实了，编程时才能得心应手。

习　题

一、选择题

（1）下面四个选项中，均是不合法的用户标识符的选项是（　　）。

A. A　p_o　do　　B. float　lao　_A

C. b-a　goto　int　　D. _123　temp　iNT

（2）下面四个选项中均是合法整型常量的选项是（　　）。

A. 160　-0xffff　011　　B. -0xcdf　01a　0xe

C. 986, 012　0668　　D. -0x48a　2e5　0x

（3）下面四个选项中，均是合法的浮点数的选项是（　　）。

A. 1e+1　5e-9.4　03e2　　B. -60　12e-4　-8e5

C. 123e　1.2e-4　-8e5　　D. -e3　8e-4　5.e-0

（4）已知各变量的类型说明如下：int i=8,k,a,b; unsigned long w=5;double x=1.42,y=5.2;则以下符合C语言语法的表达式是（　　）。

A. a+=a-=(b=4)*(a=3)　　B. a=a*3=2

C. x%(-3)　　D. y=float(i)

（5）下面四个选项中，均是合法转义字符的选项是（　　）。

A. '\"'　'\\'　' 12'　　B. '\\'　'\017'　'\"'

C. '\018'　'\f'　'xab'　　D. '\\0'　'\101'　'x1f'

（6）能正确表示“当x的取值在[1,10]和[200,210]范围内为真，否则为假”的表达式是（　　）。

A. (x>=1)&&(x<=10)&&(x>=200)&&(x<=210)

B. (x>=1)||(x<=10)||(x>=200)||(x<=210)

C. (x>=1)&&(x<=10)||(x>=200)&&(x<=210)

D. (x>=1)||(x<=10)&&(x>=200)||(x<=210)

（7）如有int x;则执行下面语句后x值是（　　）。

```
x=7; x+=x-=x+x;
```

A. 7　　B. 14　　C. -14　　D. 0

（8）逻辑运算符两侧运算对象的数据类型（　　）。

A. 只能是0和1　　B. 只能是0或非0正数

C. 只能是整型或字符型数据　　D. 可以是任何类型的数据

二、计算题

（1）设int a=5,b=3,c;float x=2.5;double y=5.0; 计算下面表达式的值。

① 6*4/7+8%3　　② (a++)+b++

③ a%=(b%=2)　　④ a||!b

⑤ a+=a-=2　　⑥ (int) x+b

⑦ （float）a/y　　⑧ （x+y）*b++

⑨ c=x+a%b　　⑩ x+a%3*(int)(x+y)%2/4

（2）设x,y,z均为int型变量，m为long型变量，则执行y=(x=32767,x-1)；z=m=0xffff；赋值语句后，x=（　　），y=（　　），z=（　　），m=（　　）。

（3）执行以下语句后的a值为（　　），b的值（　　）。

```
int a=5,b=6,w=1,x=2,y=3,z=4;   ( a=w>x ) && ( b=y>z );
```

（4）执行以下语句后a的值为（　　），b的值为（　　），c的值为（　　）。

```
int a,b,c;
a=b=c=1; ++a||++b && ++c;
```

（5）设x,y,z都是int型变量，且x=3,y=4,z=5，求下面各表达式的值。

① 'x' && 'y'　　② x<=y　　③ x||y+z&&!y　　④ !(x<y)&&（！z||1)

三、写出下列各问题的C语言表达式。

（1）已知梯形的上底为a，下底为b，高为h，请写出C语言的面积公式表达式。

（2）写出能被3整除且个位数为7的整数，请写出逻辑表达式。

（3）某木盒装有1角、5角、1元三枚硬币，现随机取两枚，问有多少种取法，请用表达式表示。

（4）有a,b,c,d四人参加C语言竞赛，甲乙丙进行预测。甲预测：a要么得第1，b要么得第2；乙预测：c要么得第1，d要么得第3；丙预测：d要么得第2，a要么得第3。比赛结果是：甲乙丙预测各对一半，请写出预测表达式。

实验三　C语言编程基础

一、实验目的

1. 熟悉C语言常量与变量的概念。
2. 掌握数据类型的分类及其存储方式。
3. 掌握变量的定义和属性。
4. 掌握基本运算符的功能和优先级及结合性。
5. 掌握不同数据类型之间的转换。
6. 掌握转义字符的应用。

二、实验内容

1. 请先阅读下列程序，并上机验证阅读的结果。

```
#include <stdio.h>
int main()
{
  int i,j,a,b;
  i=8;
  j=10;
  a=i++;
  b=++j;
  printf("a=%d,b=%d\n",a,b);
  printf("i=%d,j=%d\n",i,j);
  return 0;
 }
```

2. 请先阅读下列程序，并上机验证阅读的结果。

```
#include <stdio.h>
int main()
{
  int i=8,j=9,a=10,b=2;
  a-=i++;
  b+=--j;
  printf("a=%d,b=%d\n",a,b);
  printf("i=%d,j=%d\n",i,j);
  return 0;
 }
```

3. 请先阅读下列程序，并上机验证阅读的结果。

```
#include <stdio.h>
int main()
{
  float x=1,y;
  y=++x*++x;
  printf("y=%f\n",y);
  return 0;
 }
```

提示：在VC或CodeBlocks中运行结果为9，在其它不同的编译器中可能会得到不同的结果，这是因为编译器处理的方式不同，这种++x*++x运算情况建议读者尽可能的少用或不用。若对程序作如下修改，则可避免这种模棱两可的错误的发生。

```
#include <stdio.h>
int main()
{
  float x=1,y,m,n;
  m=++x;
  n=++x;
  y=m*n;
  printf("y=%f\n",y);
  return 0;
}
```

4. 请先阅读下列程序，并上机验证阅读的结果。

```
#include<stdio.h>
int main()
{
    int a,b,d=241;
    a=d/100%9;
    b=(-1)&&(-1);
    printf("a=%d,b=%d",a,b);
    return 0;
}
```

5. 请先阅读下列程序，并上机验证阅读的结果。

```
#include<stdio.h>
int main()
{
     int x=1,y,z;
     x*=3+2;
     printf("%d\t",x);
     x*=y=z=5;
     printf("%d\t",x);
     x=y==z;
     printf("%d\n",x);
     return 0 ;
}
```

6. 请先阅读下列程序，并上机验证阅读的结果。

```
#include <stdio.h>
int main()
{
     int n=2;
     printf("%d,%d,%d\n",++n,n+=2,--n);
     return 0;
}
```

说明：C语言规定，函数中参数的运算是从右运算到左，这个知识点将在第8章函数中介绍。

7. 请先阅读下列程序，并上机验证阅读的结果。

```
#include <stdio.h>
int main()
{
```

```
    float  x=3.6 ;
    int  y;
    y=(int) x ;
    printf("x=%f,y=%d\n",x,y);
    return 0;
}
```

8. 请先阅读下列程序，并上机验证阅读的结果。

```
#include <stdio.h>
int main()
{
    float  x=3.6 ,y;
    y=(x-=x*10,x*10) ;
    printf("x=%f,y=%d\n",x,y);
    return 0;
}
```

9. 已知梯形的上底为a，下底为b，高为h，编程求该梯形的面积。

10. 求任意一个三位整数各位数字的和。

04 第 4 章　顺序结构程序设计

人生的风景，亲像大海的风涌，有时猛有时平，这是刘德华的一首歌。人生的路漫长而多彩，就像在大海上航行，有时会风平浪静，行驶顺利；有时会惊涛骇浪，行驶艰难，需要你沉着冷静，做出正确的选择才能继续航行；有时徘徊于孤岛周围，迷失了方向，需要你看清目标和方向，努力前行。

程序编写也是一样，有时程序结构简单，可以采用顺序结构实现程序；有时面临各种问题，需要选择不同的解决方案，可以采用选择结构设计程序；有时总是需要做一些重复无聊的事情，又不得不做，可以采用循环结构。

从第 4 章开始，我们要学习程序设计的三种基本结构和程序设计的方法。先从顺序结构程序设计开始吧。

4.1　顺序结构

顺序结构程序的设计比较简单，但设计程序时也要做到思路清晰，理清逻辑的先后顺序，有条不紊，编写程序时才能够一帆风顺，无往而不胜。

顺序结构的特点是：程序在执行过程中是按自顶向下的语句先后顺序来执行的。每一条语句都代表着一个功能，所有的语句执行完毕，程序就结束了。如图 4-1 所示。

4-1

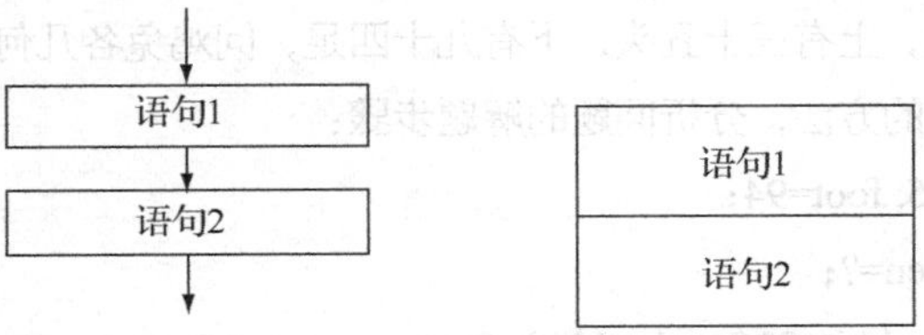

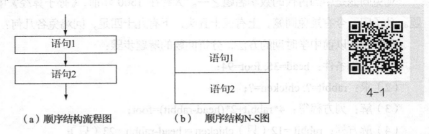

（a）顺序结构流程图　　（b）　顺序结构N-S图

图4-1　顺序结构

顺序结构程序的设计关键就是要思路清晰，理清执行的逻辑顺序。请回顾一下中学时期解答数学或物理时的基本解题思路：

1. 分析问题的已知条件；
2. 分析需要求解的问题；

3．解：列方程，求解问题；

4．答：给出问题的答案。

初学者对于编写程序思路还不是很清晰时，可以参考中学的解题思路试着编写程序。

【例 4-1】 高斯算法。

高斯念小学的时候，有一次老师教完加法后，想要休息，便出了一道 100 以内的累加题给同学们做。题目是：

1+2+3+ … +97+98+99+100＝？

老师心里正想，小朋友一定要算到下课了吧，我可以借机出去，这时却被高斯叫住了！原来呀，高斯已经算出来了，你知道他是如何算的吗？

首先我们按以前中学时期的方法，分析问题的解题步骤：

（1）分析问题的已知条件：n=100；

（2）需要求解的问题：1+2+…+n=？；

（3）解：使用高斯算法：sn=(1+n)*n/2；

（4）答：sn=5050。

按上述思路编写程序：

```
/*求：sn=1+2+…+n=? */
#include<stdio.h>
int main()
{
    int n=100;                       /*已知条件*/
    int sn=(1+n)*n/2;                /*解：使用高斯算法*/
    printf("sn=%d\n", sn);           /*答：sn=5050*/
    return 0;
}
```

【例 4-2】 鸡兔同笼。

鸡兔同笼是中国古代的数学名题之一。大约在 1500 年前，《孙子算经》中就记载了这个有趣的问题。孙子曰：今有雉兔同笼，上有三十五头，下有九十四足，问鸡兔各几何？

我们也按以前中学时期的方法，分析问题的解题步骤：

（1）已知条件：head=35, foot=94；

（2）求：rabbit=?, chicken=?；

（3）解：列方程得：4*rabbit+2*(head-rabbit)=foot；

（4）解方程：rabbit =12（只）chicken = head-rabbit =23（只）；

（5）答：兔有 12 只，则鸡有 23 只。

4-2

开始编写程序：

```
/*求：rabbit=?, chicken=?*/
#include <stdio.h>
int main( )
{
    int head=35,foot=94;       /*已知条件*/
    int rabbit, chicken;
```

```
    /*列方程: 4*rabbit+2*(head-rabbit)=foot*/
    /*解方程得: */
    rabbit=(foot-2*head)/2;
    chicken=head-rabbit;
    printf("rabbit:%d, chicken:%d\n",rabbit,chicken);    /*答: */
    return 0;
}
```

4.2 标准的输出函数

【例 4-1】和【例 4-2】程序中只有输出，没有输入。第 2 章讲过，任何一个算法可以有 0 个或多个输入。所谓 0 个输入是指程序本身设定了初始条件，这两个例题就属于这种情况，先设定了初始值，没有用到输入。一个算法必须有一个或多个输出，以反映对输入数据加工后的结果，没有输出的算法是毫无意义的。要实现数据的输入和输出，则需要用到标准输入与输出函数。

在 C 语言中，在没有做特殊说明的情况下，键盘是标准输入设备，显示器是标准输出设备。因此，通过键盘向计算机输入数据称为数据的输入，计算机将处理的数据输出到显示器，称为数据的输出。C 语言本身并没有专门的数据输入和输出语句，而是通过调用系统提供的标准输入输出库函数来实现数据的输入和输出。因此，在具有输入或输出要求的程序中，必须在程序的开头使用编译预处理命令“#include <stdio.h>”将 C 语言中 scanf 输入函数与 printf 输出函数包含进来。这就是为什么每个程序的第一行要有头文件“#include <stdio.h>”的原因。

4.2.1 格式输出函数printf()

4-3

1. 格式输出函数 printf()

一般形式：

```
printf("格式控制字符串", 输出表项);
```

功能：格式化输出函数的作用是按格式控制字符串中指定的格式向标准输出设备（即显示器）输出指定的输出项。

在 printf()函数中的内容由格式控制字符串和输出表项组成，中间用逗号分隔。格式控制字符串，用双撇号括起来，输出表项由若干个输出项组成，每个输出项用逗号分隔，其输出格式受控制字符串的控制。

如：printf(" a=%d,b=%f,c=%c" , a,b,c);

其中，"a=%d,b=%f,c=%c" 称为格式控制字符串，其中的%d、%f、%c 是控制符，控制 a、b、c 输出项的输出格式。

2. 相关规则

（1）格式控制字符串：用一对双撇号括起来，它用于说明输出表项所采用的输出格式。它包括以下三种符号。

① 格式说明符：用于说明输出数据格式的符号，总是以%开头，后面紧跟如 d、f、c 这样的字母。如%d、%f、%c 等。其具体含义见表 4-1 所示。

表 4–1　常用的几种输出格式字符

格式字符	意义	格式字符	意义
%d	按十进制整型数输出	%c	按字符型输出
%ld 或%Ld	按十进制长整型数输出	%s	按字符串输出
%u	按无符号整型数输出	%e	按科学计数法输出
%lu 或%Lu	按无符号长整型数输出	%o	按八进制整数输出
%f	按浮点型小数输出，默认保留 6 位小数	%x	按十六进制整数输出
%lf 或%Lf	按双精度浮点数输出	%g	按 e 和 f 格式中较短的一种输出

② 普通字符：在格式控制字符串中除格式说明符外若还有其他字符，这些字符统称为普通字符，输出时按原样输出。

如：设 a、b、c 的值分别为 3、8.5、A，则执行 printf("a=%d,b=%f,c=%c", a,b,c);语句时，"a=%d,b=%f,c=%c"为格式控制字符串，其中的%d、%f、%c 称为格式说明符，按照从左到右的对应顺序，%d 按十进制整数格式控制输出变量 a 的值，%f 按浮点数格式控制输出变量 b 的值，%c 按字符格式控制输出变量 c 的值，而"a=,b=,c="是普通字符，输出时按原样输出。因此，执行 printf("a=%d,b=%f,c=%c", a,b,c);时，输出为“a=3,b=8.500000,c=A”。

③ 修饰符：若格式字符中含有修饰符时，其作用是确定数据输出的宽度、精度、小数位数、对齐方式等，使得输出更加规范整齐；当没有修饰符时，按系统默认形式输出，如表 4-2 所示。

带修饰符的一般格式：

```
%[<修饰符>]<格式字符>
```

表 4–2　修饰符

修饰符	格式说明	意义	实例
m	%md	以宽度 m 输出整型数，数据宽度大于 m 时，按实际数值输出。数据宽度小于 m 时，右对齐，左补齐空格。	**int a=123;** **printf("%d,%2d,%5d,%-4d\n",a,a,a,a);** %2d：宽度小于实际数据宽度，按数据的实际位数输出 %5d：宽度大于实际数据宽度，右对齐，左补两个空格 %-4d：宽度大于实际数据宽度，左对齐，右补一个空格 输出： 123,123,□□123,123□
-m	%-md	同上，不足 m 列左对齐，右补齐空格。	

续表

修饰符	格式说明	意义	实例

m.n	%m.nf	指定输出的数据共占m列（包括整数部分、小数点和小数位部分），其中小数位为n位。如果数值长度小于m，则左端补齐空格。即右对齐。如果数值长度大于m，则按实际数值输出。	float a=125.7382021;
			printf("%f, %5.2f, %8.2f, %-8.2f\n", a, a, a, a);
			按数据的实际位数输出
			整数部分的宽度小于实际整数宽度，按实际数输出
			整数部分的宽度大于实际整数宽度，右对齐，左补两个空格
			整数部分的宽度大于实际整数宽度，左对齐，右补两个空格
			输出：
			125.738205,125.74, □□125.74,125.74□□

-m.n	%-m.nf	同上，不足m列，左对齐，右端补齐空格。	
m	%ms	按m列输出字符串。如果字符串的长度大于m，则将字符串全部输出。若字符串长度小于m，则在m列范围内，左补齐空格，即右对齐。	printf("s1=%s,s2=%3s,s3=%6s,s4=%5.2s,s5=%-5.2s","abcd","abcd","abcd","abcd","abcd"); 输出： s1=abcd,s2=abcd,s3=□□abcd, s4=□□□ab,s5=ab□□□
m.n	%m.ns	左起截取指定字符串中前n个字符输出，共占m列。不足m列，左端补齐空格，右对齐。	
-m.n	%-m.ns	同上。不足m列，右端补齐空格，左对齐。	

（2）输出表项：是指要输出的若干个数据项，可以是常量、表达式、变量、函数等。输出表中的数据项用“逗号”分隔。

说明：格式控制中格式说明符的个数和输出表项中的数据项个数要相等，类型要一致，顺序从左到右依次对应。

【例4-3】分析下列程序的运行结果。

```
#include <stdio.h>
int main()
{
      int a=10;
      float b=10.3;
      double c=10.3;
      char d='A';
```

```
      printf("%d,%f,%lf,%c\n",a,b,c,d);
      printf("a=%d,b=%f,c=%lf,c=%e,d=%c\n",a,b,c,c,d);
      return 0;
}
```

运行结果：

10,10.300000,10.300000,10.300000,A

a=10,b=10.300000,c=10.300000,c=1.030000e+001,d=A

【例 4-4】分析下列程序的运行结果。

```
#include <stdio.h>
int main()
{  int a=25,b=125;
   float x=12.34567,y=3.1415926;
   printf("a=%4d,b=%5d,c=%d\n",a,b,a+b);
   printf("x=%7.2f,y=%5.2f,z=%f\n",x,y,x+y);
   printf("a=%-4d,b=%-5d,c=%d\n",a,b,a+b);
   printf("x=%-7.2f,y=%-5.2f,z=%f\n",x,y,x+y);
   return 0;
}
```

运行结果：

a=□□25,b=□□125,c=150

x=□□12.35,y=□3.14,z=15.487262

a=25□□,b=125□□,c=150

x=12.35□□,y=3.14□,z=15.487262

【例 4-5】分析下列程序的运行结果。

```
#include <stdio.h>
int main()
{
 printf("s1=%5.2s,s2=%-5.2s,s3=%1.2s,s4=%3s","abcd","abcd","abcd","abcd");
 return 0;
}
```

运行结果：

s1=□□□ab,s2=ab□□□,s3=ab,s4=abcd

4.2.2 字符输出函数putchar()

字符输出函数原型：**int purchar(char ch)**

功能：向标准输出设备输出一个字符。

返回值：成功时返回输出字符的 ASCII 码，否则返回-1。

【例 4-6】分析下列程序的运行结果。

```
#include <stdio.h>
int main()
{
 char ch='A';
 putchar(ch);
 putchar('B');
 return 0;
}
```

运行结果：

AB

4.3 标准的输入函数

4.3.1 格式输入函数scanf

4-4

1. 格式输入函数 scanf()

一般形式：

```
scanf("格式控制字符串", 地址表列);
```

功能：格式化输入函数的作用是按控制字符串指定的格式从标准输入设备（即键盘）输入指定类型的数据给地址表列中的变量。

如：scanf(" %d%d%d",&a,&b,&c);

其中，"%d%d%d"为格式控制字符串，&a,&b,&c 为地址表列。

（1）格式控制字符串：用一对双撇号括起来，它用于说明在指定的输入设备上输入数据的格式，它包括格式说明符和普通字符两种信息。其基本含义与 printf 函数中的“格式说明符”和“普通字符”相同。这里“普通字符”也是要原样输入。

格式控制字符串中格式说明符的个数和地址表列的项数要相等，顺序为从左到右依次对应。scanf 函数按格式控制字符串的格式输入数据，输入时函数是从左到右逐个检查格式控制字符串的每个字符。如果该字符是普通字符，则必须按照该字符的内容原封不动地用键盘输入到输入设备上；如果该字符是格式说明符，则按格式说明符指定的类型和格式输入数据。常用的输入格式符如表 4-3 所示。

表 4-3 常用的输入格式字符

格式字符	意义	格式字符	意义
%d	按十进制整型数输入	%c	按字符型输入
%ld 或%Ld	按十进制长整型数输入	%s	按字符串输入
%u	按无符号整型数输入	%e	按科学计数法输入
%lu 或%Lu	按无符号长整型数输入	%o	按八进制整数输入
%f	按浮点型数输入	%x	按十六进制整数输入
%lf 或%Lf	按双精度浮点数输入	%g	按 e 和 f 格式中较短的一种输入

（2）地址表列：由若干个地址组成的表列，可以是变量的地址或字符串的首地址。

2. 相关规则

（1）格式控制字符串无任何普通字符：在程序运行中输入非字符型数据时，各数据项之间通常以一个或多个空格间隔，也可以用回车键（Enter）、制表键（Tab）间隔。如：

```
int a,b,c;
scanf("%d%d%d",&a,&b,&c);
```

键盘输入：

```
3<空格>4<空格>5<回车>             /*用空格间隔，常用格式*/
```

或

```
3<回车>4<回车>5<回车>             /*用回车间隔，不常用*/
```

或

```
3<Tab>4<空格>5<回车>              /*用空格、Tab 键、回车间隔*/
```

（2）格式控制字符串有普通字符：在输入时必须按照普通字符的原样从键盘输入。如果输入的内容与格式控制字符串的普通字符内容不一致，则 scanf 函数立即结束，变量不能正确获得数据。这种错误属逻辑错误，编译时不会报错，但程序运算时结果异常。如：

```
int a,b,c;
scanf("%d,%d,%d",&a,&b,&c);
```

逗号是普通字符

程序运行时键盘输入：

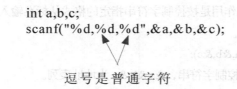

```
3,4,5 <回车>          /*因逗号是普通字符，必须原样输入*/
```

再如：

```
int a,b,c;
scanf("a=%d,b=%d,c=%d",&a,&b,&c);
```

普通字符

程序运行时键盘输入：

```
a=3,b=4,c=5<回车>
```

显然，这种含普通字符的输入格式非常麻烦且易出错，因此，为了减少不必要的输入错误，建议**在 scanf 函数的格式控制字符串中除逗号外，尽可能地不要出现其他普通字符。**如果非要输入提示类的信息，建议放在 printf 函数中输出。如：

```
int a,b,c;
printf("Enter a,b,c:")
scanf("%d,%d,%d",&a,&b,&c);
```

（3）其他输入形式

① 指定输入数据所占列数，系统将根据指定宽度自动截取所需数据。

如：

```
scanf("%3d%4d",&a,&b);
printf("a=%d,b=%d\n",a,b);
```

键盘输入：

```
123456789
```

运行结果：

a=123,b=4567

建议尽可能不用这种格式。

② 数字型数据和字符型数据混合格式。

如：scanf("%d%c%d%c",&a,&ch1,&b,&ch2)中的格式控制字符串中虽无普通字符，但输入数据时不需要用“空格”“Tab”或“回车”间隔符来分隔数据，否则会出错。

【例 4-7】测试数字型数据和字符型数据混合格式的输入方式。

```
#include <stdio.h>
int main()
{
    int a,b;
    char ch1,ch2;
    scanf("%d%c%d%c",&a,&ch1,&b,&ch2);
    printf("a=%d,b=%d,ch1=%c,ch2=%c\n",a,b,ch1,ch2);
    return 0;
}
```

键盘输入：

```
123a456b<回车>        /*输入数据之间不需要出现分隔符，否则会出错，请自行测试*/
```

运行结果：

a=123,b=456,ch1=a,ch2=b

③ 输入数据时不能规定精度。

【例 4-8】测试输入数据时不能规定精度。

```
#include <stdio.h>
int main()
{
    float x;
    scanf("%6.2f",&x);
    printf("x=%f",x);
    return 0;
}
```

键盘输入：

```
23.7689
```

运行结果：

x=0.000000

程序在编译时没有语法错误，但运行得到一个奇怪的结果。这种因输入格式错误造成的结果出错，需要编程者注意。

④ %后的“*”为附加说明符，用来表示跳过相应的数据。

【例 4-9】测试%后的“*”为附加说明符。

```
#include <stdio.h>
int main()
{
 int x,y;
 scanf("%d,%*d,%d",&x,&y);
 printf("x=%d,y=%d",x,y);
 return 0;
}
```

键盘输入：

```
12,345,678          /*系统自动跳过 345，不建议使用这种格式*/
```

运行结果：

x=12,y=678

4.3.2　字符输入函数getchar

字符输入函数原型：**int getchar( )**

功能：向标准输入设备输入一个字符。

返回值：成功时返回输入字符的 ASCII 码，否则返回-1。

4-5

【**例 4-10**】分析下列程序的运行结果。

```
#include <stdio.h>
int main()
{
    char c1;
    c1=getchar();
    putchar(c1);
    putchar(getchar());
    putchar('\n');
    return 0;
}
```

键盘输入：

```
AB
```

运行结果：

AB

4.4　数学函数

ANSI C 提供了数量众多的库函数，标准库函数（C Standard library）不是 C 语言本身的构成部分，但为标准 C 的实现提供支持。使用库函数要在源程序中包含相应的头文件，如 I/O 输入输出库函数的头文件为 stdio.h。在使用 C 语言数学库函数的时候，要包含数学函数库的头文件：#include <math.h>或#include "math.h"。这里的<>跟""分别表示：前者一般用于包含标准的库头文件，编译器会去系统配置的库环境变量和用户配置的路径搜索，而不会在项目的当前目录查找；后者一般用于包含用户自己编写的头文件，编译器会先在项目的当前目录查找，找不到后才会去系统配置的库环境变量和用户配置的路径搜索。本节介绍一些主要的数学函数，其他常用的数学函数参见《附录 D　常用库函数》。

1. abs()

功能：计算整型数的绝对值。

相关函数：labs、fabs

头文件：#include<math.h>

函数原型：int abs (int x)

函数说明：abs()用来计算参数 x 的绝对值，然后将结果返回。

返回值：返回参数 x 的绝对值结果。

【例 4-11】

```
#include<stdio.h>
#include <math.h>
int main()
{
    int answer;
    answer = abs(-12);
    printf("|-12| = %d\n", answer);
    return 0 ;
}
```

运行结果：|−12| = 12

2. ceil()

功能：取不小于参数的最小整型数

相关函数：fabs

头文件：#include <math.h>

函数原型：double ceil (double x);

函数说明：ceil()会返回不小于参数 x 的最小整数值，结果以 double 型返回。

返回值：返回不小于参数 x 的最小整数值。

【例 4-12】

```
#include<stdio.h>
#include<math.h>
int main()
{
    double value=4.8;
    printf("%lf=>%lf\n",value,ceil(value));
    return 0;
}
```

运行结果：4.800000=>5.000000

3. cos()

功能：取余弦函数值。

相关函数：acos、asin、atan、atan2、sin、tan

头文件：#include<math.h>

函数原型：double cos(double x);

函数说明：cos()用来计算参数 x 的余弦值，然后将结果返回。

返回值：返回−1 至 1 之间的计算结果。

【例 4-13】

```
#include<stdio.h>
#include<math.h>
#define PI 3.14159265358979323846 26
int main()
{
    printf("cos(PI/2) = %f\n",cos(PI/2));
```

```
    printf("sin(PI/2) = %f\n",sin(PI/2));
    return 0;
}
```

运行结果：

cos(PI/2) = 0.000000

sin(PI/2) = 1.000000

4. pow()

功能：计算次方值。

相关函数：exp、log、log10

头文件：#include<math.h>

函数原型：double pow(double x,double y);

函数说明：pow()用来计算以 x 为底的 y 次方值，即 x^y 值，然后将结果返回。

返回值：返回 x 的 y 次方计算结果。

【例 4-14】

```
#include<stdio.h>
#include <math.h>
int main()
{
    double answer;
    answer =pow(2.0,10);
    printf("2^10 = %f\n", answer);
    return 0;
}
```

运行结果：2^10 = 1024.000000

5. sqrt()

功能：计算平方根值。

头文件：#include<math.h>

函数原型：double sqrt(double x);

函数说明：sqrt()用来计算参数 x 的平方根，然后将结果返回。

返回值：返回参数 x 的平方根值。

【例 4-15】

```
#include<stdio.h>
#include <math.h>
int main()
{
    double root;
    root = sqrt (2.0);
    printf("sqrt(2.0)=%lf\n",root);
    return 0;
}
```

运行结果：sqrt(2.0)=1.414214

4.5 经典算法

4.5.1 摄华算法

出国旅游需要关注旅游景点的天气。各个国家的气温计量单位是不同的。温度计量单位主要有摄氏度（Celsius）和华氏度（Fahrenheit）。摄氏温度最初是由瑞典天文学家安德斯·摄尔修斯（Anders Celsius）于1742年提出的，摄氏温度现已纳入国际单位制。华氏温度是德国人华伦海特（Gabriel D. Fahrenheit）于1714年提出的。我国和世界上很多国家大多使用摄氏度，但世界上有四个国家（美国、缅甸、斯里兰卡和利比亚）仍使用华氏度，如果你到这些国家去旅游，看到华氏温度可能会觉得不习惯。现在请你编写一个程序将华氏温度转化成你熟悉的摄氏温度。这个算法我们称之为摄华算法。

【例4-16】编写程序，输入华氏温度，输出对应的摄氏温度，计算公式：

$$c=\frac{5\times(f-32)}{9}$$

式中：c 表示摄氏温度，f 表示华氏温度。

问题分析：

（1）输入的已知条件：华氏温度 f；

（2）希望输出的结果：摄氏温度 c；

（3）采用的算法：c=5*(f-32)/9。

4-6

程序参考代码：

```
#include <stdio.h>
int main()
{
     int f;
     double c;   /*双精度浮点型数据*/
     scanf("%d",&f);
     c=5.0*(f-32)/9;
     printf("c=%lf",c);  /*按双精度浮点型数据输出 c 的值*/
     return 0;
}
```

输入：

```
100
```

运行结果：

f=37.000000

思考问题：如果将程序中的华氏温度转换成摄氏温度的计算公式写成 5/9*(f-32)，结果又如何呢？请上机验证并分析原因。

4.5.2 海伦算法

现在想使用海伦公式计算三角形的面积。海伦公式传说是古代的叙拉古国王希伦二世发现的公式，即利用三角形的三条边的边长直接求三角形面积的公式。面积公式见公式（1）所示，它形式漂亮，便于记忆。因为这个公式最早出现在海伦的著作《测地术》中，所以被称为海伦公式。中国秦九韶也得出了类似的公式，称三斜求积术。现在就把海伦公式编写进程序中去，采用的算法称为海伦算法。

$$area=\sqrt{s(s-a)(s-b)(s-c)} \quad (1)$$

【例 4-17】已知三角形三边长为 3、4、5，请根据海伦公式计算三角形的面积，其中 a、b、c 为三边的长。

4-7

1. 问题分析

（1）输入的已知条件：三角形三边长 a=3、b=4、c=5；

（2）希望输出的结果：三角形的面积 area；

（3）采用的算法：使用海伦算法（海伦公式）计算面积。

2. 算法设计（自然语言描述）

按自顶向下，逐步细化的模块化设计过程，可以将任务分解为：

（1）输入 a、b、c 的值；

（2）使用海伦公式计算三角形的面积 area；

（3）输出计算结果 area。

3. 算法实现

有了算法就可以开始编写程序代码。本例中暂不考虑判断三边 a、b、c 是否能构成三角形的问题，由编程者自已控制输入的数据。

程序参考代码：

```
/*程序名:例 2-2.C*/
/*功能:给定三角形三边，计算三角形面积*/
#include <stdio.h>
#include <math.h>
int main()
{
    float a,b,c,s,area;
    a=3;                                    /*给定 a 边的长*/
    b=4;                                    /*给定 b 边的长*/
    c=5;                                    /*给定 c 边的长*/
    s=(a+b+c)/2;                            /*计算出 s 的值*/
    area=sqrt(s*(s-a)*(s-b)*(s-c));         /*计算出 area 的值*/
    printf("三角形面积为:%f\n",area);       /*输出双引号内的字符串及 area 的值*/
    return 0;
}
```

运行结果为：

三角形面积为：6.000000

思考问题：

（1）如果三角形的三边值来源于键盘输入，则程序作何修改？

（2）如果要判断三边长是否能构成三角形，程序该如何设计？请在学习了选择结构后返回来修改该程序。

（3）如果程序设计过程中引入模块化设计思想，请在学习第 8 章后设计一个求三角形面积的函数。

4.6 小结

本章主要学习了顺序结构，通过案例的学习加深对顺序结构的理解。重点学习了C语言的标准输入函数scanf()和标准输出函数printf()，对这两个函数的引用要在程序的开头使用#include <stdio.h>命令将它们的信息包括进源程序中。在使用时要准确记住格式控制字符串中的控制符所代表的意义，尤其要熟练掌握常用的整型数据控制符%d、实型数据控制符%f、字符型数据控制符%c、以及与修饰符结合的应用。本章的难点在于scanf()函数的格式输入，格式控制符中存在普通字符时一定要原样输入，否则地址表列中的变量获取不到正确数据，会导致程序结果出错。另外，输入表列中初学者也特别容易忘记输入的地址符“&”，书写时必须注意。

习　题

一、选择题

（1）有输入语句：scanf("a=%d,b=%d,c=%d",&a,&b,&c);，为使a=1、b=3、c=2，从键盘输入数据的正确形式应是（　　）。

A．132<CR>　　B．1,3,2<CR>　　C．a=1□b=3□c=2<CR>　D．a=1,b=3,c=2<CR>

（2）x和y均定义为int型，z定义为float型，以下不合法的scanf函数调用语句是（　　）。

A．scanf("%d%d,%e",&x,&y,&z);　　B．scanf("%2d*%d%f",&x,&y,&z);

C．scanf("%x%d*%f",&x,&y,&z);　　D．scanf("%x%o%6.2f",&x,&y,&z);

（3）已知ch是字符变量，下面正确的赋值语句是（　　）。

A．ch='123';　　B．ch='\xff';　　C．ch='\08';　　D．ch='\'

（4）以下说法正确的是（　　）。

A．输入项可以为一个实型常量，如scanf("%f",3.5);

B．只有格式控制，没有输入列表项，也能进行正确输入，如scanf("a=%d,b=%d");

C．当输入一个实型数据时，格式控制部分应规定小数点后的位数，如scanf("%4.2f",&f);

D．当输入数据时，必须指明变量的地址，如scanf("%f",&f);

（5）根据已给出的运行时数据的输入和输出形式，判断程序中正确的输入输出语句应是（　　）。

```
int main( )
{
 int x;float y;
 printf("enter x,y:");
 输入语句 ;
 输出语句;
 return 0;
 }
 输入为:2□3.4 输出为:x+y=5.40
```

A．scanf("%d,%f",&x,&y);printf("\nx+y=%4.2d",x+y);

B. scanf("%d%f",&x,&y);printf("\nx+y=%4.2f",x+y);

C. scanf("%d%f",&x,&y);printf("\nx+y=6.1f",x+y);

D. scanf("%d%3.1f",&x,&y); printf("\nx+y=%4.2f",x+y);

（6）putchar函数可以向终端输出一个（　　）。

A. 整型变量表达式值　　B. 实型变量值

C. 字符串　　D. 字符或字符变量值

（7）已有如下定义和输入语句，若要求a1、a2、c1、c2的值分别为10、20、A和B，当从第一列开始输入数据时，正确的数据输入方式是（　　）（注：□表示空格，<CR>表示回车）。

```
int a1,a2;char c1;c2; scanf("%d%c%d%c",&a1,&c1,&a2,&c2);
```

A. 10A□20B<CR>　　B. 10□A□20□B<CR>　　C. 10A20B<CR>　　D. 10A20□B<CR>

（8）当输入数据形式为：25,13,10<CR>，正确的输出结果为（　　）。

```
#include <stdio.h>
int main( )
{
  int x,y,z;
  scanf("%d%d%d",&x,&y,&z);
  printf("x+y+z=%d\n",x+y+z);
  return 0;
}
```

A. x+y+z=48　　B. x+y+z=35　　C. x+z=35　　D. 不确定值

二、程序填空题

（1）下面的程序功能是：输入23 35<CR>，输出变量C的值。

```
#include <stdio.h>
int main()
{
     int a,b,c;
     _____①_____ ;
     c=a+b;
     _____②_____;
     return 0;
}
```

（2）下面的程序功能是：输入任意一个字符，输出它的ASCII码值。例如，输入A，则输出"char=A ASCII=65"。

```
#include <stdio.h>
int main()
{
     char ch;
     _____①_____;
     _____②_____;
     return 0;
}
```

（3）下面的程序功能是：用getchar()输入一个字符，用putchar()输出一个字符。

```
#include <stdio.h>
int main()
```

```
{
    char ch;
    ______①______;
    ______②______;
    return 0;
}
```

（4）已知float x=2.23,y=4.35;根据下面的输出结果，设计程序实现之。

```
x=2.230000,y=4.350000
x+y=6.58,y-x=2.12
```

实验四　顺序结构程序设计

一、实验目的

1. 掌握C语言标准输入、输出函数的应用。
2. 掌握输入/输出函数中格式控制字符的意义和使用。
3. 进一步熟悉C程序的运行环境，积累调试经验。

二、实验要求

1. 完成下列各题的要求，观察数据输入与数据输出是否符合格式控制符的语义。
2. 在变量观察窗口中观察变量的值，以更好理解程序的运行。

三、实验内容

1. 请先阅读下列程序，上机验证阅读分析的结果。

```
#include  <stdio.h>
int main()
{
  int a,b,c;
  scanf("%d%d%d",&a,&b,&c);
  printf("%d,%d,%d\n",a,b,c);
  return 0;
}
```

2. 请先阅读下列程序，完成下划线处的变量定义，并上机验证。

```
#include  <stdio.h>
int main()
{
  ____________________;
  scanf("%d,%f,%c",&a,&b,&c);
  printf("a=%d,b=%f,c=%c\n",a,b,c);
  return 0;
}
```

3. 请先阅读下列程序段，然后完善程序并上机验证阅读分析的结果。

```
int  m=0,n=0;
char  c='d';
scanf("%d%c%d",&m,&c,&n);
printf("%d,%c,%d\n",m,c,n);
```

4. 运行下列程序时，输入数据10,20,w<回车>a,b,c<回车>，注意观察无getchar()语句和有getchar()语句输出的结果为何不同，分析原因。如果无getchar()语句，应该如何输入数据。

```
#include  <stdio.h>
int main()
{
    int a;
    float b;
    char c,ch1,ch2,ch3;
    scanf("%d,%f,%c",&a,&b,&c);
    printf("a=%d,b=%f,c=%c\n",a,b,c);
    getchar();
    scanf("%c,%c,%c",&ch1,&ch2,&ch3);
    printf("ch1=%c,ch2=%c,ch3=%c",ch1,ch2,ch3);
    return 0;
}
```

4-8

◆ 输入数据10，20，w<回车>a,b,c<回车>，有getchar();语句的程序运行结果：

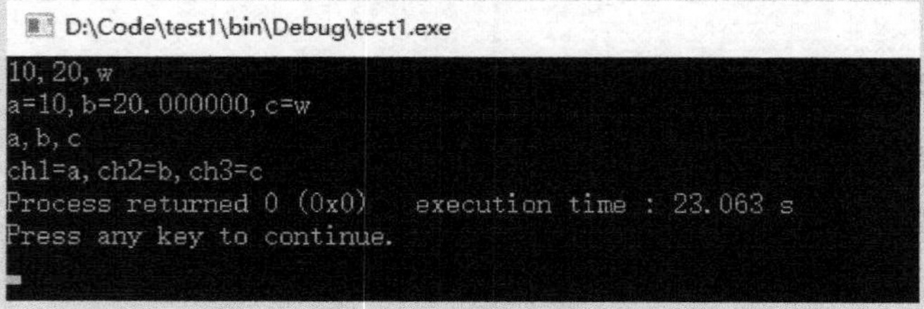

D:\Code\test1\bin\Debug\test1.exe
10, 20, w
a=10, b=20. 000000, c=w
a, b, c
ch1=a, ch2=b, ch3=c
Process returned 0 (0x0)   execution time : 23.063 s
Press any key to continue.

图4-2　getchar();语句的运行结果

分析原因：执行scanf("%d,%f,%c",&a,&b,&c);时，输入的数据是10，20，w<回车>，变量a,b,c获得正确数据（a=10,b=20.000000,c=w，此时<回车>被存入缓存）；执行getchar();时，读取了这个<回车>符，也可以理解为用getchar()抵消了这个<回车>符。执行scanf("%c,%c,%c",&ch1,&ch2,&ch3);时，按照格式控制符的要求，输入的数据项要用逗号分隔：a,b,c<回车>，ch1读取了字符a，ch2读取了字符b,ch3读取了字符c（即ch1=a,ch2=b,ch3=c）。结果如图4-2所示。

◆ 输入数据10,20,w<回车>a,b,c<回车>，无getchar();语句的程序运行结果：

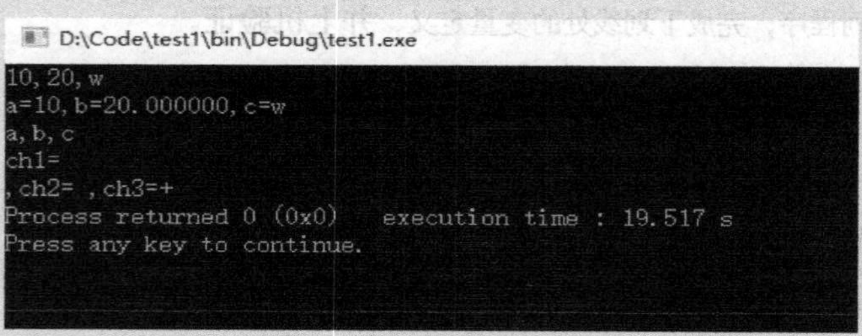

D:\Code\test1\bin\Debug\test1.exe
10, 20, w
a=10, b=20. 000000, c=w
a, b, c
ch1=
, ch2= , ch3=+
Process returned 0 (0x0)   execution time : 19.517 s
Press any key to continue.

图4-3　无getchar();语句的运行结果

分析原因：执行scanf("%d,%f,%c",&a,&b,&c);时，输入的数据是10,20,w<回车>，变量a,b,c获得正确数据(a=10,b=20.000000,c=w，<回车>符被存入缓存)；执行scanf("%c,%c,%c",&ch1,&ch2,&ch3);时，输入的数据项要用逗号分隔，但由于前一条scanf()输入数据时缓存中已存有一个<回车>符，造成了本条语句实际输入的数据格式是：<回车>a,b,c<回车>，ch1读取了第一个回车符，ch2、ch3由于没有按正确格式控制符输入，所以，ch2、ch3没有获得数据，输出的是未知的数据。于是就有了图4-3中的结果。

请思考：程序中若无getchar();语句时，为保证a、b、c、ch1、ch2、ch3获得正确数据，应如何正确输入数据？

5. 键盘输入12345□678<回车>时，观察下列程序的运行结果，并作分析。

```
#include  <stdio.h>
int main()
{
    int x;
    float y;
    scanf("%3d%f",&x,&y);
    printf("x=%d,y=%f\n",x,y);
    return 0;
}
```

6. 下列程序中，若要求a1、a2、c1、c2的值分别为10、20、A和B，应如何正确输入数据。请验证下列四种不同的输入方式的结果。说明：<CR>表示回车。

A. 1020AB<CR>　　B. 10□20<CR>AB<CR>

C. 10□□20□□AB<CR>　　D. 10□20AB<CR>

```
/*程序清单*/
#include  <stdio.h>
int main()
{
    int a1,a2;
    char c1,c2;
    scanf("%d%d",&a1,&a2);
    scanf("%c%c",&c1,&c2);
    printf("a1=%d,a2=%d\n",a1,a2);
    printf("c1=%c,c2=%c\n",c1,c2);
    return 0;
}
```

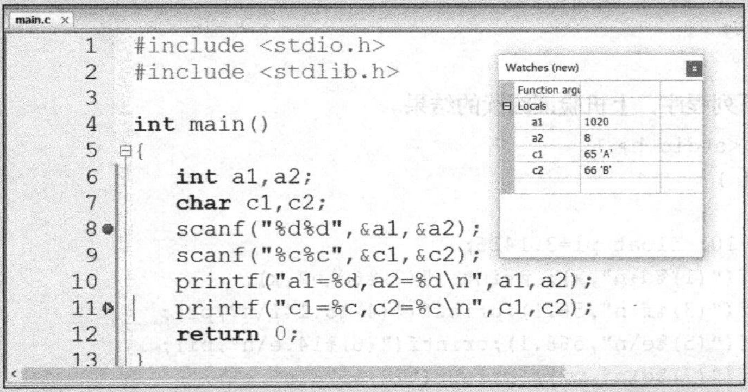

图4-4　A方式的结果观察图

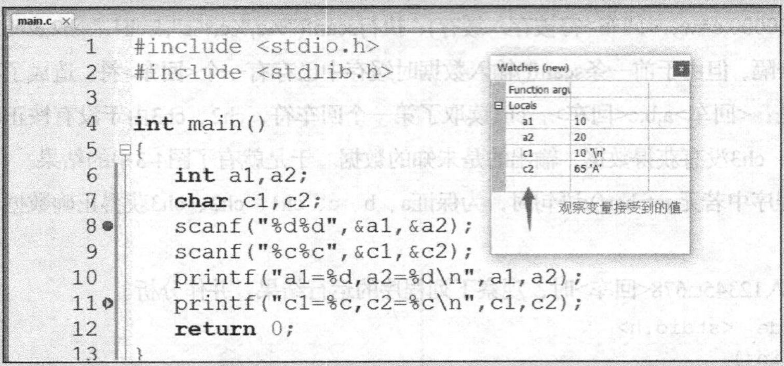

图4-5　B方式的结果观察图

请自行分析B和C的数据结果，并将观察的结果粘贴到实验报告中。

特别说明：在键盘上输入的<回车>符在Unix系统中只有换行的意思，在Windows系统中有回车换行两个意思，但在C语言中为了统一回车键的作用，只当**换行符**使用。例如：运行图4-4中的程序，输入10 20<回车>AB<回车>时，C1接受到的数据是'10\n'（换行符），而不是'13\r'（回车符）。这就是在图4-5的观察窗口看到的是回车符而不是换行符的原因。

7. 请先阅读下列程序，上机验证阅读的结果。

```
#include <stdio.h>
int main( )
{
    short a;
    a=-4;
    printf("\na:dec=%d,oct=%x,unsigned=%u\n",a,a,a);
    return 0;
}
```

8. 请先阅读下列程序，上机验证阅读的结果。

```
#include <stdio.h>
 int main( )
 {
  printf("\n*s1=%15s*", "chinabeijing");
  printf("\n*s2=%-5s*","chi");
  return 0;
 }
```

9. 请先阅读下列程序，上机验证阅读的结果。

```
#include <stdio.h>
int main( )
{
    int x=10; float pi=3.1416;
    printf("(1)%d\n",x); printf("(2)%6d\n",x);
    printf("(3)%f\n",56.1);printf("(4)%5.14f\n",pi);
    printf("(5)%e\n",568.1);printf("(6)%14.e\n",pi);
    printf("(7)%g\n",pi); printf("(8)%12g\n",pi);
    return 0;
}
```

10. 请先阅读下列程序，上机验证阅读的结果。

```
#include <stdio.h>
int main()
{
    int a,b,t;
    scanf("%d,%d",&a,&b);
    printf("a=%d,b=%d\n",a,b);
    t=a;
    a=b;
    b=t;
    printf("a=%d,b=%d\n",a,b);
    return 0;
}
```

05 第 5 章　选择结构程序设计

每个人的一生，都不会是一帆风顺，总有数不清的磕磕绊绊在你我身边，所谓爱恨情仇、悲欢离合、烦恼与失望、坎坷与不平，让我们无法逃避，必须做出自己的选择！设计程序也是一样，不可能总是编写顺序结构的程序吧，有时会遇到一些问题，需要我们根据不同的条件做出不同的执行，即编写选择结构的程序。

选择结构用于判断给定的条件，根据判断的结果来控制程序的流程。选择结构也称之为分支结构。可以分为：单分支结构、双分支结构和多分支结构。

5.1　单分支结构

如果只有一件事情需要做出抉择，这件事是做还是不做。例如，你下课了，到了吃午饭的时候，吃还是不吃由你来决定。肚子饿了就吃，不饿就算了吧。对于这种情况程序员想到的是用单分支结构来实现。单分支结构的流程图如图 5-1 所示。

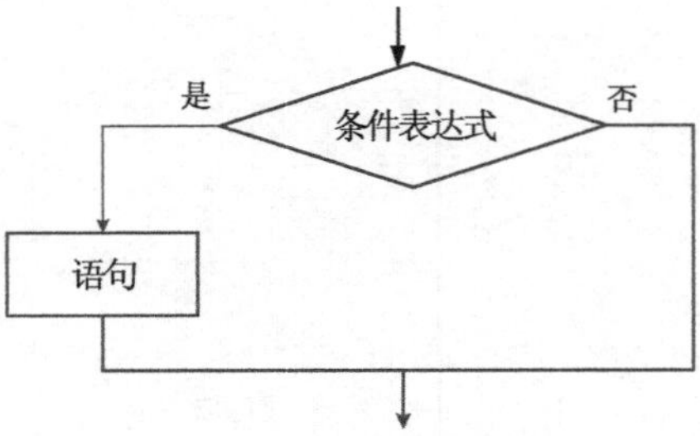

5-1

图5-1　单分支结构的流程图

单分支结构的一般形式：

```
if（表达式）
    语句;
```

执行过程：先求解表达式的值，若表达式的值为非 0（即表示条件为真），则执行表达式后面的语句，执行完该语句后继续执行位于该 if 语句后的下一条语句；若表达式的值为 0（即表示条件为假），则不执行表达式后面的语句而直接执行位于该 if 语句后的下一条语句。

【例 5-1】输入一个字符，如果是大写字母，则把大写字母转换成小写字母；如果不是，则不转换。

问题分析：

（1）输入已知条件：输入一个字符；

（2）希望输出的结果：小写字母；

（3）采用的算法：由于大写字母的 ASCII 码值与小写字母的 ASCII 码值相差 32，因此，大写字母转换成小写字母的公式为：ch=ch+32；

从问题分析知道，需要做的事情其实只有一件，把大写字母转换成小写字母。这件事要么做，要么就不做。这显然可以用单分支结构来实现。

程序参考代码：

```
#include <stdio.h>
int main( )
{
    char ch;
    ch=getchar();
    if(ch>='A'&&ch<='Z')          /*判断是否为大写字符*/
        ch=ch+32;                 /*如果是，把大写转换成小写 */
    putchar(ch);                  /*if 语句的下一条语句，输出字符*/
    return 0;
}
```

5.2 双分支结构

如果有一件事情，需要你做，并且有两种不同的解决方案可以选择。例如，你要去上班， 有两种方案解决这个问题：可以坐公交车去上班，也可以打出租车去上班。选择哪个解决方案要根据具体条件做出判断，如果口袋里的钱不够多，可以选择坐公交车；如果不差钱可以坐出租车。对于这种情况，程序员首先想到的就是双分支结构。双分支结构的流程图如图 5-2 所示。

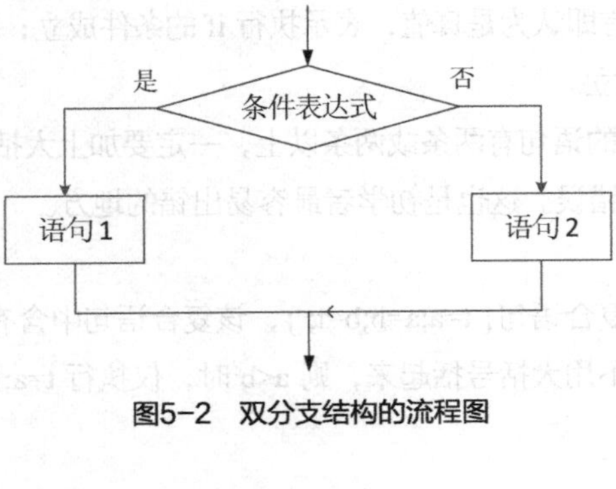

图5-2 双分支结构的流程图

5-2

双分支结构的一般形式为：

```
if（表达式）
    语句 1;
else
    语句 2;
```

执行过程：若表达式的值为非 0，则执行语句 1，执行完语句 1 后执行位于该 if 语句后的下一条语句；若表达式的值为 0，则执行 else 后面的语句 2，执行完语句 2 后继续执行位于该 if 语句后的下一条语句。

【例 5-2】输入两个数，输出这两个数中最大的数。

问题分析：

（1）输入的已知条件：输入两个数；

（2）希望输出的结果：输出这两个数中最大的数；

（3）采用的算法：比较两个数，选择其中大的数。

从问题分析得知，需要我们做的事情只有一件，挑选最大的数。但是有两个不同的方案可供选择：如果 a 更大，选择 a；如果 b 更大，则选择 b。很明显用双分支结构来设计这个程序。

程序参考代码：

```
#include <stdio.h>
int main( )
{
    int a,b,max;
    scanf("%d%d",&a,&b);
    if (a>b)
        max=a;                /*a 的值大，将其存放到 max 中*/
    else
        max=b;                /*b 的值大，将其存放到 max 中*/
    printf("c=%d",max);       /*max 中保存的是两数中最大的数*/
    return 0;
}
```

说明：

（1）if 后的表达式可以是任意表达式，如关系表达式、算术表达式、逻辑表达式、赋值表达式，或者常量、变量、函数等都可以；

（2）只要表达式的值为非 0，C 语言即认为是真值，表示执行 if 的条件成立；若表达式的值为 0，则认为是假值，表示执行 if 的条件不成立。

（3）若 if 语句的条件成立时要执行的语句有两条或两条以上，一定要加上大括号{ }将多条语句括起来构成一条复合语句，否则就有语法错误。这也是初学者最容易出错的地方。

如：if (a<b)　{t=a;a=b;b=t;}

该语句的功能是如果 a<b，则执行复合语句{ t=a;a=b;b=t; }，该复合语句中含有三条赋值语句，其作用是将变量 a,b 的值进行交换；如果不用大括号括起来，则 a<b 时，仅执行 t=a;而 a=b;b=t;变成了 if 语句的下两条语句。

【例 5-3】从键盘输入一个字符，当该字符是英文字母时，输出“It is a letter”，否则输出“It is not a letter”。

问题分析：

（1）输入的已知条件：输入一个字符给 ch；

（2）希望输出的结果：It is a letter 或 It is not a letter；

（3）采用的算法：判断 ch 的字符是否为字母 (ch>='A'&&ch<='Z')|| (ch>='a'&&ch<='z')

算法流程图见图 5-3 所示。

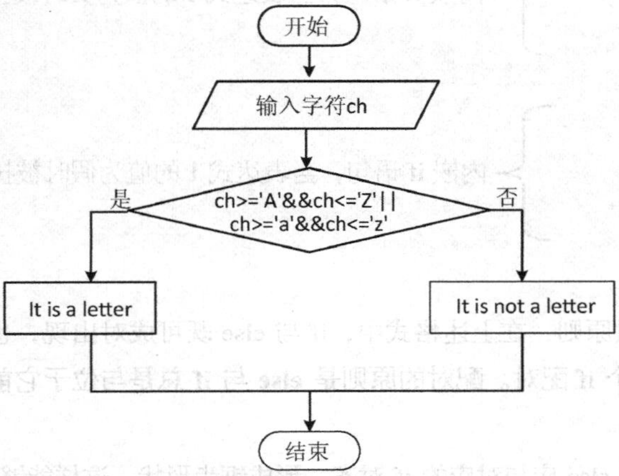

图5-3 【例5-3】算法流程图

程序参考代码：

```
#include <stdio.h>
int main()
{
    char ch;
    scanf("%c",&ch);                                    /*键盘输入一个字符给 ch 变量*/
    if ((ch>='A'&&ch<='Z')|| (ch>='a'&&ch<='z'))   /*判断 ch 的字符是否为字母*/
            printf("%c ,It is a letter\n",ch);
    else  printf("%c ,It is not a letter\n",ch);
    return 0;
}
```

5.3 多分支结构

如果做一件事情，有多种解决方案。例如，你想要买车，当然买车只是一件事情，但是有许多许多的解决方案：可以买福特、比亚迪、本田、丰田、标致和奥迪，甚至你还想买奔驰、宝马等。究竟买哪款，你需要考虑经济条件、个人爱好和车本身的性能，还有性价比等因素，做出你最终的选择。即便你是土豪，也要货比三家，也不会稀里糊涂地把车买了。对于程序员来说，买车也不是很遥远的事情。本节要讲怎样用多分支结构设计程序。

5.3.1 if 语句嵌套

5-3

if 语句可以用于设计单分支结构和双分支结构程序，如果多个 if 语句嵌套在一起不就是多分支结构了吗？

if 语句嵌套的一般格式：

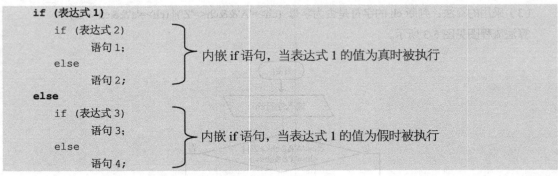

```
if (表达式 1)
    if (表达式 2)
        语句 1;        } 内嵌 if 语句，当表达式 1 的值为真时被执行
    else
        语句 2;
else
    if (表达式 3)
        语句 3;        } 内嵌 if 语句，当表达式 1 的值为假时被执行
    else
        语句 4;
```

说明：

（1）else 与 if 的配对原则：在上述格式中，if 与 else 既可成对出现，也可不成对出现，因此必须搞清楚哪个 else 与哪个 if 配对。**配对的原则是 else 与 if 总是与位于它前面的最近的未配对的 if 配对。**

（2）在书写时，每个 else 应与对应的 if 对齐，形成锯齿形状，这样能够清晰地表示 if…else 的配对关系以及语句的逻辑关系。

（3）在上述格式中，无论 if 的嵌套有多少层，也无论 if 与 else 是否成对出现，阅读程序时必须严格按单分支 if 格式或双分支 if 格式的语义进行理解，不可模棱两可。例如，分析下列未按锯齿形状书写的程序段，看看它的 if 结构表达了怎样的逻辑关系。

```
if (x>0)                /*第 1 个 if*/
if (x<50)               /*第 2 个 if*/
    printf("OK");
else
    printf("NOT OK");
```

该程序段有两个 if，一个 else。因书写时没有采用锯齿形状，因而不能一眼看明白 else 与哪个 if 配对。因此，确定配对关系时必须遵守 else 与 if 的配对原则。

本例若从人们的思维习惯来说，可以有两种解释，第一种是第 1 个 if 把后面的第 2 个 if 语句全包进去，理解成：

```
if (x>0)
{
    if (x<50)
        printf("OK");
    else                      } 内嵌 if 语句
        printf("NOT OK");
}
```

该程序段表达了当0<x<50时，输出OK；而x≥50时，输出NOT OK。

第二种是第1个if与else配对，理解成：

```
if (x>0)
   {
    if (x<50)
        printf("OK");
   }
else
        printf("NOT OK");
```

该程序段表达了当0<x<50时，输出OK；而当x≤0时，输出NOT OK。显然与第一种解释有差别。

那么，计算机究竟是按第一种解释执行，还是按第二种解释执行呢？

计算机严格按程序员给定的步骤去一一执行，它决不会执行模棱两可的操作。上述程序段按C语言的规则来决定：**else总是与位于它前面的最近的未配对的if进行配对的原则**，因此，计算机只会按第一种解释执行。如果希望计算机按第二种解释执行，则编程者必须像第二种形式那样用花括号括起来，才能向计算机传达明确的意思。

再如，【例5-4】程序中有三个if，两个else，if与else虽未成对出现，但由于采用锯齿形状书写，根据else与if配对的原则，读者能够清晰地找出else与if的配对关系，这种书写格式是行业默认的规范。

【例5-4】正确理解下列程序的if嵌套关系。

```
#include <stdio.h>
int main()
{
      int a,b,c;
      a=6;b=c=4;
      if (a!=b)                   /*第1个if语句*/
          if (a!=c)               /*第2个if语句*/
              if (a)              /*第3个if语句*/
                  printf("%d",a--);
              else                /*与第3个if配对*/
              a++;
          else                    /*与第2个if配对*/
              a+=a;
      printf("%d",a);
      return 0;
}
```

运行结果：65

程序说明：

根据else与if配对的规则，【例5-4】中第1条if语句没有对应的else配对，形成一条单分支的if语句。其层次关系为：第1条if语句内嵌套第2条if语句（即语句1），第2条if语句内嵌套第3条if语句（即语句2），其程序结构层次关系分解图见图5-4所示。

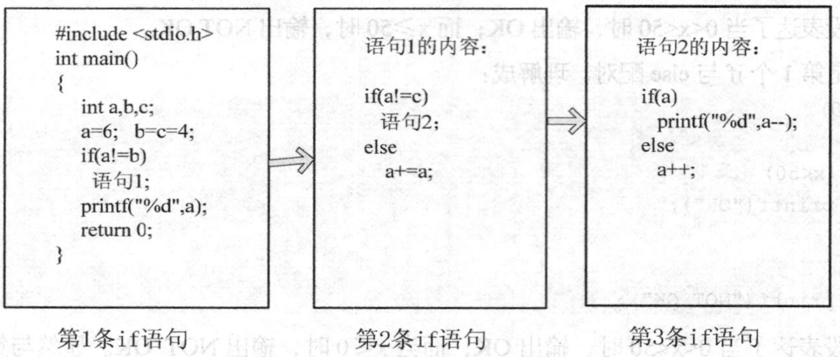

图5-4　if 语句嵌套关系图

执行过程：执行第 1 条 if 语句时，表达式(a!=b)为真，则执行语句 1，在执行语句 1 时，因表达式(a!=c)为真，则执行语句 2，在执行语句 2 时，又因表达式（a）的值为非 0 即为真，则执行 printf("%d",a--); 输出 a 的值 6，然后执行 a--得到 a=5。语句 2 执行结束，意味着第 1 条 if 语句执行结束，接着执行下一条语句 printf("%d",a);，输出 a 的值为 5，接着执行 return 0;程序结束，得到结果 65。图 5-5 所示为多路选择结构流程图。

常见的多分支结构：

```
if （表达式 1）
        语句 1;
else  if （表达式 2）
            语句 2;
        else if  （表达式 3）
                ……
                else if （表达式 n）
                        语句 n;
                    else  语句 n+1;
```

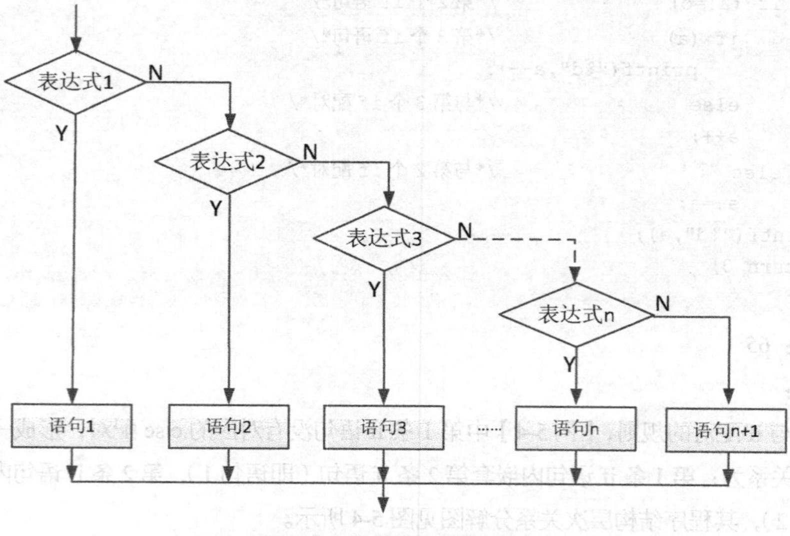

图5-5　多路选择结构流程图

【例 5-5】输入一个百分制成绩，要求输出成绩等级“A”“B”“C”“D”“E”。等级对应的分数段为：90 分以上为“A”，80～89 分为“B”，70～79 分为“C”，60～69 分为“D”，60 分以下为“E”。

算法流程图见图 5-6。

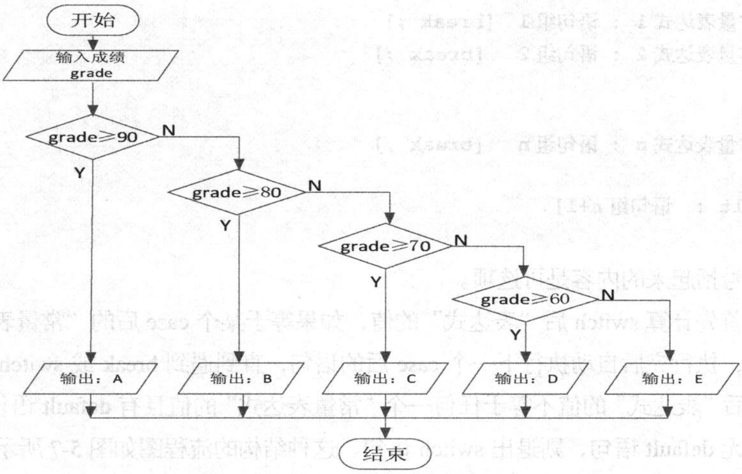

图5-6 【例5-5】流程图

```
/*根据百分制成绩判断等级*/
#include <stdio.h>
int main()
{
    int grade;                                          /*表示成绩*/
    scanf("%d",&grade);
    if (grade>=90)
      printf("Grade is A");
    else if (grade>=80)
            printf("Grade is B");                       /*在 80≤grade<90 的情况下执行的*/
        else if (grade>=70)
                printf("Grade is C");                   /*在 70≤grade<80 的情况下执行的*/
            else if (grade>=60)
                    printf("Grade is D");               /*在 60≤grade<70 的情况下执行的*/
                else
                    printf("Grade is E");               /*在 grade<60 的情况下执行的*/
    return 0;
}
```

本例的程序中，由于采用了锯齿形状书写，读者能够很快找出 if…else 的配对。由于第 2 个 if 语句中的条件“grade>=80”是在第 1 个 if 语句的条件“grade>=90”不成立的前提下执行的，因此，实际隐含的条件是 80≤grade＜90，打印输出“Grade is B”；同理，第 3 个 if 语句中的条件 grade>=70 是在第 2 个 if 语句的条件“grade>=80”不成立的前提下执行的，即实际隐含的条件是 70≤grade＜80，打印输出“Grage is C”；后面的几个 if 语句类推理解。

5.3.2 switch语句

利用 if 语句嵌套可以实现多分支结构，但如果 if 语句嵌套层次太深，会非常乱，会使程序的可读性大大降低，而 switch 语句可以解决这种乱象。switch 语句又称开关语句。

switch 语句的一般格式：

```
switch (表达式)
{
    case 常量表达式 1 : 语句组 1   [break ;]
    case 常量表达式 2 : 语句组 2   [break ;]

    ……
    case 常量表达式 n : 语句组 n   [break ;]

    [default :  语句组 n+1]
}
```

5-4

其中，方括号括起来的内容是可选项。

执行过程：首先计算 switch 后“表达式”的值，如果等于某个 case 后的“常量表达式”的值，就执行其后的语句，执行完后自动执行下一个 case 后的语句，直到遇到 break 或 switch 语句的右括号为止。如果 switch 后“表达式”的值不等于任何一个“常量表达式”的值且有 default 语句，则执行 default 后的语句组；若无 default 语句，则退出 switch 语句。这种结构的流程图如图 5-7 所示。

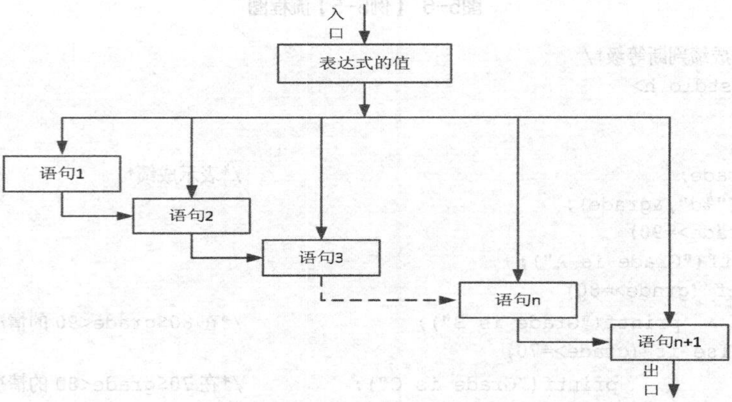

图5-7　无break语句的switch结构流程图

规则：

（1）switch 括号中的表达式的值只能是整型或字符型，case 后面的常量表达式的类型必须与之匹配。

例如：下面的代码错误地用了实型作为 switch 的表达式，因而会引起编译错误。

```
float x=5.0;
switch(f)    //编译时会提示表达式类型出错 error: switch quantity not an integer
{
   …
}
```

（2）同一个 switch 语句中各个常量表达式的值必须是唯一的且互不相等。

例如：

```
case 'A' : printf("this is A\n");
case 65: printf("this is 65\n");
```

在 C 语言中字符'A'的 ASCII 码值为 65，因而两个 case 出现相同的值，会引起 case 出现重复值的编译错误（error: duplicate case value）。

（3）case 后面若执行多条语句，多条语句不必用花括号括起来。

（4）遇 break 语句跳出 switch 语句。因为 case 语句仅起语句标号的作用，当 switch 表达式的值与某个 case 后常量表达式的值相等，就执行其后的语句，执行完后自动执行下一个 case 后的语句，直到遇到 break 或 switch 语句的右括号为止。因此，case 通常与 break 语句联用，以保证多分支语句的正确退出。图 5-8 是每个 case 后都有 break 语句情形的 switch 流程图。

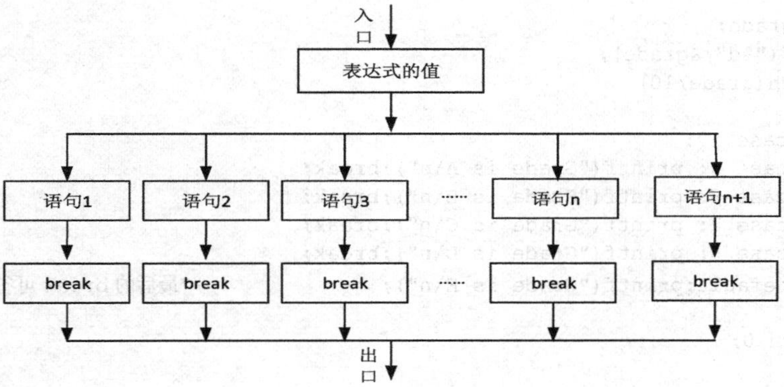

图5-8 有break语句的switch流程图

【例 5-6】用 switch 语句实现【例 5-5】的功能。

```
#include <stdio.h>
int main()
{
    int grade;
    scanf("%d",&grade);
    switch (grade/10)       /* 对成绩进行处理，取整*/
    {
        case 10:
        case 9: printf("Grade is A\n");
        case 8: printf("Grade is B\n");
        case 7: printf("Grade is C\n");
        case 6: printf("Grade is D\n");
        default:printf("Grade is E\n");
    }
    return 0;
}
```

运行结果：

输入：

86

输出：

Grade is B

Grade is C

Grade is D

Grade is E

从运行结果可以看出，当输入 86 时，计算 switch 后的表达式（grade/10）的值为 8，程序流程从 case 8 进入并执行其后的语句，连续输出 Grade is B、Grade is C、Grade is D、Grade is E，直到遇到 switch 语句的结束符“}”结束 switch 的执行。显然，运行结果与我们所希望的不同。但如果加上 break 语句，结果会如何呢？

```
#include <stdio.h>
int main()
{
    int grade;
    scanf("%d",&grade);
    switch(grade/10)
    {
        case 10:
        case 9: printf("Grade is A\n");break;
        case 8: printf("Grade is B\n");break;
        case 7: printf("Grade is C\n");break;
        case 6: printf("Grade is D\n");break;
        default:printf("Grade is E\n");               /*最后的 break 可省略*/
    }
    return 0;
}
```

输入：86

输出：Grade is B

从运行结果可以看出，当输入 86 时，计算 switch 后的表达式（grade/10）的值为 8，程序流程从 case 8 进入并执行其后的 printf("Grade is B\n");语句，输出 Grade is B 后，遇 break 结束 switch 语句。

（5）case 顺序可以随意，各个 case（包括 default）的出现次序可以任意，在每个 case 分支都带有 break 的情况下，case 次序不影响执行结果。但 case 分支后没有 break 语句，执行结果则会不同。

例如：下列 switch 语句的 case 顺序虽然变动了，但并没影响结果。

```
switch(grade/10)
{
    case 10:
    case 9: printf("Grade is A\n");break;
    case 7: printf("Grade is C\n");break;
    default:printf("Grade is E\n");break;
    case 8: printf("Grade is B\n");break;
    case 6: printf("Grade is D\n");
}
```

（6）多个 case 可以执行同一组语句。例如上述的 case 10 和 case 9 共同执行 printf("Grade is A\n");break;。

5.4 条件运算符和条件表达式

条件运算符是 C 语言中唯一的一个三元运算符，即有三个操作数参加运算的运算符。它们之间用“？”和冒号“:”隔开。

条件表达式的一般格式：

表达式1？表达式2：表达式3

要理解这个表达式的执行过程，先回想一下英语或汉语中的一般疑问句，例如，What are you doing? 你在干吗？仔细想想，后面的问号是对前头句子进行发问的。所以 **表达式1？中的问号也是对前面的表达式1进行发问。问表达式1成立否？成立则选择表达式2的值；不成立则选择表达式3的值。**

5-5

执行过程是：当表达式1的值为非0时，条件表达式的值取表达式2的值，否则取表达式3的值。

如：

```
if (x>y) z=x;
else z=y;
```

等价于：z=x>y ? x:y

问x>y成立否？成立则取x的值并赋值给z，即z=x；不成立，取y的值，则z=y。

说明：

（1）条件运算符的优先级低于算术运算符、关系运算符及逻辑运算符，高于赋值运算符和逗号运算符，因而条件表达式中的"表达式1""表达式2""表达式3"不必用括号括起来。

例如：条件表达式：

```
(x<0) ? (x*x-1) : (x*x+1)
```

可以写成

```
x<0 ? x*x-1 : x*x+1
```

（2）条件运算符的结合方向为"从右向左"。

例如：条件表达式：

```
a>b ? a:c>d ? c:d
```

等价于：

```
a>b ? a: (c>d ? c:d)
```

执行过程：先计算条件表达式：c>d ? c:d 的值。假设该值为x，则上述条件表达式简化为：a>b ? a:x。

（3）条件表达式中三个表达式的类型可以不同，当表达式2与表达式3类型不同时，条件表达式值的类型为二者中较高的类型。

例如：x>y ? 4.56 : 2

若x>y，则条件表达式的值为4.56，否则为2.0，而不是整型数2。

5.5 经典算法

5.5.1 海伦算法

第四章的【例4-13】利用海伦公式编写了一个用于计算三角形面积的程序，但是程序对三角形三边是否能构成三角形没有做出判断，现在我们来完善该程序。

【例5-7】从键盘上输入三角形三边的长，如能构成三角形，则求该三角形的面积，否则提示数据有错：error data !。

程序参考清单：

```
#include <stdio.h>
#include <math.h>
int main()
{
   double a,b,c,s,area;
   scanf("%lf,%lf,%lf",&a,&b,&c);
   if(a>0&&b>0&&c>0&&a+b>c&&a+c>b&&b+c>a)  /*判断是否能构成三角形*/
   {
      s=(a+b+c)/2;
      area=sqrt(s*(s-a)*(s-b)*(s-c));
      printf("area=%lf\n",area);
   }
   else
      printf("error data!\n");
   return 0;
}
```

运行结果：

输入：5,7,9

输出：area=17.412280

说明：当输入的 a、b、c 三边的值都大于 0 且任意两边之和大于第三边，则能构成三角形并对面积进行求解，否则输出"error data!"。

5.5.2 数位拆解

【例 5-8】输入一个 3 位的整型数，依次输出该数的正负号、百位、十位、个位数字。

问题分析：

此题需要解决两个问题：（1）因为要输出正负号，所以首先要判断整型数的符号；（2）要输出百位、十位、个位数字，因此需要对整数进行数位拆解。数位拆解我们利用 3.5.1 节介绍的方法：要拆分 m 的第 i 位（i 从 0 开始），m 先除以10^i再跟 10 进行模运算，即 $d_i = m/10^i\%10$ 。

算法流程图如图 5-9 所示。

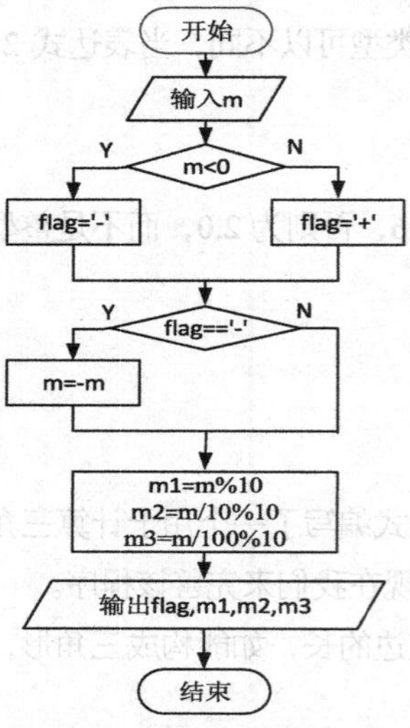

图5-9 算法流程图

程序参考代码：

```
#include <stdio.h>
#include <math.h>
int main()
{
    int m,m1,m2,m3;
    char flag ;
    scanf("%d",&m);
    flag=m>0 ? '+':'-';                    /*进行正负判断*/
    if(flag=='-') m=-m;                    /*将负数转换成正数*/
    m1=m/1%10;                             /*分离个位上的数*/
    m2=m/10%10;                            /*分离十位上的数*/
    m3=m/100%10;                           /*分离百位上的数*/
    printf("符号%c,个位数%d,十位数%d,百位数%d\n",flag,m1,m2,m3);
    return 0;
}
```

运行结果：

输入：-746

输出：符号-，个位数 6，十位数 4，百位数 7

5.5.3 分段函数

【例 5-9】 编写程序完成下列分段函数的求值：输入一个 x 值，输出 y 值。

$$y=\begin{cases}-1 & (x<0)\\ 0 & (x=0)\\ 1 & (x>0)\end{cases}$$

5-6

问题分析：根据分段函数 x 的值来确定 y 的值。

程序参考代码：

```
#include <stdio.h>
int main()
{
  int x,y;
  scanf("%d",&x);
  if (x<0)  y=-1;
  else  if (x>0)
            y=1;
       else  y=0;
   printf("x=%d,y=%d\n",x,y);
   return 0;
}
```

5.5.4 芳龄几何

【例 5-10】 编写一个程序，用户输入出生日期和当前日期，计算出实际年龄。

问题分析：

（1）先将当前日期的年份减去出生日期的年份，得到年龄；

（2）由于求的是实际年龄，如果当前日期的月份小于出生日期的月份，则年龄

5-7

减 1；

（3）由于求的是实际年龄，如果当前日期的月份与出生日期的月份相同，但日期小于出生日期，则年龄也要减 1。

程序参考代码：

```
#include <stdio.h>
int main()
{
     int year,month,day,cyear,cmonth,cday,age;
     printf("输入出生日期（年.月.日）:");
     scanf("%d.%d.%d",&year,&month,&day);
     printf("输入当前日期（年.月.日）:");
     scanf("%d.%d.%d",&cyear,&cmonth,&cday);
     age=cyear-year;
     if(cmonth<month) age--;
     else if (cmonth==month&&cday<day)
                age--;
     printf("\n实际年龄：%d\n",age);
     return 0;
}
```

运行结果：

输入出生日期（年.月.日）：1992.8.10

输入当前日期（年.月.日）：2016.2.18

实际年龄：23

5.5.5 简易计算器

【例 5-11】编写一个能进行四则运算的程序，根据用户输入的表达式（如 2.5+1.5），计算其结果。

问题分析：

（1）这是一个让计算机进行加、减、乘、除和乘方运算的计算器程序；

（2）根据输入的加、减、乘、除和乘方的符号选择执行相应的运算；可以用 switch 来完成，也可以用 if 语句的嵌套来完成；

（3）做除法时要考虑除数为 0 的情况。

5-8

程序参考代码：

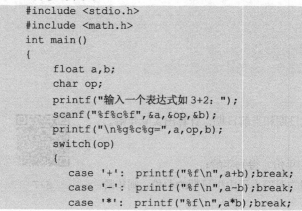

```
#include <stdio.h>
#include <math.h>
int main()
{
    float a,b;
    char op;
    printf("输入一个表达式如 3+2：");
    scanf("%f%c%f",&a,&op,&b);
    printf("\n%g%c%g=",a,op,b);
    switch(op)
    {
      case '+':  printf("%f\n",a+b);break;
      case '-':  printf("%f\n",a-b);break;
      case '*':  printf("%f\n",a*b);break;
```

```
    case '/':  if  (b!=0)
                    printf("%f\n",a/b);
                else  printf("除零错误！");break;
    case '^':  printf("%f\n",pow(a,b));break;
    default:  printf("表达式中有不认识的运算符！\n");
   }
   return 0;
}
```

5.5.6 报数游戏

【例 5-12】报数游戏。A、B、C、D、E、F、G、H 共 8 人站成一排，按如图 5-10 所示的方法从 1 开始报数。问谁先报到 123456？

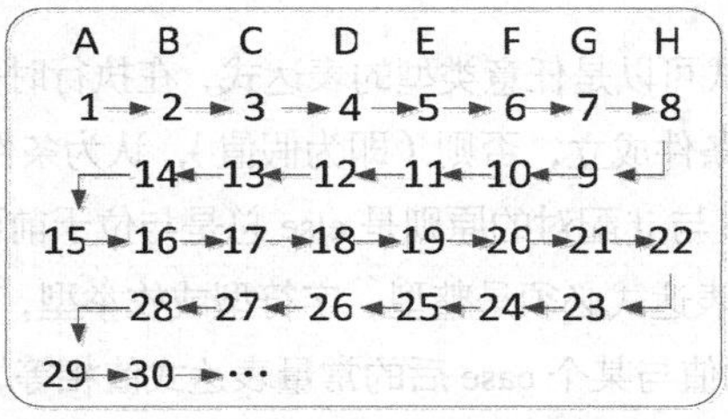

图5-10 游戏报数过程

问题分析：从图 5-10 中看到 1 到 14 是一个来回报数，再重复这一过程，所以只需求 123456 除以 14 的余数，则可以判断出谁先报到。

程序清单如下：

5-9

```
#include <stdio.h>
int main()
{
     int n=123456,i;
     i=n%14;
     printf("报数到%d 的人是: ",n);
     switch(i)
     {
     case 1:
          printf("A");break;
     case 2:
     case 0: printf("B");break;
     case 3:
     case 13: printf("C");break;
     case 4:
     case 12: printf("D"); break;
     case 5:
     case 11: printf("E");break;
     case 6:
     case 10: printf("F");break;
     case 7:
     case 9:  printf("G");break;
     case 8:  printf("H");break;
     }
     printf("\n");
```

```
    return 0;
}
```

5.6 小结

从本章开始，问题的复杂度开始增大，程序的难度开始增加，程序的逻辑性增强。本章要求掌握单分支、双分支、多分支 if 语句（if 语句嵌套）和 switch 开关语句，要求正确理解分支语句的语法、语义和执行流程，特别是在 if 语句嵌套中要注意 if 和 else 的匹配关系，switch 语句中注意 break 语句对程序流程的控制。只有正确理解了 if 和 switch 语句对程序流程的控制，才能正确理解程序的逻辑性，灵活应用选择结构来编写程序。

读者需重点掌握以下 3 点。

（1）if（表达式）中的表达式可以是任意类型的表达式，在执行时先求表达式的值，如果表达式的值为非零（即为真值），则认为条件成立，否则（即为假值），认为条件不成立。

（2）在 if 语句的嵌套中 else 与 if 配对的原则是 else 总是与位于前面的未配对的 if 配对。

（3）switch（表达式）中的表达式必须是整型、字符型或枚举型，且每个 case 后的常量表达式的值必须是唯一的。当该表达式的值与某个 case 后的常量表达式值相等，程序流程从该 case 进入，执行其后的语句序列，执行完后顺序往下执行其后的 case 语句序列，直到遇到 break 语句，结束 switch 语句的执行，如果没有遇到 break 则一直执行到 switch 语句的结束处“}”。

习　题

一、选择题

（1）以下程序段中与语句 k=a>b?(b>c?1:0):0；功能等价的是（　　）。

A. if((a>b) &&(b>c)) k=1;
　else　k=0;

B. if((a>b) ||(b>c))　k=1
　else　k=0;

C. if(a<=b)　k=0;
　else if(b<=c)　k=1;

D. if(a>b)　k=1;
　else if(b>c)　k=1;
　else k=0;

（2）以下不正确的if语句形式是（　　）。

A. if(x>y&&x!=y);

B. if　x= =y　x+= y;

C. if(x!=y) scanf("%d",&x);else scanf("%d",&y);

D. if(x<y) {x++;y++;}

（3）已知int x=10，y=20，z=30；以下语句执行后x、y、z的值是（　　）。

if(x>y) z=x;x=y;y=z;

A. x=10,y=20,z=30

B. x=20,y=30,z=30

C. x=20,y=30,z=10

D. x=20,y=30,z=20

(4) 以下语句语法正确的是（　　）。

A. if(x>0) printf("%f",x) else printf("%f",-x);

B. if(x>0){x=x+y;printf("%f",x);} else printf("%f",-x)

C. if(x>0) x=x+y; printf("%f",x); else printf("%f",-x);

D. if(x>0){x=x+y;printf("%f",x);} else printf("%f",-x);

(5) 判断char型变量ch是否为大写字母的正确表达式是（　　）。

A. 'A'<=ch<='Z'　　B. (ch>='A')&(ch<='Z')

C. (ch>='A')&&(ch<='Z')　　D. ('A'<=ch)AND('Z'>=ch)

(6) 已知x=43,ch='A',y=0；则表达式（x>=y&&ch<'B'&&!y)的值是（　　）。

A. 0　　B. 语法错误　　C. 1　　D. “假”

(7) 以下程序的运行结果是（　　）。

int main(){int m=5;if(m++>5) printf("%d\n",m);else printf("%d\n",m--);}

A. 4　　B. 5　　C. 6　　D. 7

(8) 为了避免在嵌套条件语句if-else中产生二义性，C语言规定：else子句总是与（　　）配对。

A. 缩进排位置相同的if　　B. 其之前最近的未配对的if

C. 其之后最近的if　　D. 同一行上的if

二、程序阅读题

(1) 当a=5,b=8,c=11,d=9时，执行完下面一段程序后x的值是（　　）。

```
if (a<b)  if(c<d)  x=1;
else  if(a<c) if(b<d) x=2;
else x=3;
else x=6;
else x=7;
```

(2) 若下列程序运行时输入为2.0<CR>，则程序的输出结果是（　　）。

```
int main()
{
float a,b;
scanf("%f",&a);
if(a<0.0) b=0.0;
else if((a<0.5)&&(a!=2.0))
        b=1.0/(a+2.0);
      else if(a<10.0) b=1.0/2;
           else b=10.0;
printf("%f\n",b);
return 0;
}
```

(3) 以下程序的运行结果是（　　）。

```
#include <stdio.h>
int main()
{
   int k=4,a=3,b=2,c=1;
   printf("%d",k<a ? k:c<b ? c:a);
   return 0;
```

```
}
```

（4）若下列程序运行时输入78<CR>，则程序的输出结果是（　　）。

```
#include <stdio.h>
int main()
{
   int grade;
   printf("input grade:");
   scanf("%d",&grade);
   switch(grade/10)
   {
    case 10:
    case 9:printf("A\n");break;
    case 8:printf("B\n");break;
    case 7:printf("C\n");break;
    case 6:printf("D\n");break;
    default:printf("E\n");
   }
   return 0;
}
```

若取消程序中的break，结果又会如何呢？

实验五　选择结构程序设计

一、实验目的

1. 掌握选择结构中条件表达式的求解。
2. 掌握if语句及其嵌套使用。
3. 掌握switch语句的使用和执行流程。

二、实验内容

1. 程序阅读题

（1）请先阅读下列程序，并上机验证阅读的结果。

```
#include <stdio.h>
int main()
{
    int a=5,b=0,c=0;
    if (a+b+c)    printf("***\n");
    else printf("$$$\n");
    return 0;
}
```

（2）请先阅读下列程序，并上机验证阅读的结果。

```
#include <stdio.h>
int main()
{
```

```
    int a=0,b=1,c=0,d=20;
    if (a)
        d-=10;
    else if(b)
        if(!c)
            d=15;
        else
            d=25;
    printf("d=%d\n",d);
    return 0;
}
```

（3）请先阅读下列程序段，并上机验证阅读分析的结果。

```
int w=3,z=7,x=10;
printf("%d\n",x>10 ? x+100:x-10);
printf("%d\n",w++||z++);
printf("%d\n",!w>z);
printf("%d\n",w&&z);
```

（4）请先阅读下列程序，并上机验证阅读的结果。

```
#include <stdio.h>
int main()
{
    int n=1,m=0,c=2;
    if(n) c-=2;
    if (!m) c-=1;
    if (c) c+=1;
    printf("c=%d\n",c);
    return 0;
}
```

（5）请先阅读下列程序，并上机验证阅读的结果。

```
#include <stdio.h>
int main()
{
    int a=3,b=4,c=5,t;
    if (a<b&&a<c) t=a;a=b;b=t;
    if (a<b&&a<c) t=a;a=c;c=t;
    printf("a=%d,b=%d,c=%d\n",a,b,c);
    return 0;
}
```

（6）请先阅读下列程序，并上机验证阅读的结果。

```
#include <stdio.h>
int main()
{
    int k=2;
    switch(k)
    {
        case 1:printf("%d",k++);
        case 2:printf("%d",k++);
        case 3:printf("%d",k++);
        case 4:printf("%d",k++);break;
        default:printf("Full!\n");
    }
```

```
        printf("\nk=%d\n",k);
        return 0;
    }
```

2. 编程题

（1）从键盘上任意输入三个整数，按照由大到小的顺序输出。

（2）编写程序，任意输入一个字符，根据该字符的ASCII码值判断它是字母、数字或其他字符（other）。

（3）编写程序求下列函数的值。

$$y=\begin{cases}x^3-1 & (x<-1)\\ -3x+1 & (-1\leqslant x\leqslant 1)\\ 3e^{2x-1}+5 & (1<x\leqslant 10)\\ 5x+3\log_{10}(2x^2-1)-13 & (x>10)\end{cases}$$

提示：此题要用到数学函数exp()和log10()，因此应包含数学头文件math.h。

（4）编程判断闰年。输入年号，判断并输出该年是否是闰年。所谓闰年，是指能被4整除，但不能被100整除；或能被400整除的年份。

（5）假设今天是星期五，编程求14873天后是星期几？

（6）编写一个程序，用户输入日期，计算该日期是这一年的第几天。

（7）某书店有以下规定：购书在100元以下者，不打折，在100元（含100元）以上者，打9折；购书在200元（含200元）以上者打8.5折；购书在300元（含300元）以上者打8折；购书在500元（含500元）以上者打7折。现有A种书定价24元，B种书定价18.5元，现有一位顾客要购买A种书m本，B种书n本，编写一个程序计算该位顾客应付多少钱。

（8）编程设计一个能进行加、减、乘、除四则运算的运算器，运算数a和b及运算符号从键盘上输入。当输入的运算符不是加、减、乘、除符号时，提示运算符出错；进行除法运算时，若除数为零时显示除零错误。

06 第6章 循环结构程序设计

每天周而复始的工作和生活，会使我们感到很烦、很累，单调而无趣。但是周而复始的工作和生活永远是生命中不可或缺的主题，如果我们能够调整好自己的心情，用智慧从中发现快乐，不也是挺美好的事情吗？例如，编写一个循环结构的程序玩玩，让程序不停地“打圈圈”，我们看着，岂不也是一件快乐的事。本章我们来学习怎样玩转循环结构程序设计吧。

6.1 前测循环

有些事情，每次做之前都要得到某人的同意才可以做。例如，小时候我们都有这样的记忆。要上学了，你都会问妈妈：妈妈，我上学去啦？如果你还没有吃饭，还没有做好上学的准备，妈妈就不会同意你上学，妈妈就会说，吃饭后再去上学。如果你已经做好了准备，妈妈就会说，好的，路上注意安全。这种每次做事前都要得到许可的情形可称之为前测循环。

前测循环（Pre-test Loop）是指循环条件放置在循环体之前，检查循环条件后，才会执行循环。首先检查条件（condition），若条件是真，才会执行循环部份。while 循环和 for 循环属于前测循环。

6.1.1 while循环语句

现在介绍第一种前测循环：while 循环语句。

while 语句的一般格式如下：

```
while (表达式)
    循环体语句;
```

while… 可以翻译成：当……时候。While I was a little boy，I study very hard（当我是个小男孩的时候，我学习很刻苦），现在是否刻苦就不知道啦。那么“while（表达式）循环体语句;”这句话怎样理解呢？当表达式成立的时候，就执行循环体语句。因此 while 语句的执行过程如下所示。

执行过程：当 while 后面表达式的值为非 0（即条件为真）时，执行循环体语句。执行完后（完成一次循环操作）再次返回求表达式的值，重复上述过程，直到表达式的值为 0（即条件为假）时，不再执行循环体，结束循环，该条 wihle 语句执行完毕。

while 循环是前测循环，其特点是：先求表达式的值，后执行循环体语句，其流程图如图 6-1 所示。

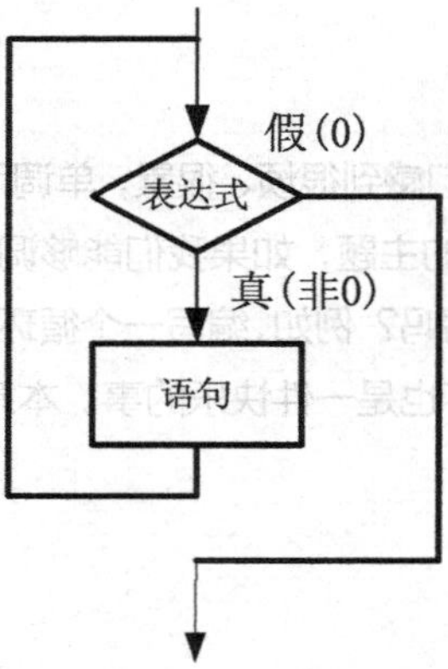

图6-1　while循环流程图

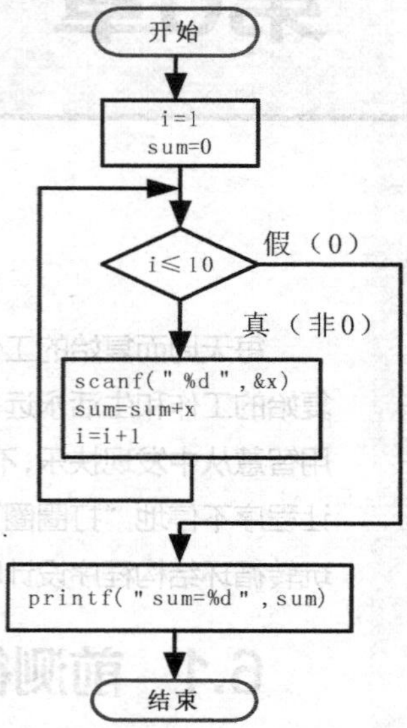

图6-2 【例6-1】的流程图

【例 6-1】用 while 语句编程求任意 10 个整数的和。程序流程图如图 6-2 所示。

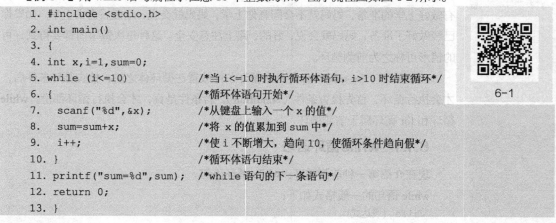

```
1. #include <stdio.h>
2. int main()
3. {
4. int x,i=1,sum=0;
5. while (i<=10)              /*当 i<=10 时执行循环体语句，i>10 时结束循环*/
6. {                          /*循环体语句开始*/
7.   scanf("%d",&x);          /*从键盘上输入一个 x 的值*/
8.   sum=sum+x;               /*将 x 的值累加到 sum 中*/
9.   i++;                     /*使 i 不断增大，趋向 10，使循环条件趋向假*/
10. }                         /*循环体语句结束*/
11. printf("sum=%d",sum);     /*while 语句的下一条语句*/
12. return 0;
13. }
```

6-1

程序说明：

（1）若循环体语句包含一条以上的语句，应该用花括号括起来，以复合语句的形式出现（第 6~10 行为循环体语句）。如果不加花括号，则 while 条件为非 0 时，跟随其后的第一条语句才是循环体语句，其后的都不属于循环体语句。例如，本例的循环体如不加花括号，当满足 i≤10 时，仅重复执行“scanf("%d",&x);”，其后的“sum=sum+x; i++;”两条语句不会重复执行，仅是 while 语句的下一条语句，这就造成程序逻辑上的错误。

循环体语句的花括号从哪里开始到哪里结束，这个问题常常令初学者感到困惑。这个问题其实很简单，读者只要记住循环条件为真时要重复执行的操作有哪些。如果语句条数大于或等于两条时，则一定要用花括号，否则可以不加花括号。为了理解上的方便，建议初学者把循环体语句都打上花括号。

（2）在循环体中应有改变循环变量使循环条件趋向于0（假）的语句。例如，在本例中循环结束的条件是“i>10”，因此在循环体中应该有使i不断增加以满足i>10的条件。本例中的“i++;”语句就是使i值不断递增，直至i>10的条件成立，从而结束循环。

6.1.2 for循环语句

for循环是C语言中使用最为广泛和灵活的，更适用于循环次数已经确定的情况。

for语句的一般格式为：

```
for(表达式1；表达式2；表达式3)
        循环体语句；
```

看到for循环语句都会想到电影《欢颜》的主题曲《橄榄树》，词作者是传奇女子三毛。有几句歌词与for循环很像：为了天空飞翔的小鸟，为了山间清流的小溪，为了宽阔的草原，流浪远方，流浪。翻译成英文：For the little bird free, for the brook clear and limpid, for the meadow green and wide, I wander, wander so far。为了小鸟、小溪和草原，我要流浪，流浪远方。for循环语句也是这样理解的：为了表达式1；表达式2；表达式3所限定的条件，要执行循环体语句。很明显，for循环属于前测循环。当然表达式1；表达式2；表达式3的计算有一定的规则和顺序，见如下分析。

执行过程：

（1）先求解表达式1；

（2）再求解表达式2，若其值为非0，则执行（3）步，否则转到第（6）步；

（3）执行循环体语句；

（4）求解表达式3；

（5）转回第（2）步；

（6）结束循环，执行for语句后的下一条语句。

for循环的执行过程如图6-3所示。

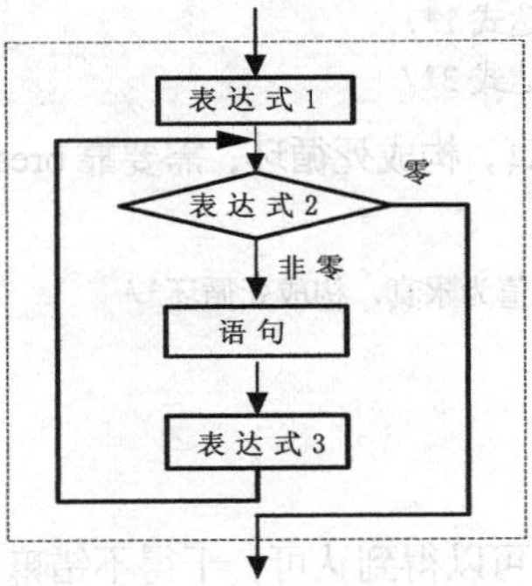

图6-3 for循环流程图

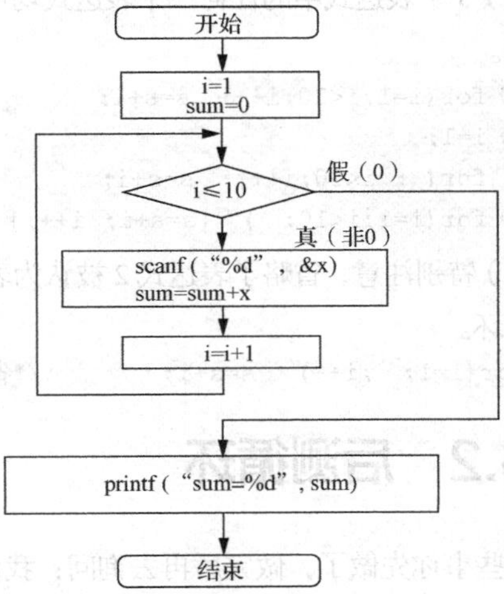

图6-4 【例6-2】程序流程图

【例6-2】用for语句编程求任意10个整数的和。程序流程图如图6-4所示。

```
#include <stdio.h>
```

```
int main()
{
    int x,i,sum=0;
    for(i=1;i<=10;i++)
    {
    scanf("%d",&x);
    sum=sum+x;
  }
  printf("sum=%d",sum);      /*for 语句后的下一条语句*/
  return 0;
}
```

6-2

程序理解：

for 循环语句可以这样理解：为了从 1 到 10 的 10 个整数 i，就执行循环体：{ scanf("%d",&x); sum=sum+x; }。执行过程如图 6-4 所示。

执行过程：先求解表达式 1，即 i=1 对循环变量 i 进行初始化；接着求解表达式 2（即判断条件 i<=10），若为真，执行循环体语句“{ scanf("%d",&x);sum=sum+x; }”；接着求解表达式 3，执行 i++，此时 i=2，至此完成一次循环。接着转回求解表达式 2，重复上述过程，直到 i=11 时，条件表达式 i<=10 为假，结束循环。for 循环语句执行完毕，接着执行其后的下一条语句“printf("sum=%d",sum);”。

程序说明：

（1）在 for 循环中，3 个表达式可以是任意类型的表达式。**“表达式 1”**只被执行一次，一般用于设置循环控制变量初始值，当然也可以是与循环控制变量无关的其他表达式，也可省略；**“表达式 2”**决定是否继续执行循环体语句；**“表达式 3”**的作用通常是改变循环控制变量的值，使“表达式 2”的值趋向为 0（即条件为假）。

一般来说，“表达式 1”用于提供循环的初始值，“表达式 2”用于提供循环的条件，“表达式 3”用于改变循环的条件。

（2）3 个表达式中的任何一个表达式均可省略，但其中的两个“;”不能省略。例如下列的情形是等价的。

```
① for(i=1;i<10;i++)   s=s+i;
② i=1;
   for( ; i<10;i++)   s=s+i;                /*省略了表达式 1*/
③ for(i=1;i<10; )  {s=s+i; i++;}          /*省略了表达式 3*/
```

（3）特别注意，省略了表达式 2 被认为表达式 2 的值为永真，构成死循环，需要靠 break 语句强行结束循环。

```
for(i=1;  ;i++)   s=s+i;          /*省略了表达式 2，默认值为永真，构成死循环*/
```

6.2 后测循环

有些事你先做了，做完后再去询问：我做得怎样？做得好可以得到认可，干得不错嘛！接着干！如果干砸了，不行不行，你怎么搞的，不可以再做了！这种先斩后奏的方法称为后测循环。后测循环（Posttest Loops）是指把循环条件放置在循环体之后，先执行循环体，再检查条件，若条件是真，继续执行循环语句；若条件为假，则不再执行循环体，结束循环。do while 循环语句属于后测循环。

do-while 语句的一般形式如下：

```
    do
        循环体语句;
  while (表达式);
```

执行过程：先执行循环体语句，然后求表达式的值。如果表达式的值为非 0（即条件为真）时，返回继续执行循环体语句，如此反复，直到表达式的值为 0（即条件为假）时，结束循环。

该循环的其特点是，先执行循环体语句，后判断条件，因而至少执行了一次循环体。其流程图如图 6-5 所示。

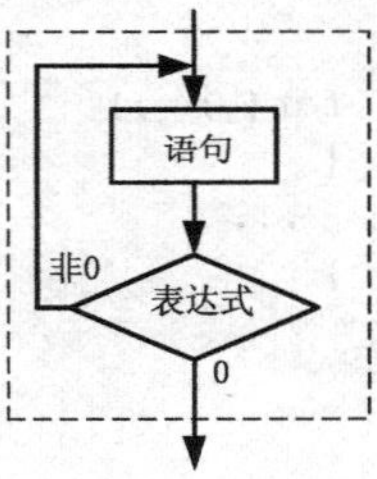

图6-5 do-while流程图

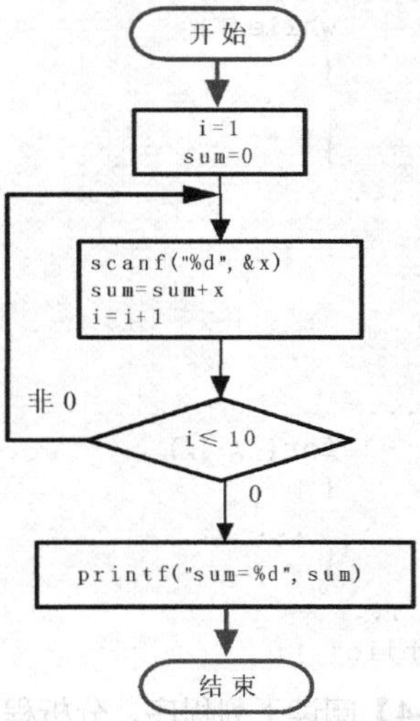

图6-6 【例6-3】程序流程图

从 do-while 语句的一般形式和 do-while 流程图可以看出它的测试条件是在循环体后面的，所以称为后测循环。

【例 6-3】用 do-while 语句编程求任意 10 个整数的和。程序流程图如图 6-6 所示。

程序清单如下：

```
#include <stdio.h>
int main()
{
    int x,i=1,sum=0;
    do
    {
        scanf("%d",&x);        /*先执行 do-while{ }内的循环体语句*/
        sum=sum+x;
        i++;
    } while(i<=10);            /*若 i<=10 成立，继续执行循环体语句，否则结束循环*/
    printf("sum=%d",sum);
    return 0;
}
```

6-3

6.3 循环嵌套

一个循环语句包含另一个完整的循环语句，称为循环嵌套，循环嵌套可以是两层或多层嵌套。3

种循环（while 循环、do-while 循环和 for 循环）可以互相嵌套，可以是自己嵌套自己，也可以是自己嵌套其他循环语句。

在理解循环嵌套层次关系时，要注意各层循环控制变量控制的循环语句范围。循环嵌套的外层循环与内层循环控制变量不能同名，但没有嵌套关系的循环控制变量可以同名（如【例 6-4】）。

下列是常见的几种循环嵌套样例。

```
① for( ;  ;)
   {
     ...
         while( )
         {
           ...
         }
     ...
   }

② do
   {
     ...
         for( ;  ;)
         {
           ...
         }
     ...
   }while( );
```

```
③ while( )
   {
     ...
         do
         {
           ...
         }while( );
     ...
   }

④ for( ;  ;)
   {
     ...
         for( ;  ;)
         {
           ...
         }
     ...
   }
```

【例 6-4】阅读下列程序，分析程序的功能。

6-4

```
#include <stdio.h>
int main( )
{
   int  i,k=0;
   for(i=1;i<=10;i++)          /*此时 i 为循环控制变量*/
     k=k+i;
   for(i=1; i<10;i++)          /*因为与第 1 个循环是并行的关系，各自独立，因此 i 可以再次使用*/
     k=k+2*i;                  /*k 的初值是第 1 个循环的结果*/
   printf("%d\n",k);
}
```

程序说明：第 1 个 for 循环与第 2 个 for 循环是独立的语句，两者没有嵌套关系，它们是上下语句顺序，互不影响。第 1 个 for 循环结束，变量 i 的生命周期就结束（即作用结束），因而第 2 个 for 循环可以重新使用变量 i。

【例 6-5】编程输出下列图形。

```
    *
   ***
  *****
 *******
*********
```

图6-7 输出的图形

问题分析：

观察图形可知，共有 5 行“*”号，每行“*”号为 2*i-1 个。设计一个外循环控制图形的行数，设计一个内循环控制每行“*”号的个数。

程序参考代码：

```
#include <stdio.h>
int main()
{
```

```
    int i,j;
    for (i=1;i<=5;i++)            /*控制图形的行数*/
     { printf("     ");            /*在每行的开始输出若干个空格，使得图形偏中间*/
       for(j=1;j<=2*i-1;j++)      /*控制输出每行中的"*"号个数*/
          printf("*");
      printf("\n");                /*换行*/
      }
}
```

【例 6-6】分析下列程序的循环嵌套。

```
1 #include <stdio.h>
2 int main()
3 {
4    int i,b,k=0;
5    for(i=1;i<=5;i++)
6    {
7        b=i%2;
8        while (b>=0)
9             { k++;b--;}
10       }
11     printf("%4d,%4d",k,b);
12     return 0;
13 }
```

6-5

运行结果：□□□8□□-1

执行过程：

（1）第 5～10 行是一条 for 循环语句（外循环），第 7、8 行是它的循环体语句，而第 8 行是一条 while 循环语句，这样就构成了循环的嵌套，嵌于 for 循环中；

（2）理清了循环嵌套的关系，再来看看它们是如何执行的。

① 执行第 5 行 for 语句的过程是：先执行 i=1，接着判断表达式 i<=5 为真，顺序执行第 6～10 行的语句。

② 然而，在执行第 6～10 行语句的过程中，执行第 7 行语句后，接着执行第 8 行语句。因第 8 行是一条 while 循环语句，因而要按 while 循环的执行过程进行执行。

其执行过程是：先判断表达式 b>=0 是否为真，如果为真，则执行复合语句{ k++; b--; }，执行完后，返回 b>=0 重新判断条件，重复这个过程，直到 b>=0 为假（即 b<0），结束 while 循环，第 8 行语句执行完毕。此时，外循环的循环体才执行完成了一次。

③ 接着执行 for 循环中的 i++，再次返回到 i<=5 重新判断，如果为真，重复刚才的过程，直到 i<=5 为假，结束 for 循环。这是外循环的执行过程。

外循环 for 语句结束后，接着执行第 11 行～第 13 行语句，程序结束。

6.4 break语句和continue语句

6.4.1 break语句

在 switch 语句中，我们已经知道了 break 语句的作用是跳出 switch 的结构。现在来看看 break 语句在循环语句中的作用。它的功能是终止并退出 break 语句所在层的循环，即从所在层的循环体内跳出到循环体外，提前结束循环，接着执行循环语句后的下一条语句。break 语句只能用于循环语句内，不能单独使用，如图 6-8 所示。

6.4.2 continue语句

continue 语句的作用是结束本次循环，使流程返回循环条件处。若条件成立，则又开始执行新的一次循环，如图 6-9 所示。

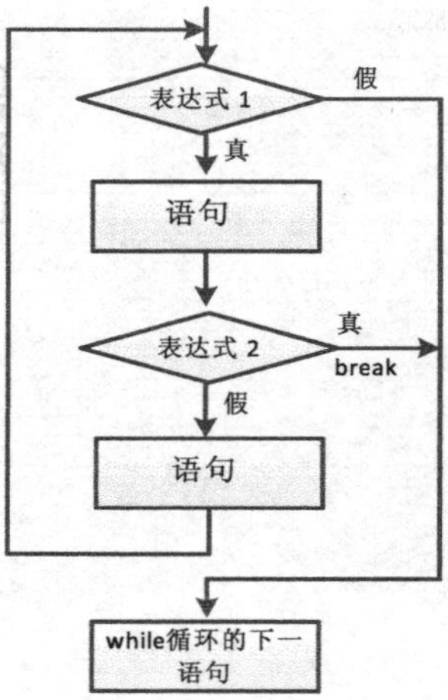

图6-8 break执行流程图

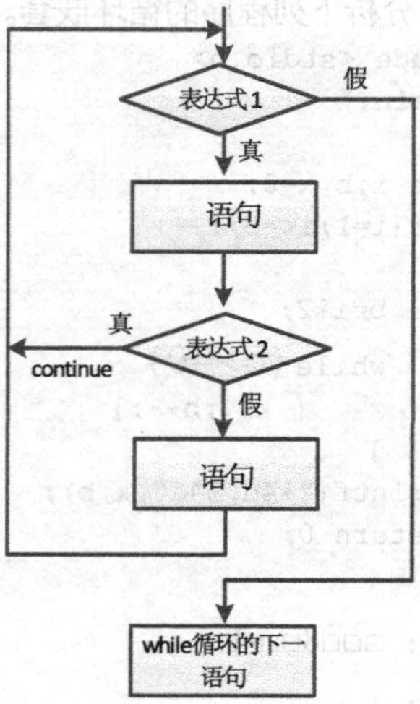

图6-9 continue执行流程图

break 语句和 continue 语句的区别是：continue 语句只结束本次循环，而不是终止整个循环的执行；break 语句则是结束整个循环，使程序流程转到循环语句后的下一条语句。break 和 continue 的执行过程如图 6-10 所示的执行流程示意图。

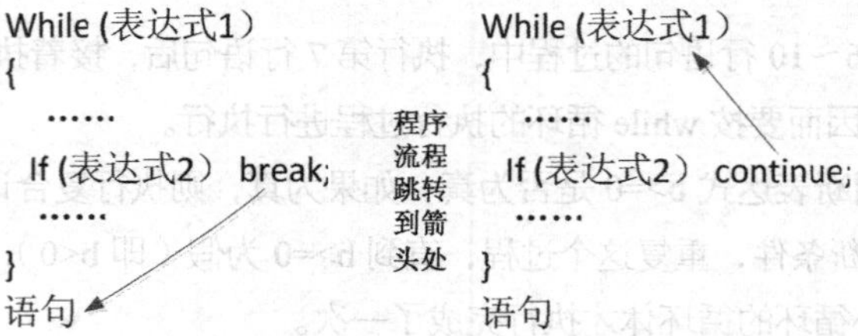

图6-10 程序流程跳转到箭头所指处的语句

【例 6-7】阅读程序分析结果

```
1 #include <stdio.h>
2 int main( )
3 {
4    int  i, x=1;
5    for(i=1;i<=20;i++)                    /*第 5 行～第 10 行是一条 for 语句*/
6    {
7      if  (x>=10) break;                  /*条件成立执行 break 结束循环，转去执行第 11 行*/
8      if  (x % 2==1) {x+=5;continue;}     /*执行 continue 时转去执行第 5 行的 i++*/
```

```
        x-=3;
    }
    printf("i= %d, x=%d\n", i, x);        /*位于for语句的下一条语句*/
    return 0;
}
```

运行结果：

```
i= 6, x=10
```

6.5 经典算法

6.5.1 迭代算法

迭代算法是数值分析中一种不断用变量的旧值递推新值的过程。迭代算法又分为精确迭代和近似迭代，二分法和牛顿迭代法属于近似迭代法。迭代算法是用计算机解决问题的一种基本方法，它利用计算机运算速度快、适合做重复性操作的特点，让计算机对一组语句（或一定步骤）进行重复执行，在每次执行这组语句（或这些步骤）时，都从变量的原值推出它的一个新值。

迭代算法有如下三要素。

（1）迭代变量

利用迭代算法解决的问题，首先要确定迭代变量，利用这个变量可以直接或间接地由旧值不断递推出新值的变量。

（2）迭代关系式

迭代关系式指如何从迭代变量的前一个值推出其下一个值的公式（或关系）。迭代关系式的建立是解决迭代问题的关键，通常可以用顺推或倒推的方法来完成。

（3）结束条件

迭代计算过程不能无休止地重复执行下去，因此，迭代算法必须给出结束条件。

【例 6-8】某人摘下一些桃子，卖掉一半又吃了一个；第二天卖掉剩下的一半，又吃了一个；第三天、第四天、第五天都如此办理；第六天一看，发现就剩下 1 个桃子了。编写一个程序，求此人共摘了多少个桃子。

问题分析：

从第六天仅剩下 1 个桃子向前推理，则

第五天剩下的桃子数为：（第六天的桃子+1）×2。

第四天剩下的桃子数为：（第五天的桃子+1）×2。

第三天剩下的桃子数为：（第四天的桃子+1）×2。

依此类推，第一天剩下的桃子数为：（第二天的桃子+1）×2。

从上述分析可以知道，本题可以采用倒推迭代算法，分析本题中迭代算法的三要素。

（1）迭代变量：桃子的数量 m 是本题的迭代变量。

（2）迭代关系：从上述分析中可以知道迭代关系为 m=(m+1)*2。

（3）结束条件：从题意可知，只要迭代 5 次就可以倒推第一天的桃子数量。

程序参考代码如下：

```
#include <stdio.h>
```

```
int main()
{
    int m=1,i;
    for(i=1;i<=5;i++)
        m=(m+1)*2;
    printf("桃子总数为：%d\n",m);
    return 0;
}
```

6-7

运行结果：

桃子总数为：94

【例 6-9】用下面公式求π的近似值程序 N-S 图如图 6-11 所示。

$$\pi/4 \approx 1-\frac{1}{3}+\frac{1}{5}-\frac{1}{7}+\cdots$$

直到最后一项的绝对值小于 10^{-6} 为止。

问题分析：

根据公式找数学规律，通项式的分子为 1，分母是 1，3，5，……的奇数数列；通项式的符号是有规律的一正一负，因而前后两项要进行符号转换。

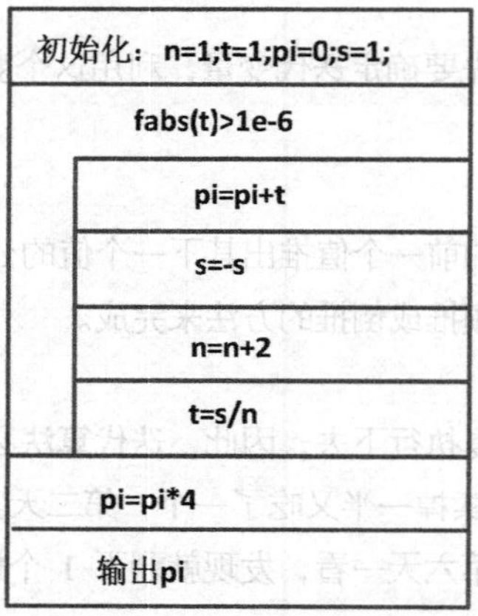
初始化：n=1;t=1;pi=0;s=1;
fabs(t)>1e-6
pi=pi+t
s=-s
n=n+2
t=s/n
pi=pi*4
输出pi

图6-11 【例6-9】程序N-S图

程序参考代码：

```
#include <stdio.h>
#include <math.h>
int main()
{
    double n=1,t=1,pi=0;
    int s=1;
    while(fabs(t)>1e-6)          /* fabs()求绝对值函数*/
    {
        pi=pi+t;
        s=-s;                    /*实现符号的一正一负的转换*/
        n=n+2;
        t=s/n;
    }
    pi=pi*4;
```

```
    printf("PI=%lf\n",pi);
    return 0;
}
```

程序说明：

（1）不要把 n 定义成整型变量，否则执行 t=s/n 时，t 的值为 0（两个整数相除结果取整）。

（2）在 while 中的条件应写成 fabs(t)>1e−6，这是因为题意要求一直累加通项，直到通项的绝对值小于 10^{-6} 为止，也就是说当 t 的值大于 10^{-6} 时必须继续累加求和。这点初学者很容易写成小于 10^{-6}。

【例 6-10】用牛顿迭代法求方程 $f(x)=5x^3+3x^2-7x+11$ 在 $x=1$ 附近的根。

牛顿迭代公式：$x_{n+1}=x_n-\frac{f(x_n)}{f'(x_n)}$　$(n=0,1,2,\ldots)$　$f'(x_n)$ 是 $|x_1-x_0|\leqslant\varepsilon$ 的导数。

问题分析：

牛顿迭代法又称牛顿切线法，是常见的一种迭代算法。它采用以下的方法求根：先设定一个初值 x_0 作为第一次近似根，由 x_0 求出 $f(x_0)$，过（x_0，$f(x_0)$）点做 $f(x)$ 的切线，交 x 轴于 x_1，若 $|x_1-x_0|\leqslant\varepsilon$，则 x_1 为方程所求得的近似值，迭代结束；反之，把 x_1 作为第二次近似根，再由 x_1 求出 $f(x_1)$，再过（x_1，$f(x_1)$）点做 $f(x)$ 的切线，交 x 轴于 x_2，……，经过若干次迭代后，直到足够接近真正的 x*为止，数学表述如图 6-12 所示，程序流程图如图 6-13 所示。

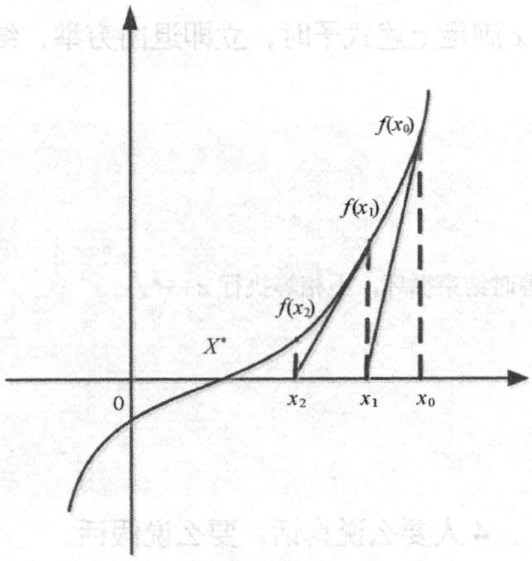

图6−12　牛顿切线迭代法

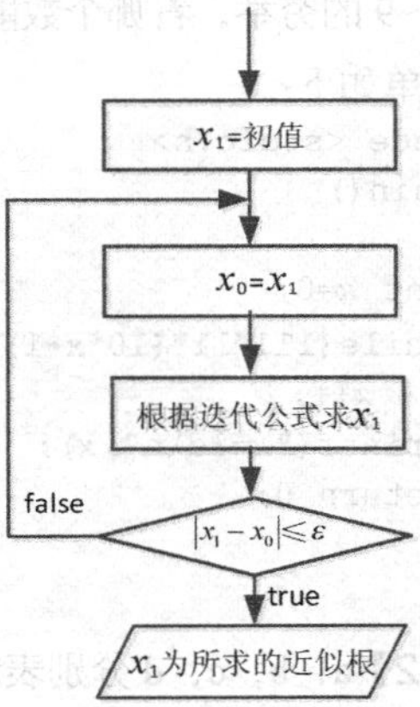

图6−13　牛顿切线迭代法流程图

程序参考代码：

```
#include <stdio.h>
#include <math.h>
int main()
    {
     float x1,x0,f,f1;
     x1=1;
     do
     {
          x0=x1;
          f=5*x0*x0*x0+3*x0*x0-7*x0+11;
          f1=15*x0*x0+6*x0-7;                    /* f(x0)的导数*/
          x1=x0-f/f1;
```

6-8

```
    }while(fabs(x1-x0)>1e-5);
    printf("x1=%f\n",x1);
    return 0;
}
```

运行结果：

```
x1=-1.922978
```

6.5.2 穷举法

穷举法的基本思想是根据题目条件确定答案范围，并在此范围内对所有可能的情况逐一验证，直到全部情况验证完毕。若某个情况验证符合题目的全部条件，则为本问题的一个解；若全部情况验证后都不符合题目的全部条件，则本题无解。穷举法也称为枚举法。

【例 6-11】 数字游戏：有 12 个 1 分别站在等号两边，成为“111111=111111”，现在往等式右边的 1 中间插入两个乘号，并空出一个位置，成为：

111111=111×11×□1

编写一个程序，求空出的位置上应添加什么数字。

问题分析：

设应添加的数字为 x，使 111111=111*11*（10*x+1）成立。从等式可以分析出 x 的取值只能是 0～9，对 x 进行 0～9 的穷举，看哪个数能使等式成立。当 x 满足上述式子时，立即退出穷举，结束循环。

程序清单如下：

```
#include <stdio.h>
int main()
{
    int x=0;
    while(111*11*(10*x+1)!=111111)   /*相等时结束循环，不相等执行 x++*/
        x++;
    printf("x=%d\n",x);
    return 0;
}
```

【例 6-12】 a，b，c，d 分别表示甲、乙、丙、丁。4 人要么说真话，要么说假话。

甲说：乙没偷且丁偷的，或乙偷了且丁没偷

乙说：乙没偷且丙偷的，或乙偷了且丙没偷

丙说：甲没偷且乙偷的，或甲偷了且乙没偷

丁说：丁没偷，或丁偷了。

这 4 人中只有一个人是小偷。

请编程判断谁是小偷。

问题分析：

用整型变量 a、b、c、d 分别表示甲、乙、丙、丁 4 个人，并设 a、b、c、d 等于 1 时表示是小偷。则甲、乙、丙、丁 4 个人说的话用逻辑表达式表示分别为：

甲的话：(b==0&&d==1)||(b==1&&d==0) 或者 ((!b&&d)||(b&&!d))==1

乙的话：(b==0&&c==1)||(b==1&&c==0) 或者 ((!b&&c)||(c&&!d))==1

丙的话：(a==0&&b==1)||(a==1&&b==0) 或者 ((!a&&b)||(a&&!b))==1

丁的话：(d==0||d==1)　或者 (!d||d==1)　(无论丁是否说真话，该表达式一定为真)

这4人中只有一个人是小偷：(a+b+c+d==1)。

由于a、b、c、d四个人都有可能是小偷，也有可能不是小偷，因此，要将每个人的每种情况都进行遍历一次，哪种情况同时满足上述5个逻辑表达式，就可以判断出谁是小偷，因此，该程序需要用穷举法。

程序参考代码：

```
/*判断谁是小偷*/
#include <stdio.h>
int main()
{
   int a,b,c,d;
   for(a=0;a<=1;a++)
    for(b=0;b<=1;b++)
      for(c=0;c<=1;c++)
        for(d=0;d<=1;d++)
           if((a+b+c+d==1)&&((c==0&&d==1)||(b==1&&d==0))&&((b==0&&c==1)
           ||(b==1&&c==0))&&((a==0&&b==1)||(a==1&&b==0)))
              if(a==1) printf("甲是小偷\n");
                else  if(b==1) printf("乙是小偷\n");
                       else if(c==1) printf("丙是小偷\n");
                              else if(d==1) printf("丁是小偷\n");
          return 0;
}
```

6-9

运行结果：

乙是小偷

【例6-13】在a、b、c、d、e、f六件物品中，按下面的条件判断能选出的物品。

① a、b两样至少有一样

② a、d不能同时取

③ a、e、f中必须有2样

④ b、c要么都选，要么都不选

⑤ c、d两样中选一样

⑥ 若d不选，则e也不选

问题分析：

设物品被选中用1表示，未选中用0表示。则可用表6-1描述：

表6-1　各子问题的描述

描述	逻辑表达式	关系表达式
a、b两样至少有一样	a||b	a+b>=1
a、d不能同时取	!(a&&d)	a+d<=1
a、e、f中必须有2样	(a&&e)||(a&&f)||(e&&f)	a+e+f>=2

续表

描述	逻辑表达式	关系表达式
b、c 要么都选，要么都不选	(b&&c)||(!b&&!c)	b==c
c、d 两样中选一样	(c&&!d)||(!c&&d)	c+d==1
若 d 不选，则 e 也不选	d||!e	d+!e>=1

如果同时满足上述 6 个条件的逻辑表达式成立，则 a、b、c、d、e、f 的值为 1 者为选出的物品。

根据表 6-1 的分析，同时符合条件的逻辑表达式为：

(a||b)&&!(a&&d)&&(a+e+f>=2)&&(b==c)&&(c+d==1)&&(d||!e)

算法实现：为了确定物品是否选中，需要对 a～f 六个变量进行穷举，判断其值取 0 或 1 时是否满足上述逻辑表达式，如果满足，则 a、b、c、d、e、f 的值输出，问题得以解决。

程序参考代码：

```
#include <stdio.h>
int main()
{
  int a,b,c,d,e,f;              /*表示 6 件物品*/
  for( a=0;a<=1;a++)            /*1 表示该件物品取到，0 表示没取到，穷举这两种情况*/
    for( b=0;b<=1;b++)
      for( c=0;c<=1;c++)
        for( d=0;d<=1;d++)
          for( e=0;e<=1;e++)
            for( f=0;f<=1;f++)
              if((a||b)&&!(a&&d)&&(a+e+f>=2)&&(b==c)&&(c+d==1)&&(d||!e))
                         printf("a=%d,b=%d,c=%d,d=%d,e=%d,f=%d\n",a,b,c,d,e,f);
   return 0;
}
```

运行结果：

```
a=1,b=1,c=1,d=0,e=0,f=1
```

【例 6-14】编写程序，在屏幕上输出阶梯形式的九九乘法口诀表。

问题分析：

乘法口诀表由 9 行 9 列表示。如果用变量 i 表示行号，则 i 的取值范围为 1～9；用 j 表示列数，题目要求输出阶梯形式的九九乘法表，则第 i 行有 i 列式子，因而 j 的取值范围为 1～i。其 N-S 流程图如图 6-14 所示。

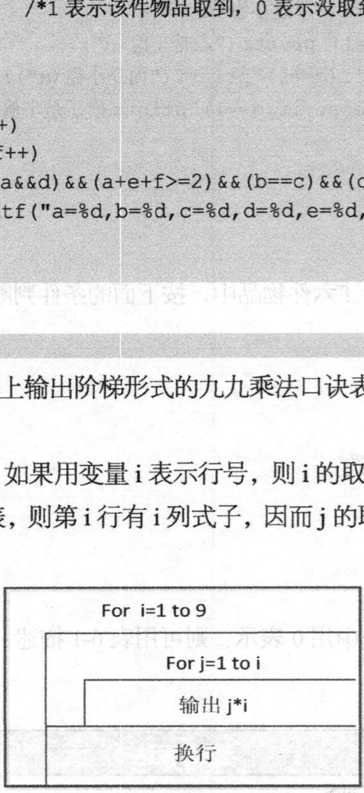

图6-14 九九乘法表N-S流程图

程序参考代码：

```
#include <stdio.h>
```

```
2  int main()
3  {
4   int i,j;
5   for(i=1;i<=9;i++)
6   {
7    for(j=1;j<=i;j++)
8        printf("%d*%d=%d\t",j,i,i*j);
9    printf("\n");
10  }
11  return 0;
12  }
```

运行结果:

```
1*1=1
1*2=2   2*2=4
1*3=3   2*3=6   3*3=9
1*4=4   2*4=8   3*4=12  4*4=16
1*5=5   2*5=10  3*5=15  4*5=20  5*5=25
1*6=6   2*6=12  3*6=18  4*6=24  5*6=30  6*6=36
1*7=7   2*7=14  3*7=21  4*7=28  5*7=35  6*7=42  7*7=49
1*8=8   2*8=16  3*8=24  4*8=32  5*8=40  6*8=48  7*8=56  8*8=64
1*9=9   2*9=18  3*9=27  4*9=36  5*9=45  6*9=54  7*9=63  8*9=72  9*9=81
```

程序阅读：本例用双层循环来完成九九乘法表的输出。第 5～10 行构成一个外循环，第 7～9 行是它的循环体语句，而第 7 行和第 8 行是一个循环语句，称为内循环，因此，两个控制循环的循环变量不能同名，否则就搅乱了控制循环的顺序。程序执行时，外循环执行一次，内循环必须从起始值运行到终止值，内循环结束后，外循环才能进入下一次循环。

6.5.3 擂台算法

【例 6-15】从键盘任意输入一组数，当输入的数为 0 时，结束输入，求该组数中最大的数。

问题分析：

先设两个变量 m 和 max，m 表示输入的数，max 表示最大的数。将第一个数 m 作为 max 的初值，然后将每次输入的数 m 与 max 进行比较，若 m 大于 max，将 m 赋值给 max，使得 max 取得更大的数，直至输入的数 m 为 0 结束。

程序参考代码:

```
#include <stdio.h>
int main()
{
      int m,max;
      scanf("%d",&m);
      max=m;                     /*先设第一个数为最大数*/
      while (m!=0)               /*判断 m 是否为 0，不为 0 则执行循环体语句*/
      {   scanf("%d",&m);
           if(max<m)  max=m;  /*将每次比较出来的较大的数赋值给 max*/
      }
      printf("最大数是%d\n",max);
      return 0;
}
```

6.5.4 数位拆解

【例 6-16】编写一个程序，输入一个正整数，输出它的倒序数。如输入 2735，输出 5372。

问题分析：

输出一个整数的倒序数，可以先把这个整数拆解为个位、十位、百位、……然后按拆解顺序输出。数位拆解利用 3.5.1 节介绍的方法：要拆分 m 的第 i 位，m 先除以 10^i 再跟 10 进行模运算。采用循环结构实现时，可以重复执行 m=m/10，达到“**m 除以 10^i**”的效果。

算法步骤为：

（1）输入正整数 m；

（2）当 m!=0 时，求 m%10 分离出低位数字并输出；

（3）求 m=m/10，取得新的 m 值；

（4）重复步骤（2）、（3），直到 m=0 结束。

程序参考代码：

```
#include <stdio.h>
int main()
{
    int m;
    scanf("%d",&m);
    while(m!=0)
    {
        printf("%d",m%10);
        m=m/10;
    }
    return 0;
}
```

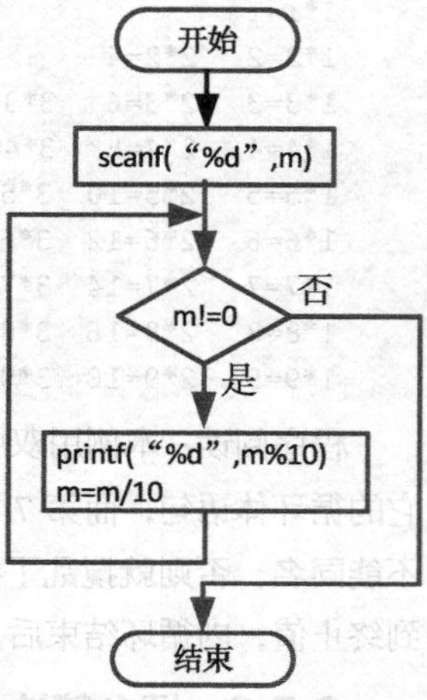

图6-15　例6-16程序流程图

6.5.5 反证算法

【例 6-17】根据素数的定义，判断整数 m 是否为素数。

素数的定义：素数又叫质数，就是只能被 1 和自己整除的数。换句话说，不能被除 1 和自己以外的任何一个数整除的数，称为素数。

1. 问题分析

如果 m 能被 2～m-1 之中任何一个整数整除，则 m 为非素数；如果 m 不能被 2～m-1 之间的任一整数整除，则 m 是素数。

（1）输入的已知条件：给定一个整数 m；

（2）希望输出的结果：m 是否为素数；

（3）采用的算法：使用反证法判断 m 是否为素数。

反证法推断 m 是否为素数的基本思想：

假设 m 是素数，在 2～m-1 之间试图寻找一个反例，即在 2～m-1 之间如果能够找到一个 i，m 能被 i 整除，依据素数定义，就可以否定原来的假设，即 m 不是素数；如果在 2～m-1 之间寻找不到反例，则原来的假设正确，即 m 是素数。

2. 算法设计

图 6-16 所示为判断 m 是否为素数的 N-S 图。

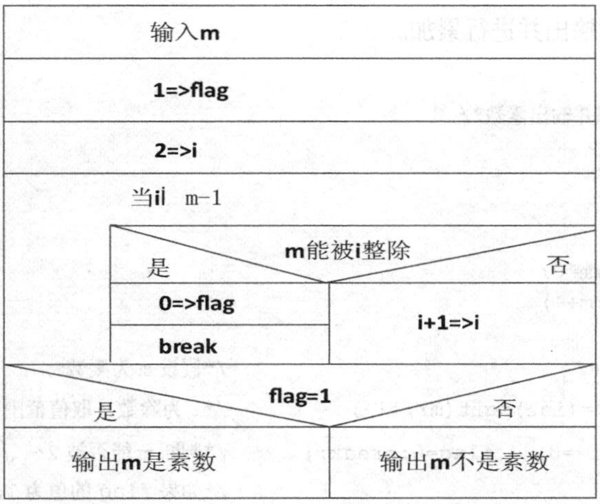

6-10

图6-16 判断m是否为素数的N-S图

3. 算法实现

```
#include <stdio.h>
#include <math.h>                                   /*程序中用到平方根函数*/
int main()
{
     int m,i,k;
     scanf("%d",&m);                                /*输入m的值*/
     int flag=1;                                    /*假设m为素数时，flag=1*/
     for(i=2;i<=m-1; i++)                           /*在2~m-1之间寻找反例*/
         if(m%i==0)
         {
             flag=0;                                /*如果m能被i整除，置flag=0，退出循环*/
             break;                                 /*上句已证实m不是素数，所以用break跳出循环* /
         }
      if (flag)  printf("%d是素数\n",m);            /*根据flag是否为1输出m是否为素数*/
      else   printf("%d不是素数\n",m);
     return 0;
}
```

可以考虑将判断范围进一步缩小。

（1）假设 m 可以分解成两个因子，则有 m=i*j。假设 i≤j，则有 $i^2 \le m \le j^2$，得到 $i \le \sqrt{m} \le j$，因此，i 的取值范围可以确定为 2～$\sqrt{m}$。

（2）如果 m 能被 2～$\sqrt{m}$ 中的任一整数整除，则可判断 m 是非素数；如果 m 不能被 2～$\sqrt{m}$ 中的任一整数整除，则说明 m 是素数。

（3）所以，程序中的 m-1 可以替换为 $\sqrt{m}$。

【例 6-18】输出 200 以内的全部素数，并求这些素数的和。

问题分析：

（1）m 的取值范围为 2～200；

（2）根据【例 6-17】已知 m 是否是素数的算法；

（3）将判断出的素数输出并进行累加。

程序参考代码：

```
/*求200以内素数的和并输出素数*/
#include <stdio.h>
#include <math.h>
int main()
{
   int m,i,flag,sum=0;
   for(m=2;m<=200;m++)
      {
        flag=1;                                 /*假设m为素数*/
        for(i=2;i<=(int)sqrt(m);i++)            /*i为除数，取值范围2～√m */
            if(m%i==0) { flag=0;break;}         /*判断m能否被2～√m 中的数整除*/
        if (flag)                               /*如果flag的值为1，说明m是素数*/
          {printf("%5d",m); sum=sum+m;}         /*输出素数并求和*/
      }
     printf("\nsum=%d\n",sum);
     return 0;
}
```

6.6 小结

循环结构程序设计是程序设计中重要的内容，同时也是学习中的一个难点，读者需要认真学习和正确理解循环结构的语义和执行流程，才能正确地应用它编程。

（1）本章详细介绍了 for、while、do…while 三个循环语句的语法，并通过流程图的形式帮助读者理解循环语句的执行，最后通过大量的例题说明这三种循环语句的应用。这三种循环语句都是通过对表达式条件的判断来决定是否执行循环体语句，当表达式的值为非0（即条件成立），执行循环体语句，否则，立即结束循环。

（2）如果希望在执行循环的中途控制流程的转向，可以用跳转语句 break 和 continue 来实现。break 语句最典型的应用是当循环条件为永真时，循环体内必须有一个能结束循环的条件且内含 break 语句，否则就构成一个死循环。如：

```
while ( 1 )        /*条件为永真（无法通过其它语句改变这个条件）*/
{
    …
    if ( )
        break ;    /*当if后的条件为真时跳出当层循环*/
    …
}
```

（3）从本章起读者会发现编程的难度在加大，程序变得更加复杂，然而编程的魅力你是否也同时感受到了呢？应用循环，你解决问题的能力也在提高。

（4）本章的难点在于对循环嵌套的理解，其实，只要正确理解每个循环语句的语法和语义，紧扣循环语句的执行过程，读者就能够较好地掌握循环结构的应用。

习 题

一、选择题

（1）设有程序段int k=10; while (k=0) k=k-1；则下面描述中正确的是（   ）。

A. while循环执行10次　　B. 循环是无限循环

C. 循环体语句一次也不执行　　D. 循环体语句执行一次

（2）下面有关for循环的正确描述是（   ）。

A. for循环只能用于循环次数已经确定的情况。

B. for循环是先执行循环体语句，后判断表达式。

C. 在for循环中，不能用break语句跳出循环体。

D. for循环的循环体语句中，可以包含多条语句，但必须用花括号括起来。

（3）对for(表达式1;；表达式3)可理解为（   ）。

A. for(表达式1；0；表达式3)　　B. for(表达式1；1；表达式3)

C. for(表达式1；表达式1；表达式3)　　D. for(表达式1；表达式3；表达式3)

（4）C语言中while和do-while循环的主要区别是（   ）。

A. do-while的循环体至少无条件执行一次

B. while的循环控制条件比do-while的循环控制条件严格

C. do-while允许从外部转到循环体内

D. do-while的循环体不能是复合语句

（5）若i为整型变量，则以下循环执行的次数是（   ）。

for(i=2;i=0 ;) printf("%d",i--);

A. 无限次　　B. 0次　　C. 1次　　D. 2次

（6）以下程序段（   ）。

x=-1;　do{x=x*x;}　while(!x);

A. 是死循环　　B. 循环执行二次　　C. 循环执行一次　　D. 有语法错误

（7）若有以下语句:

int x=3;　do{printf("%d\n",x-=2);} while(!(--x));

则上面程序段（   ）。

A. 输出的是2　　B. 输出的是1和-2　　C. 输出的是3和0　　D. 死循环

（8）设有程序段t=0;while(printf("*")){t++; if(t<3) break;}，下面描述正确的是（   ）。

A. 其中循环控制表达式与0等价　　B. 其中循环控制表达式与'0'等价

C. 其中循环表达式是不合法的　　D. 以上说法都不对

（9）下面程序段的运行结果是（   ）。

int n=0; while (n++<=2); printf("%d",n);

A. 2　　B. 3　　C. 4　　D. 有语法错误

(10) 下面程序段的执行结果是（　　）。

a=1;b=2;c=2;while(a<b<c) {t=a;a=b;b=t;c--;} printf("%d,%d,%d",a,b,c);

A. 1，2，0　　B. 2，1，0　　C. 1，2，1　　D. 2，1，1

（11）下面程序的功能是从键盘输入一串字符，统计其中大写字母和小写字母个数，并输出m和n中的最大数，请选择填空。

```
#include <stdio.h>
int main( )
{ int m=0,n=0;
  char c;
while((____①____)!='\n')
{
     if (c>='A' && c<='Z') m++;
     if (c>='a' && c<='z') n++;
}
printf("%d\n",m<n?____②____);
return 0;
}
```

① A. c==getchar()　　B. getchar()　　C. c=getchar()　　D. scanf("%c",c)

② A. n:m　　B. m:n　　C. m:m　　D. n:n

（12）若运行以下程序时，从键盘输入2473<CR>,则下面程序的运行结果是（　　）。

```
#include <stdio.h>
int main( )
{
     int c;
     while((c=getchar())!='\n')
          switch(c-'2')
          {
          case 0:
          case 1:
               putchar(c+4);
          case 2:
               putchar(c+4);
               break;
          case 3:
               putchar(c+3);
          case 4:
               putchar(c+2);
               break;
          }
     printf("\n");
     return 0;
}
```

A. 66877　　B. 668966　　C. 66778777　　D. 6688766

（13）下面程序是从键盘输入学号，然后输出学号中十位数字是3的学号，输入0时结束循环，请选择填空。

```
#include <stdio.h>
int main()
{
```

```
    int num;
    scanf("%d",&num);
    do
    {
     if(____①____)
     printf("%d\n",num);
     scanf("%ld",&num);
     }while(____②____);
     return 0;
}
```

① A. num%100/10==3　B. num/100%10==3　C. num%10/10==3　D. num/10%10==3

② A. !num　B. num==0　C. !num!=0　D. num

（14）下面程序的运行结果是（ ① ），y的值是（ ② ），请选择填空。

```
#include <stdio.h>
int main()
{
   int y=10;
   do
    {
          y--;
    }
   while(--y);
   printf("%d\n",y--);
   return 0;
}
```

① A. 0　B. 1　C. 8　D. -8

② A. -1　B. 0　C. 8　D. -8

（15）下面程序段的运行结果是（ ）。

```
int x;
for(x=3;x<6;x++)  printf((x%2) ? ("**%d"):("##%d"),x);
```

A. **3　B. ##4　C. **5　D. **3##4**5

二、程序阅读题

（1）请阅读以下程序，输入：AppleIsRED<CR>，该程序运行结果是（ ）。

```
#include<stdio.h>
int main()
{
      char c;
      int v0=0,v1=0,v2=0;
      do
      {
            switch(c=getchar())
            {
            case'a': case'A': case'e': case'E':
            case'i': case'I': case'o': case'O':
            case'u': case'U': v1+=1;
            default:
                  v0+=1;  v2+=1;
```

```
            }
        }while(c!='\n');
        printf("%d,%d,%d",v0,v1,v2);
        return 0;
    }
```

（2）请阅读以下程序，该程序运行结果是（　　）。

```
#include<stdio.h>
int main()
{
    int a;
    for(a=1; a<=5; a++)
    switch(a%5)
      {
       case 0:printf("*");break;
       case 1:printf("#");break;
       default:printf("\n");
       case 2:printf("&");
      }
    return 0;
  }
```

（3）请阅读以下程序，该程序运行结果是（　　）。

```
#include<stdio.h>
int main()
{
    int i,b,k=0;
    for(i=1; i<=5; i++)
    {
        b=i%2;
        while(b-->=0) k++;
    }
    printf("%d,%d",k,b);
    return 0;
}
```

（4）执行下面程序段后，a,b的值为（　　）。

```
#include<stdio.h>
int main()
{
    int a,b;
    for(b=1,a=1; b<=20; b++)
    {
        if(a>=10) break;
        if (a%2==1)
        {
            a+=5;
            continue;
        }
        a-=3;
    }
  printf("a=%d,b=%d\n",a,b);
  return 0;
}
```

（5）请阅读以下程序，该程序运行结果是（　　）。

```
#include <stdio.h>
int main()
{
     int i,j,a[3][4]= {1,4,7,21,34,2,3,54,9,21,12,23};
     for(i=0; i<3; i++)
          for(j=0; j<4; j++)
               if (a[0][0]<a[i][j])
                    a[0][0]=a[i][j];
     printf("%d",a[0][0]);
     return 0;
}
```

（6）请阅读以下程序，该程序运行结果是（　　）。

```
#include <stdio.h>
int main()
{
   int i,j;
   for(i=1;i<=5;i++)
    {for(j=5;j>=i;j--)
        printf(" ");
     for(j=1;j<=2*i-1;j++)
        printf("*");
     printf("\n");
   }
   return 0;
}
```

实验六 循环结构程序设计

一、实验目的

1. 掌握while、do-while和for三种循环语句的格式和执行过程。
2. 掌握循环结构程序的设计，能正确用循环语句编写程序。
3. 掌握循环嵌套的规则及多重循环控制程序的执行过程。
4. 掌握跳转语句break和continue语句的正确应用。

二、实验内容

1. 累加和算法问题编程

（1）求10，20，30，40，……，100的累加和。

（2）输入n个数，求它们的平均值。

（3）求下列表达式的值：

$$1+\frac{1}{3}+\frac{1}{5}+\frac{1}{7}+\ldots+\frac{1}{99}$$

（4）求下列表达式的值：

$$\frac{1}{2}-\frac{1}{4}+\frac{1}{6}-\frac{1}{8}+\cdots-\frac{1}{100}$$

（5）任意输入n个整数，对这n个整数中的所有奇数求和并输出结果。

（6）求1！+2！+…+10!的和。

2. 图形输出类问题编程

（1）请阅读下列程序，并上机验证阅读分析的结果。

```
#include <stdio.h>
int main()
{
      int i;
      printf("    ");
      for(i=1 ;i<=10;i++)
          printf("*");
      return 0;
}
```

（2）编程完成下列图案的输出。

```
            *
         *  *  *
      *  *  *  *  *
   *  *  *  *  *  *  *
```

（3）编程完成下列九九乘法表的输出。

```
1*1=1
2*1=2  2*2=4
3*1=3  3*2=6  3*3=9
4*1=4  4*2=8  4*3=12 4*4=16
5*1=5  5*2=10 5*3=15 5*4=20 5*5=25
6*1=6  6*2=12 6*3=18 6*4=24 6*5=30 6*6=36
7*1=7  7*2=14 7*3=21 7*4=28 7*5=35 7*6=42 7*7=49
8*1=8  8*2=16 8*3=24 8*4=32 8*5=40 8*6=48 8*7=56 8*8=64
9*1=9  9*2=18 9*3=27 9*4=36 9*5=45 9*6=54 9*7=63 9*8=72 9*9=81
```

3. 程序阅读题

（1）请阅读下列程序，并上机验证阅读分析的结果。

```
#include <stdio.h>
int main()
{
   int x=-1,n=0;
   do
   {
     x=x*x;
     n++;
   }while (!x);
   printf("n=%d\n",n);
  return 0;
}
```

（2）请阅读下列程序，并上机验证阅读分析的结果。

```
#include <stdio.h>
int main()
{
  int y=10;
  for(; y>0;y--)
     if(y%3==0)
     {
         printf("%d",--y);
         continue;
     }
  return 0;
}
```

（3）请阅读下列程序，并上机验证阅读分析的结果。

```
#include <stdio.h>
int main()
{   char c1,c2;
    for( c1='0',c2='9';c1<c2;c1++,c2--)
           printf("%c,%c\n",c1,c2);
    return 0;
}
```

（4）请阅读下列程序，并上机验证阅读分析的结果。

```
#include <stdio.h>
int main()
{
 int a,b;
 for(b=1,a=1;b<=20;b++)
 {
   if(a>=10) break;
   if(a%2==1)
     { a+=5; continue;}
   a-=3;
   }
   printf("a=%d\n",a);
   return 0;
}
```

（5）请阅读下列程序，完成程序中的填空。

```
 /*求 s=1+12+123+1234+12345*/
 #include <stdio.h>
int main()
{
    int t=0,s=0,i;
    for(i=1;i<=5;i++)
    {
        t=_____①_____;
        s=_____②_____;
    }
    printf("s=%d\n",s);
    return 0;
}
```

（6）请阅读下列程序，分析该程序实现的功能是（　　）。

```
#include <stdio.h>
```

```
int main()
{    int n,x,i;
     double y=1;
     scanf("%d%d",&x,&n);
     for(i=1;i<=n;i++)
          y=y*x;
     printf("y=%lf\n",y);
     return 0;
}
```

4. 复杂问题编程题

（1）键盘输入一行字符串，以回车键作为结束，分别统计出大写字母、小写字母、空格、数字和其它字符的个数。

（2）求100～200之间的所有素数的和，并输出这些素数。

提示：该题需要用到双重循环，外层循环控制数从100变到200；内层循环判断当前的数是否是素数。为提高程序效率，可以先排除偶数，因为偶数不是素数，所以，外层循环可以从101开始，步长为2，变化到199；判断素数，只需用当前数（设为n）除以从2到$\sqrt{n}$范围内的每一个数，若能被其中一个数整除，则n不是素数，否则为素数。

（3）输出所有的水仙花数。水仙花数是指一个3位数，各位数字的立方和等于该数本身，例如$153=1^3+5^3+3^3$。

（4）请编程输出200以内能被3整除且个位数为6的所有整数。

（5）有一分数序列：

$$\frac{2}{1},\frac{3}{2},\frac{5}{3},\frac{8}{5},\frac{13}{8},\frac{21}{13},\cdots$$

求出这个数列的前20项之和。

提示：后一项的分母是前一项的分子，后一项的分子是前一项的分子与分母的和。

（6）求S_n=a+aa+aaa+…+aa…a的值，其中a是一个数字，如2+22+222+2222+22222（此时a=2，n=5），a和n均由键盘输入。

（7）输入x，计算级数：

$$1+x-\frac{x^2}{2!}+\frac{x^3}{3!}-\frac{x^4}{4!}+\cdots$$

要求输出精度为10^{-8}。

（8）用一张10元的纸币兑换1角、5角和1元的硬币，要求兑换硬币的总数为20枚且每种硬币至少要有1枚，问共有多少种换法？每种换法中各硬币分别是多少枚？

（9）一辆卡车违反交通规则撞人后逃逸。现场有3人目击事件但都没有记住车牌，只记住车牌的一些特征。甲说：牌照的前两位数字是相同的；乙说：牌照的后两位数字是相同的，但与前两位不同；丙是数学家，他说：4位车号刚好是一个整数的平方。请根据以上线索求出车号。

（10）判断获奖人员

A、B、C、D、E、F共6人参加竞赛。已知A和B中至少一人获奖；A、C、D中至少二人获奖；A和E中至多一人获奖；B和F或者同时获奖，或者都未获奖；C和E的获奖情况也相同；如果E未获奖，则F也不可能获奖；并且C、D、E、F中至多3人获奖。问哪些人获了奖？

问题分析：设变量a、b、c、d、e、f分别表示参赛的6个人，获奖用1表示，未获奖用0表示，则a～f六个变量的取值只能是0或1。为了表述方便，用表6-2来描述。

表 6–2 算法描述

描述	逻辑表达式	关系表达式
A 和 B 中至少一人获奖	a||b	a+b>=1
A、C、D 中至少二人获奖	(a&&c)||(a&&d) ||(c&&d)	a+c+d>=2
A 和 E 中至多一人获奖	!(a&&e)或!a||!e	a+e<=1
B 和 F 或者同时获奖，或者都未获奖	(b&&f)||(!b&&!f)	b= =f
C 和 E 或者同时获奖，或者都未获奖	(c&&e)||(!c&&!e)	c= =e
如果 E 未获奖，则 F 也不可能获奖	e||!f	
C、D、E、F 中至多 3 人获奖	！(c&&d&&e&&f)	c+d+e+f<=3

如果同时满足上述7个条件的逻辑表达式或关系表达式成立，则a,b,c,d,e,f的值为1者为获奖人员。根据表6-2的分析，同时符合条件的逻辑表达式可以写成：

```
(a||b)&&( a+c+d>=2)&&( a+e<=1)&&( b= =f)&&( c= =e)&&( e||!f)&&( c+d+e+f<=3)
```

程序采用穷举法对a～f六个变量进行穷举，判断其取值0或1时是否满足上述逻辑表达式。如果满足，则问题得以解决。请编程实现。

答案：获奖人员为：a=1,b=0,c=0,d=1,e=0,f=0

07 第7章 数组

亚瑟·叔本华（德语为 Arthur Schopenhauer，1788 年 2 月 22 日～1860 年 9 月 21 日，德国哲学家）说：单个的人是软弱无力的，就像漂流的鲁滨逊一样，只有同别人在一起，他才能完成许多事业。数组就是一种处理一批相同数据的新的数据表现形式，它在处理数据方面表现出强大的力量。这一章将进入构造类型数据的学习，其中，数组是最基本的构造类型数据。

假设，要统计 50 个学生的成绩，如果用基本数据类型的变量来存放，则需要定义 50 个变量 g1、g2、g3、g4…g50 来存放这 50 个学生的成绩。但如果是 500 个，5000 个学生呢？显然用基本类型变量来处理这类有关联性的数据不太合适。在 C 语言中，处理这种数据类型相同的一组数，可以考虑用数组，这将会使数据处理工作变得简单容易。

数组是具有相同数据类型变量的集合。在这个集合中，所有变量的数据类型都是相同的，且它们在内存中是按顺序连续存放的。数组中的每个变量称为数组元素（又称下标变量），它的作用等同于简单变量，引用它们时通过数组名和下标进行标识，如 g[0]、g[1]、g[2]分别表示 g 数组中的第 1 个、第 2 个、第 3 个元素。

数组在引用之前和单个变量一样，必须先定义后使用。只有对数组进行了定义，编译器才知道应分配多少的存储单元供数组使用。

7.1 一维数组

7.1.1 一维数组的定义

7-1

一维数组定义的一般格式：

```
类型说明符　数组名[数组长度];
```

例如：

```
int  a[10];
```

表示定义了一个名为 a 的数组，数组大小为 10。即 a 数组有 10 个元素，分别是 a[0]、a[1]、a[2]、a[3]、a[4]、a[5]、a[6]、a[7]、a[8]、a[9]。每个元素的数据类型为整型数据，编译时系统会在内存中分配 10 个连续的整型数据存储单元给 a 数组，见图 7-1 所示。

数组元素	a[0]	a[1]	a[2]	a[3]	a[4]	a[5]	a[6]	a[7]	a[8]	a[9]
元素值	5	2	8	1	4	6	10	3	7	9
地址	a	a+1	a+2	a+3	a+4	a+5	a+6	a+7	a+8	a+9

图7-1　数组在内存中的存储形式

格式说明：

（1）类型说明符表示数组元素的数据类型。

（2）数组名表示数组的首地址，数组名的命名规则必须遵循标识符的命名规则。

（3）数组长度表示该数组的大小。即数组元素的个数，它只能是“常量表达式”，可以是正整型常数，也可以是正整型表达式，甚至是符号常量和字符常量，但不能是变量。因为C语言不能对数组作动态分配。如：

```
    int b[6];           /*定义 b 数组，含有 6 个整型数据的元素*/
    float f[10];        /*定义 f 数组，含有 10 个单精度浮点型数据的元素*/
    char c[100];        /*定义 c 数组，含有 100 个字符*/
    int g['A'];         /*定义 g 数组，含有 65 个整型数据元素（字符'A'的 ASCII 值是 65）*/
    int s[N];           /*定义 s 数组，数组的大小用符号常量 N 表示（N 必须通过#define N 10 定义）。但如
果 N 是变量，则定义出错*/
```

（4）数组一经定义，数组元素就可以像简单变量一样使用，C 语言称之为引用。对数组元素的引用通过数组名和下标来表示，如a[1]、a[2]、a[3]表示a数组的三个元素。

（5）对于长度为n的数组，元素的下标+1就是数组元素在数组中的序号（或位置），其下标范围为0～n-1。系统默认下标变量的下标值是从0开始，最大下标值为n-1。下标值不在下标范围内称为下标越界。

（6）C 语言对数组的下标值不做越界检查。如果下标值越界，程序仍会运行，但有可能会出现意外情况。因此，下标越界检查由编程者自己完成。

7.1.2　一维数组元素的引用

对数组的使用不能整体输入和输出，只能对数组元素逐个引用。在图7-1中，a数组有10个元素，a[0]表示第1个元素，a[1]表示第2个元素，a[2]表示第3个元素…如果用i表示元素在a数组中的序号，则a[i]表示第i+1个元素。

【例7-1】 数组元素的引用。求任意10个数中的最大数。

问题分析：

（1）定义一个名为a的数组，从键盘输入10个数存入数组a中；

（2）定义一个变量max，用于存放数组中的最大数；

（3）从数组中任意取一个元素存入max中，通常取第一个元素a[0]，即max=a[0];

（4）i=1;

（5）将 max 与 a[i]进行比较。如果 max<a[i]，则说明该元素的值比 max 大，于是用 a[i]的值更新max的值，使max取得更大的值，即max=a[i];

（6）i=i+1;

（7）如果 i<10，转第 5 步，重复执行，否则执行第 8 步；

（8）输出 max。max 的值即为所求的最大数。

```
/* 程序参考清单：求 10 个数中的最大数*/
#include <stdio.h>
int main()
{
   int i,max,a[10];
   for(i=0;i<10;i++)
     scanf("%d",&a[i]);        /*完成 10 个元素的输入*/
   max=a[0];                   /*取第 1 个元素作为最大数*/
   for(i=1;i<10;i++)
       if (max<a[i])           /*将 a[i]与 max 比较，若更大，更新 max 的值*/
           max=a[i];
   printf("max=%d\n",max);
   return 0;
 }
```

7.1.3 一维数组的初始化

所谓的初始化，就是在定义数组时给数组元素赋初值。

对数组元素初始化有以下三种形式。

1. 对全部元素赋初值

例如：

```
int a[6]={ 2, 6, 8, 12, 4, 9};
```

将数组元素的初值放在一对花括号内，各数组元素的初值按顺序依次取得花括号内的数据。即其元素的值为：a[0]=2、a[1]=6、a[2]=8、a[3]=12、a[4]=4、a[5]=9。

C 语言规定，在给所有数组元素赋初值时，可以不指定数组的长度，其长度由花括号内数据的个数决定。如：int b[ ]={ 22, 16, 28, 12, 49}; 则 b 数组的长度为 5。

2. 对部分元素赋初值

例如：

```
int a[10]={ 2, 6, 8};
```

这表示定义的 a 数组有 10 个元素，但只给前三个元素进行了初始化，即 a[0]=2，a[1]=6，a[2]=8，后面的 a[3]～ a[9]的 7 个元素未赋初值，其值默认为 0。

C 语言规定，在定义数组时如果对部分元素进行赋初值，则未赋初值的元素其值默认为 0。

3. 未对任何元素赋初值

例如：

```
int a[6];
```

这表示定义的 a 数组有 6 个元素，但未给任一元素赋初值，则元素的初值为不确定的随机值。

建议读者对 2、3 两种情形上机实验进行验证，观察结果并理解原因。

7.1.4 一维数组应用举例

【例 7-2】 求 200 以内素数的和，并输出这批素数。

此题已在【例 6-17】和【例 6-18】详解过，这里利用数组来存储素数。

程序参考代码：

```
#include <stdio.h>
#include <math.h>
int main()
{
    int  i, flag, k, m, n=0, s=0, a[50] ;
    for (m=2;m<200;m++)                    /*m 取值为 2～200*/
    {
        flag=1;                            /*假设 m 是素数*/
        k= (int)sqrt(m);                   /*取 m 的平方根*/
        for ( i=2;  i<=k;  i++)            /* i 的取值范围为 2～√m */
          if ( m % i == 0 )                /*成立，说明 m 能被 i 整除*/
           { flag=0 ; break; }             /*修改 flag 的值，退出循环*/
        if  (flag)                         /*根据 flag 的值判断 m 是否是素数*/
        { s=s+m; a[n]=m; n++; }            /*如果 flag=1，对素数 m 求累加和，并存入数组 a 中*/
    }
    for ( i = 0; i < n;  i++ )             /*素数的个数为 n 个*/
      printf( "%5d",a[i] );                /*打印输出素数*/
    return 0;
}
```

【例 7-3】从键盘输入一串字符，统计并输出小写字母出现的次数。

问题分析：

要统计每个小写字母出现的次数，则必须为 26 个小写字母各设计一个计数器，每出现一次，加 1。由于小写字母仅有 26 个，且是随机出现的，因而考虑定义一个含有 26 个元素的数组来计数。如 int ch[26]; 用 ch[0]记录字母 a 出现的次数，ch[1] 记录字母 b 出现的次数……依次类推。

```
#include <stdio.h>
int main( )
{
    int  i, ch[26]= { 0 };                /*给 26 个记数器赋初值 0*/
    char c;
    while((c=getchar())!='\n')            /*(c=getchar())外括号不能省，保证先读字符后比较*/
    {if (c>='a'&&c<='z')                  /*判断字符是否为小写字母*/
       ch[c-'a']++;                       /*若是，对 26 个字母进行计数*/
    }
   for(i=0;i<26;i++)
      if (ch[i]!=0) printf("%3c:%d",i+'a',ch[i]);   /*输出对应字母出现的次数*/
    return 0;
}
```

7.2 二维数组

7.2.1 二维数组的定义

7-2

二维数组定义的一般格式：

类型说明符　数组名[第 1 维长度][第 2 维长度];

说明：

1. 第 1 维长度：表示二维数组第 1 维的大小，即二维数组的行数；
2. 第 2 维长度：表示二维数组第 2 维的大小，即二维数组的列数；
3. 第 1 维长度、第 2 维长度都必须是常量表达式。

例如：

```
int  a[3][4];
```

表示定义了一个整型数组 a，表示有 3 行 4 列，共 12 个整型元素。

```
float  b[4][5];
```

表示定义了一个单精度浮点型数组 b，表示有 4 行 5 列，共 20 个浮点型元素。

C 语言存储二维数组是按行存放的，即在内存中先顺序存放第一行的元素，再存放第二行的元素，依此类推。图 7-2 表示 a[3][4]数组在内存中的存放顺序。

a[0][0]	a[0][1]	a[0][2]	a[0][3]
a[1][0]	a[1][1]	a[1][2]	a[1][3]
a[2][0]	a[2][1]	a[2][2]	a[2][4]

图7-2　二维数组存储示意图

7-3

7.2.2　二维数组元素的引用

图 7-2 所示的就是对二维数组元素的引用，由于 C 语言规定数组的下标从 0 开始，因此，行下标和列下标都是从 0 开始。a[0][1]表示 a 数组中第 1 行第 2 个元素，a[1][1]表示 a 数组中第 2 行第 2 个元素。a[i][j]表示第 i+1 行第 j+1 列元素。

> **注意**
>
> 行下标和列下标都不能越界。

7.2.3　二维数组的初始化

二维数组的初始化有以下四种形式。

1. 按行完全初始化

```
int a[3][4]={ {1,2,3,4},{5,6,7,8},{9,10,11,12}};
```

在最外层的大括号里的每对大括号表示二维数组中的每一行数据，每行数据按顺序依次赋值给对应的元素。{1,2,3,4}表示 a 数组第一行的数据，{5,6,7,8}表示 a 数组第二行的数据，{9,10,11,12}表示 a 数组第三行的数据，每行数据相当于一维数组。

2. 按行部分初始化

```
int a[3][4]={{1,2},{7,8,5,6},{10}};
```

每对内大括号表示一行数据，根据一维数组初始化概念可知未赋值的元素默认为 0。因此，第一行{1,2}表示 a[0][0]的值为 1，a[0][1]的值为 2，a[0][2]和 a[0][3]的值为 0。其余行同理。

3. 给全部元素初始化

```
int a[3][4]={1,2,3,4,5,6,7,8,9,10 };
```

像这种没有内大括号的初始化形式，系统会按行给每个元素赋初始值，则每个元素的值为：

a[0][0]=1, a[0][1]=2, a[0][2]=3, a[0][3]=4, a[1][0]=5, a[1][1]=6, a[1][2]=7, a[1][3]=8, a[2][0]=9, a[2][1]=10, a[2][2]=0, a[2][3]=0。

4. 省略第 1 维长度的初始化

```
int a[3][4]={1,2,3,4,5,6,7,8,9,10,11,12};
```

也可写成：

```
int a[][4]={1,2,3,4,5,6,7,8,9,10,11,12};
```

若给全部元素初始化时，二维数组的第 1 维的长度可省略，编译系统会根据给定的数据个数除以第 2 维的长度计算出来。即若数据个数%第 2 维长度为零，则第 1 维的长度=数据个数/第 2 维长度，否则第 1 维的长度=数据个数/第 2 维长度+1。如：

```
int a[][4]={ 1,2,3,4,5,6,7,8,9,12};
```

第 1 维的长度为 3。

7.2.4 二维数组应用举例

【例 7-4】求矩阵 A 的所有元素之和。

$$A=\begin{bmatrix}1 & 21 & 20\\10 & 7 & 12\\4 & 5 & 18\end{bmatrix}$$

```
#include <stdio.h>
int main()
{
  int i,j,s=0;
  int a[3][3]={1,21,20,10,7,12,4,5,18};
  for(i=0;  i<3; i++)
      for(j=0; j<3; j++)
          s=s+a[i][j];          /*a[i][j]表示第 i 行第 j 列元素*/
  printf("s=%d\n",s);
  return 0;
}
```

【例 7-5】求矩阵 A 的主副对角线元素之和。

问题分析：

主对角线元素的特点是第 1 维下标和第 2 维下标相等，副对角线元素的特点是第 1 维下标与第 2 维下标的和等于 2。因此，只要对上题程序作小小修改便可求解。

```
#include <stdio.h>
int main()
{
  int i,j,s=0;
  int a[3][3]={1,21,20,10,7,12,4,5,18};
  for(i=0; i<3; i++)
      for(j=0;j<3;j++)
          if ((i==j) || ( i+j==2))
                s=s+a[i][j];
  printf("s=%d\n",s);
  return 0;
}
```

【例 7-6】某商场第一季度有 10 个推销员销售电视，请你求出商场每月的总销量以及每人的月平均销量。

问题分析：

（1）定义一个数组 sale[10][3]，表示 10 个推销员 3 个月销售的电视数量；

（2）定义一个数组 sum[3]，表示每个月的总销量；

（3）定义一个数组 avg[10]，表示 10 个推销员每个月的平均销量。

7-4

程序参考代码：

```
#include <stdio.h>
int main()
{
   int i,j,s,sale[10][3],sum[3]={0};
   float avg[10];
   for(i=0; i<10; i++)
      for(j=0; j<3; j++)
         scanf("%d",&sale[i][j]);          /*输入 10 个人 3 个月的销量*/
      for(j=0; j<3; j++)
      {
          for(i=0; i<10; i++)
             sum[j]=sum[j]+sale[i][j];     /*求商场每个月的总销量*/
          printf("第%d 个月的总销量: %d\n",j+1,sum[j]);
      }

    for(i=0; i<10; i++)
    {   s=0;
        for(j=0; j<3; j++)
           s=s+sale[i][j];                 /*求 3 个月每人的总销量*/
        avg[i]=s/3.0;                      /*求 3 个月每人的平均销量*/
        printf("第%d 个人的月平均销量:%.1f\n",i+1,avg[i]);
    }
  return 0;
}
```

【例 7-7】编写一个程序，利用随机函数模拟投币结果，共投币 100 次，每一次同时投两枚，求“两个正面”“两个反面”“一正一反”3 种情况出现多少的次数。

问题分析：

定义 int a[2][2];其元素 a[0][0]表示两个正面的次数，a[1][1]表示两个反面的次数，a[1][0]和 a[0][1]表示一正一反的次数。

```
#include <stdio.h>
#include <stdlib.h>
#include <time.h>
int main()
{
    int a[2][2]={0},i,n1,n2;
    srand(time(NULL));           /*为了产生不同的数据，重置随机数种子*/
    for(i=1;i<=100;i++)
       {n1=rand()%2;             /*rand()返回一个从 1 到 32767 的随机整数*/
         n2=rand()%2;
       a[n1][n2]=a[n1][n2]+1;
```

```
    }
    printf("投币结果如下：\n");
    printf("两个正面的次数为:%d\n",a[0][0]);
    printf("两个负面的次数为:%d\n",a[1][1]);
    printf("一正一负的次数为:%d\n",a[0][1]+a[1][0]);
    return 0;
}
```

7.3 字符数组

在非数值计算的程序中，字符串和字符数组是经常用到的数据类型，字符串和字符数组两者关系密切。字符串是一个以字符串结束符'\0'结束的字符序列，如“Hello!”，通常用于人机交互时的信息输入/输出。当被输出的字符串是固定不变的常量时，一般将该字符串直接写在函数printf()的格式字符串中。

元素类型为字符的数组称为字符数组。

7-5

7.3.1 字符数组的定义

字符数组定义的一般格式：

```
char  str[10];
```

表示定义了一个字符数组，数组名为str，其含有10个元素，每个元素均为单个字符。

7.3.2 字符数组的初始化

字符数组的初始化有以下三种形式。

1. 明确给出字符数组大小的初始化

```
char  ch[10]={ 'H', 'e' , 'l' , 'l' , 'o' };
```

字符数组ch前5个元素的值分别是H、e、l、l、o，其余5个未被初始化的元素的值是串结束符'\0'。该数组在内存中占用了10个字节，字符串的长度为5。

【例7-8】上机验证下列程序，并分析结果。

```
#include <stdio.h>
#include <string.h>
int main()
{
   char  ch[10]={'H','e','l','l','o'};        /*定义字符数组并初始化*/
   printf("字符串长度：%d,字符数组大小：%d\n",strlen(ch),sizeof(ch));
   return 0;
}
```

运行结果：

字符串长度：5，字符数组大小：10

2. 未给出数组大小的初始化

```
char  ch[]={ 'H', 'e' , 'l' , 'l' , ' o' };
```

这里省略了数组的大小，该数组的大小由初始化字符的个数决定，因而该字符数组大小为5，在内存中占用5个字节，但求字符串长度时会出现意想不到的结果。这是因为字符数组初始化时没有串结束符'\0'，它不是一个完整的字符串，编译系统不知道该字符序列在何处结束，只有遇到存储在其后的第一个串结束符'\0'时才认为结束。因此，这种情况要尽可能避免出现，建议采用的定义形式：char ch[]={ 'H', 'e' , 'l' , 'l' , ' o' ,' \0'};

请把【例 7-8】中的字符数组定义成：char　ch[]={ 'H', 'e' , 'l' , 'l' , 'o' };运行后观察结果。

3. 用字符串常量初始化

```
char  ch[]="Hello";
```

用字符串常量对字符数组进行初始化时，存储字符串时系统会自动加上串结束符'\0'，因此，该数组在内存中要占用 6 个字节，字符串长度为 5。这在第 4 章的 4.2.3 节已有详细介绍。

7.3.3　字符数组的输入和输出

字符数组的输入和输出有以下两种格式符。

1. %c 格式，用于一个字符的输入和输出。

2. %s 格式，用于一个字符串的输入和输出。

例如，

```
char str[20];
scanf("%s",str);
printf("%s",str);
```

7.4　字符串函数

对字符数组的操作一般通过标准库函数进行，本节介绍一些常用的字符串输入输出和处理函数。字符串输入输出函数的原型定义在标准头文件<stdio.h>中，其他各类字符串处理函数的函数原型定义在标准头文件<string.h>中，程序在使用这些函数前必须通过#include 把这些头文件包含进程序中。

7-6

1. 字符串输出函数 puts()

函数 puts()的原型如下：

```
int puts(char s[]);
```

功能：函数 puts()在标准输出设备上输出字符串 s，并在其结尾处输出一个换行符。该函数的参数既可以是一个字符串常量，也可以是一个字符数组。

函数 puts()的调用一般形式为：

```
puts(s);    /*s 为字符数组名*/
```

2. 字符串输入函数 gets()

函数 gets()的原型如下：

```
char * gets(char s[]);
```

功能：函数 gets()的功能是从标准输入设备上读入一个连续的字符序列到字符数组中，并返回该字符数组的起始地址。

函数 gets()的调用一般形式为：

```
gets(s);
```

例如：

```
#include <stdio.h>
int main()
```

```
{
    char str[20]="Hello!";
    puts(str);          /*输出 Hello!后会自动输出换行符*/
    gets(str);
    puts(str);
    printf("%s\n",str);
    return 0;
}
```

输入字符串：

输出结果：

```
Hello!                  /* 执行第 1 个 puts(str)的结果*/
Welcome to GanZhou      /* 执行 gets(str)时输入的字符串存储在字符数组 str 中*/
Welcome to GanZhou      /* 执行第 2 个 puts(str)将 str 中的字符串输出*/
Welcome to GanZhou      /* 执行 printf()函数时的结果*/
```

请思考：

将程序中的"gets(str);"换成"scanf("%s",str);"发现只读取到了第 1 个空格前的字符串，后续字符串没有读取到。为什么？

3. 字符串长度函数 strlen()

函数 strlen()的原型如下：

```
int strlen(char s[]);
```

功能：函数 strlen()的功能是计算并返回字符串 s 中除字符串结束符'\0'外的字符个数。

函数 strlen()的调用一般形式为：

```
strlen( s );
```

例如：

```
char s1[]="Hello!";
char s2[]="Welcome to Jxust!";
printf("s1 的长度为%d, s2 的长度为%d\n",strlen(s1),strlen(s2));
```

执行这段代码输出的结果：s1 的长度为 6，s2 的长度为 17。

4. 字符串连接函数 strcat()

函数 strcat()的原型如下：

```
char *strcat(char dest[],char src[]);
```

功能：将 src[]中的字符串连接到 dest[]中已有字符串的后面，并返回 dest[]的首地址。

函数 strcat()的调用一般形式为：

```
strcat(dest,src);
```

例如：

```
char str1[20]="Hello!",str2[]="BeiJing";
strcat(str1,str2);
puts(str1);
```

执行这段代码输出的结果：Hello! BeiJing。

5. 字符串复制函数 strcpy()

函数 strcpy()的原型如下：

```
char *strcpy(char dest[],char src[]);
```

功能：将 src[]中的字符串复制到 dest[]中已有字符串的后面，并返回 dest[]的首地址。

函数 strcpy()的调用一般形式为：

```
strcpy(dest,src);
```

注意

src可以是字符串常量。字符串dest的长度要大于字符串src的实际长度。

例如：

```
char str1[20], str2[]="BeiJing";
strcat(str1,str2);
puts(str1);
```

执行这段代码输出的结果：BeiJing。

6. 字符串比较函数 strcmp()

函数 strcmp()的原型如下：

```
int  strcmp(char s1[],char s2[]);
```

功能：将 s1[]和 s2[]中的字符按顺序逐个比较（按比较字符的 ASCII 码值比较大小），直至出现不同字符或遇到串结束符'\0'为止。并返回函数值：

（1）如果字符串 s1==字符串 s2，则函数值为 0。

（2）如果字符串 s1>字符串 s2，则函数值为一个正整数。

（3）如果字符串 s1<字符串 s2，则函数值为一个负整数。

函数 strcmp()的调用一般形式为：

```
strcmp(s1,s2);
```

例如：

```
char str1[]="Study",str2[]="Student";
printf("%d",strcmp(str1,str2));
```

执行该段代码后，结果为 1。

7. 字符串小写函数 strlwr()

函数 strlwr()的原型如下：

```
char  *strlwr(char s[]);
```

功能：将 s[]的字符串中的大写字母转换成小写字母。

函数 strlwr()的调用一般形式为：

```
strlwr( s );
```

例如：

```
char str[]="WelCome!";
printf("%s",strlwr(str));
```

执行该段代码后，结果为 welcome!。

8. 字符串大写函数 strupr()

函数 strupr()的原型如下：

```
char  * strupr()  (char s[]);
```

功能：将 s[]的字符串中的小写字母转换成大写字母。

函数 strupr()的调用一般形式为：

```
strupr( s );
```

例如：

```
char str[]="WelCome!";
printf("%s",strupr(str));
```

执行该段代码后，结果为 WELCOME!。

【例 7-9】编写程序将字符串按倒序输出。

问题分析：

首先用字符串输入函数获得字符串，求出该字符串的长度。然后从最大下标（长度-1）开始逐个输出字符，直至下标为 0 结束。

程序参考代码：

方法 1：

```
#include <stdio.h>
#include <string.h>
int main()
{
   char str[20];
   int  i, len;
   gets(str);
   len=strlen(str);
   for(i=len-1; i>=0; i-- )
      printf("%c",str[i]);
  return 0;
 }
```

运行结果：

输入：ABCDEF

输出：FEDCBA

【例 7-10】将字符串按倒序复制到另一个字符数组中，并输出。

程序参考代码：

```
#include <stdio.h>
#include <string.h>
int main()
{
   char str1[20],str2[20];
   int  i,j=0,len;
   gets(str1);
   len=strlen(str1)-1;
   for(i=len;i>=0;i--)
   {
        str2[j]=str1[i];  j++;   /*将 str1[]数组中的字符从右向左赋值给 str2[]*/
   }
   str2[j]='\0';                 /*在 str2 尾部添加一个串结束符*/
   puts(str2);                   /*若没上一句，输出 str2 时会出现意想不到的结果*/
   return 0;
 }
```

7-7

【例 7-11】要求不使用 strcat()函数，将两个字符串连接起来。

问题分析：

此题又是上一题的扩展。首先找到第一个字符串的尾部，然后将第二个字符串从第一个字符开始，依次赋值到第一个字符串的尾部，直至第二个字符串的串结束符'\0'。

程序参考代码：

```
#include <stdio.h>
#include <string.h>
int main()
{
    char  str1[20],str2[20];
    int i=0,len;
    gets(str1);gets(str2);
    len=strlen(str1);
    while (str2[i]!='\0')
    {
        str1[len++]=str2[i];i++;       /*将 str2[]中字符从左向右依次赋值到 str1[]的尾部*/
    }
    str1[len]='\0';                    /*在 str1[]尾部添加一个串结束符*/
    puts(str1);
    return 0;
}
```

运行结果：

输入：

```
This
is a book.
```

输出：

```
This is a book.
```

【例 7-12】 现有若干行字符串，编程求其中最长的一个字符串。

问题分析：

若干行字符串可以理解成二维字符数组，每行字符的长度不一。定义符号常量 **N** 表示行数，定义字符数组 **str[N][80]** 表示 **N** 行字符串。定义 **max[80]** 字符数组存放最长字符串，并首先将第一行字符串赋值给它，设为最长字符串，然后求出每行字符串的长度与 **max[]** 逐一比较，若新的字符串更长，更新 **max[]** 中的内容，所有行比较完后，**max[]** 中的字符串就是最长字符串。

```
#include <stdio.h>
#include <string.h>
#define  N  4
int main()
{
    char  str[N][80],max[80];
    int i,len;
    for(i=0;i<N;i++)
        gets(str[i]);                  /*完成 N 行字符串的输入*/
    strcpy(max,str[0]);                /*将第一行字符串拷入 max[]字符数组中*/
    len=strlen(max) ;                  /*求第一行字符串的长度*/
    for(i=1;i<N;i++)
        {
            if (len<strlen(str[i]))    /*比较 str[i]行的字符串与 max[]中的字符串长度*/
            {
                strcpy(max,str[i]);    /*将更长的字符串更新到 max[]中*/
                len=strlen(max);
            }
        }
```

```
    printf("len=%d,maxstr:%s\n",len,max);
    return 0;
}
```

7.5 经典算法

7.5.1 顺序查找算法

数组元素查找也是经常碰到的问题，有时需要知道一个元素在数组中的位置，即要通过元素值找到它在数组中的位置。

常用的数组元素查找方法有顺序查找法和二分查找法。顺序查找法思路简单，按顺序逐个比较查找的元素，易于实现，但当数据量大时，查找效率不高；二分查找法则需要先将数组排序，然后将查找的值与数组中间元素进行比较，判断其值落在前半段还是后半段，然后再折半，这种查找效率较高。本小节仅介绍顺序查找。

【例 7-13】顺序查找：在数组中查找一个给定的数，若找到则显示它第一次出现的位置，否则显示查无此数。

7-8

如：int a[10]={9，6，4，5，12，3，8，21，2，7};查找 12 在数组中的位置。

程序参考代码：

```
#include <stdio.h>
int main( )
{ int i,x,a[10]={9,6,4,5,12,3,8,21,2,7};
   scanf("%d",&x);
   for( i=0;i<10; i++ )
       if (x==a[i])  {printf("%d 位于数组第%d 个位置\n",x,i+1);break;}
   if (i>=10) print f("查无此数! ");  /*如果 for 循环运行到终值 10 循环结束，说明没有找到要查找的数*/
   return 0;
}
```

运行结果：

12
12 位于数组第 5 个位置

思考：如果没有 break 语句，程序结果会怎样呢！

7.5.2 冒泡法排序算法

冒泡法排序算法的基本思路是：将数组中的 N 个元素从第 1 个数开始，每两个相邻元素进行大小比较，如果前者大于后者，则两元素进行数据交换，直至最大数“冒”到最后。这样，第 1 轮比较结束后，第 1 大的数就在数列的最后面。接着对其余 N-1 个元素进行第 2 轮的比较，按同样的方法进行，第 2 轮比较结束后，第 2 大的数也排在 N-1 个元素的最后面，依此类推，直到全部元素有序为止。

以{6，5，8，1，4，2}六个数为例，用冒泡法将这六个数按升序排序。

排序过程：6 个数进行由小到大排序。第 1 轮有 6 个数，相邻两数两两比较 5 次后最大数排在倒数第 1 位；第 2 轮，将余下的未排序的 5 个数按同样的方式进行比较 4 次后，第 2 大的数排在倒数第 2 位；第 3 轮将余下的未排序的 4 个数按同样的方式进行比较 3 次后，第 3 大的数排在倒数第 3 位；第 4

轮，将余下的未排序的 3 个数按同样的方式进行比较 2 次后，第 4 大的数排在倒数第 4 位；第 5 轮，将余下的未排序的 2 个数两两比较 1 次后，这 6 个数就按由小到大的顺序排好啦。

7-9

归纳：将 N 个数分为已排序数和未排序数。设未排序数的个数为 n；

（1）N 个数排序，共要进行 N−1 轮的相邻两数的比较，可用 for(i=1;i<=N−1;i++)实现；

（2）第 1 轮排序，未排序数的个数为 n（n=N），第 i 轮排序，未排序数的个数为 n（n=N−i），相邻两数比较的次数为 n−1 次，因此可用 for(j=1;j<=n−1;j++)实现。

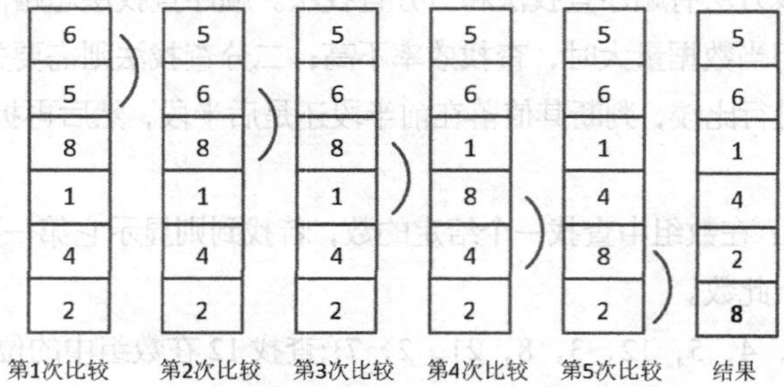

图7-3　6个数第1轮比较的过程

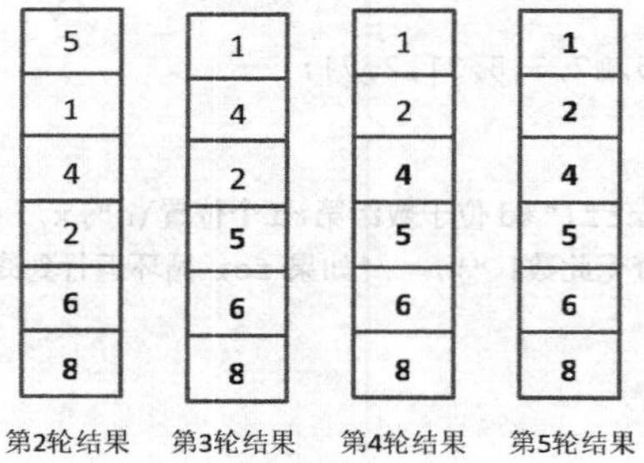

图7-4　6个数其余4轮比较的结果

【例 7-14】 任意输入 10 个数，请按升序排序输出。

根据冒泡法排序方法，程序参考代码如下。

```
/*按升序用冒泡法排序 10 个数*/
#include <stdio.h>
int main( )
{ int a[10], i, j, t ;
   printf("input 10 numbers:\n");
   for( i=0; i<10; i++)
         scanf("%d",&a[i]);              /*完成 10 个元素的输入*/
   for( i=0;i< 9; i++ )                  /*10 个数比较 9 轮，内嵌的循环是每轮两两比较的次数*/
         for( j=0; j<9-i; j++)           /*因数组下标从 0 开始，因而这里是 9-i 次*/
              if( a[j]>a[j+1])           /*相邻两数比较*/
                   {t= a[j]; a[j]= a[j+1];a[j+1]= t;}
   printf("The sorted numbers:\n");
   for( i= 0; i<10; i++)
         printf("%-5d ",a[i]);           /*左对齐输出*/
```

```
    return 0;
  }
```

运行结果:

```
input 10 numbers:
6 5 1 8 9 12 3 7 2 4
The sorted numbers:
1   2   3   4   5   6   7   8   9   12
```

7.5.3 选择法排序算法

选择法排序算法的基本思路是：先找到数组中最小的元素，将这个元素与第一个元素交换，这样，最小的数放到数组的最前端；然后在剩下的数组中再找出最小的元素，把它放在剩下的这些元素的最前端。如此下来，就能使数组中的元素按升序排列。

那么如何找最小的元素呢?

设一个变量 k 用于记录最小元素的下标，且设 k 的起始位置为每组数中的第一个。然后将 a[k]与其余 N−i 个元素逐个进行比较，如果前者大于后者，则 k 获得后者的下标，N−i 个元素比较完成后，k 就是该组数中最小元素的下标，然后将 a[k]元素与该组数中的第一个元素进行交换。依此类推，N−1 轮下来实现了该数组的升序排序。

7-10

归纳：N 个数找最小元素要找 N−1 轮，第 i 轮要两两比较 N−i 次。

以{6,5,8,1,4,2}为例，按升序用选择法排序，各轮比较过程如图 7-5（a，b，c，d，e）所示。

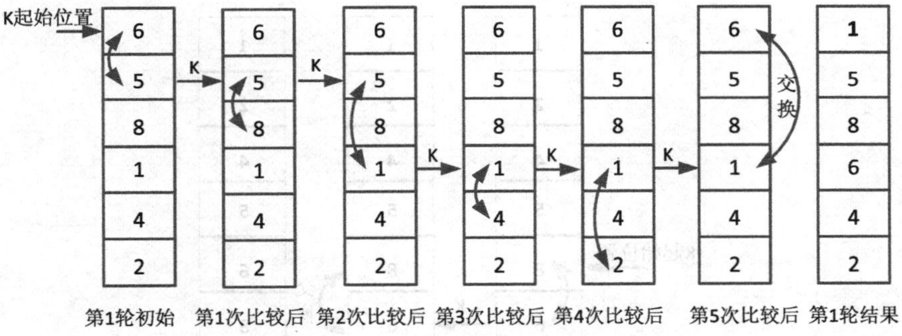

图7-5（a） 第1轮找最小元素过程示意图

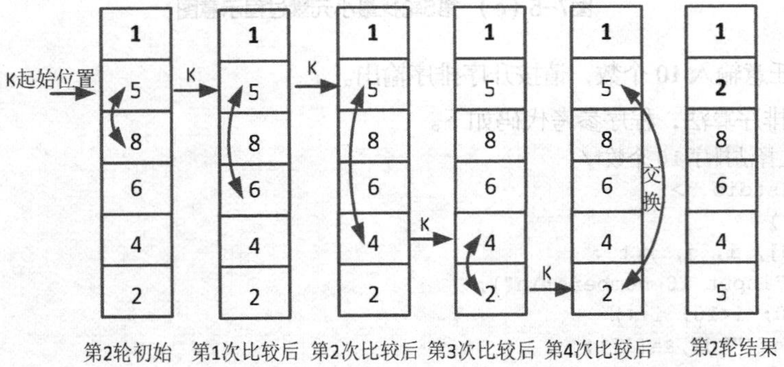

图7-5（b） 第2轮找最小元素过程示意图

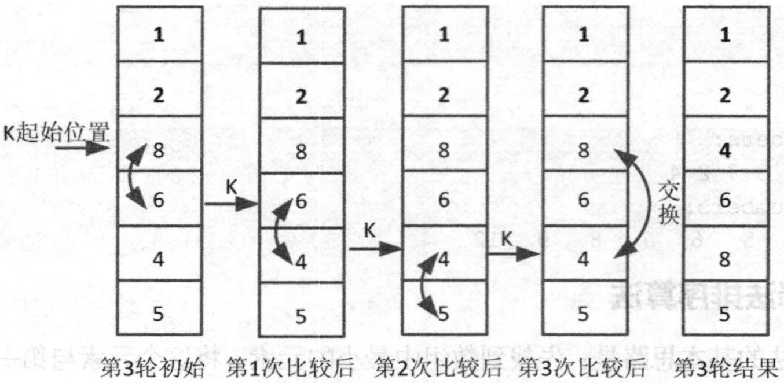

图7-5（c） 第3轮找最小元素过程示意图

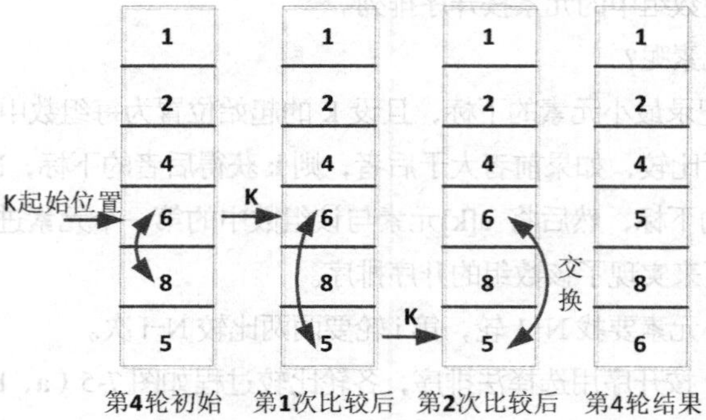

图7-5（d） 第4轮找最小元素过程示意图

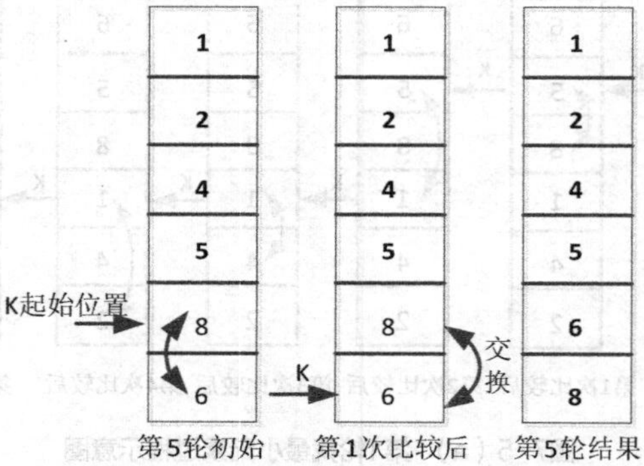

图7-5（e） 第5轮找最小元素过程示意图

【例 7-15】任意输入 10 个数，请按升序排序输出。

根据选择法排序算法，程序参考代码如下。

```
/*按升序用选择法排序 10 个数*/
#include <stdio.h>
int main( )
{ int a[10], i, j, k,t ;
   printf("input 10 numbers:\n");
   for( i=0; i<10; i++)
       scanf("%d",&a[i]);
   for( i=0;i<9; i++ )
   {
```

```
        k=i;                               /*每轮的第 1 个数设为 k 的起始位置*/
        for( j=i+1; j<10; j++)
              if( a[k]>a[j]) k=j;          /*找本次最小元素的下标*/
        t=a[i];a[i]=a[k];a[k]=t;           /*最小元素与本次起始元素交换*/
     }
     printf("The sorted numbers:\n");
     for( i= 0; i<10; i++)
         printf("%-5d ",a[i]);
     return 0;
}
```

运行结果：

```
input 10 numbers:
6 5 1 8 9 12 3 7 2 4
The sorted numbers:
1   2   3   4   5   6   7   8   9   12
```

7.6 小结

数组是最基本的构造类型数据，利用数组可以方便地处理一组相同性质的数据。数组的语法简单，本章主要是掌握数组的定义、初始化和元素引用，最后掌握数组的应用。在对任何数组元素引用时，必须明白，它的作用与变量的作用是相同的，数组代表了某个存储空间，用于存放数据，只不过这个存储空间是一组连续存储空间中的一个而已。

本章需掌握：

（1）一维数组和多维数组的定义和数组元素的引用方法；

（2）数组元素的下标下限从 0 开始，上限是维数的长度减 1；

（3）数组元素的初始化。无论是一维数组还是二维数组，如果在定义数组时仅给部分元素进行了初始化，则未赋值的元素的值均默认为 0；

（4）字符数组的定义、初始化和引用。当用字符串给字符数组初始化时，数组的长度必须至少为字符串长+1。因为字符串后有一个串结束符“\n”也要存储；

如：char str[6]="Hello"；字符串长为 5，加上串结束符“\n”，因而字符数组 str 的长度至少为 6 个。

（5）数组名不能作为变量使用，数组名是一个常量，它代表该数组的首地址。

习　题

一、选择题

（1）在C语言中，引用数组元素时，其数组下标的数据类型允许的是（　　）。

A．整型常量　　　　B．整型表达式

C．整型常量或整型表达式　　　　D．任何类型的表达式

（2）以下对一维整型数组a的正确说法是（　　）。

A．int a(10);　　B．int n=10,a[n];

C．int n;scanf("%d",&n);int a[n];　　D．#define SiZE 10 int a[SiZE];

（3）以下能对一维数组a进行正确初始化的语句是（　　）。

A．.int a[10]=(0,0,0,0,0);　　B．int a[10]={};

C．int a[10]=0;　　D．int a[10]={10*1}

（4）以下不能对二维数组a进行正确初始化的语句是（　　）。

A．int a[2][3]={0}；

B．int a[ ][3]={{1,2},{0}}；

C．int a[2][3]={{1,2},{3,4},{5,6}}；

D．int a[ ][3]={1,2,3,4,5,6}；

（5）若有说明: int a[10];则对a数组元素的正确引用是（　　）。

A．a[10]　　B．a[3.5]　　C．a（5）　　D．a[10-10]

（6）若有说明:int a[3][4];则对a数组元素的非法引用是（　　）。

A．a[0][2*1]　　B．a[1][3]　　C．a[4-2][0]　　D．a[0][4]

（7）对以下说明语句的正确理解是（　　）。

int a[10]={6,7,8,9,10};

A．将5个初值依次给与a[1]至a[5]

B．将5个初值依次给与a[0]至a[4]

C．将5个初值依次给与a[6]至a[10]

D．因为数组长度与初值的个数不同,所以此语句不正确

（8）若有说明：int a[][3]={1,2,3,4,5,6,7};则a数组第一维的大小是（　　）。

A．2　　B．3　　C．4　　D．无确定值

（9）若二维数组a有m列，则在a[i][j]前的元素个数为（　　）

A．j*m+i　　B．i*m+j　　C．i*m+j-1　　D．i*m+j+1

（10）下面是对s的初始化，其中不正确的是（　　）

A．char s[5]={"abc"};　　B．char s[5]={ 'a','b','c'};

C．char s[5]="";　　D．char s[5]="abcdef"

二、程序阅读题

（1）下列程序存在数组下标越界的问题，请修改后运行程序。

```
#include <stdio.h>
int main( )
{
   int i,x[5]={1,2,3,4,5};
   for (i=0;i<=5;i++)
     printf("%4d",x[i]);
   return 0;
}
```

（2）下列程序的运行结果是（ ）。

```
#include <stdio.h>
int main()
{
  int i=1,n=3,j,k=3;
  int a[5]={1,4,8};
  while (i<=n && k>a[i])
      i++;
  for (j=n-1;j>=i;j--)
        a[j+1]=a[j];
  a[i]=k;
  for (i=0;i<=n;i++)
        printf("%3d",a[i]);
  printf("\n");
      return 0;
}
```

（3）下列程序的运行结果是（ ）。

```
#include <stdio.h>
int main()
 {
     int s[4][4],i,j,k;
     for (i=0;i<4;i++)
          for (j=0;j<4;j++)
               s[i][j]=i-j;
     for (i=0;i<3;i++)
          for (j=i+1;j<4;j++)
          {
               k=s[i][j];
               s[i][j]=s[j][i];
               s[j][i]=k;
          }
     for (i=0;i<4;i++)
    {
          printf("\n");
          for (j=0;j<4;j++)
                printf("%4d",s[i][j]);
    }
     return 0;
 }
```

（4）下列程序的运行结果是（ ）。

```
#include<stdio.h>
int main()
{
    int i=5;
    char c[6]="abcd";
    do {c[i]=c[i-1];} while(--i>0);
    puts(c);
    return 0;
}
```

实验七 数组

一、实验目的

1. 理解数组的概念，掌握数组的定义及其存储结构。
2. 掌握一维数组元素的初始化、输入和输出的方法。
3. 掌握二维数组的定义及其存储结构。
4. 掌握二维数组元素的初始化、数组元素的输入和输出的方法。
5. 掌握字符数组的定义及其存储结构、元素的初始化、输入和输出的方法。
6. 掌握与数组相关的经典算法。

二、实验内容

1. 程序阅读题

（1）请阅读下列程序，并上机验证阅读分析的结果。

```
#include <stdio.h>
int main( )
{
   int i,x[5]={1,2,3,4,5};
   for (i=0;i<=5;i++)
      printf("%4d",x[i]);
   return 0;
}
```

（2）请阅读下列程序，并上机验证阅读分析的结果。

```
#include <stdio.h>
int main()
{     int a[]={11,12,13,14,15,16},i,s=0;
      for(i=5;i>=0;i--)
          if(a[i]%2) s+=a[i];
      printf("s=%d\n",s);
      return 0;
}
```

（3）请阅读下列程序，并上机验证阅读分析的结果。

```
#include <stdio.h>
int main()
{
      int a[][3]={{1,-2,0},{4,-5,6},{2,7,-1}};
      int i,j,row=0,col=0,min=a[0][0];
      for (i=0; i<3; i++)
            for (j=0; j<3; j++)
               if (a[i][j]<min ) { min=a[i][j];row=i;col=j;}
       printf("最小元素：a[%d][%d]=%d\n",row,col,min);
       return 0;
}
```

（4）请阅读下列程序，并上机验证阅读分析的结果。

```
#include <stdio.h>
```

```
    int main()
    {
        int s[4][4],i,j,k;
        for (i=0; i<4; i++)
            for (j=0; j<4; j++)
                s[i][j]=i-j;
        for (i=0; i<4; i++)
        {
            for (j=0; j<4; j++)
                printf("%4d",s[i][j]);
            printf("\n");
        }
        for (i=0; i<3; i++)
            for (j=i+1; j<4; j++)
            {
                k=s[i][j];
                s[i][j]=s[j][i];
                s[j][i]=k;
            }
        printf("\n");
        for (i=0; i<4; i++)
        {
            for (j=0; j<4; j++)
                printf("%4d",s[i][j]);
            printf("\n");
        }
        return 0;
    }
```

（5）请阅读下列程序，并上机验证阅读分析的结果。

```
#include<stdio.h>
int main()
{
  int i=5;
  char c[6]="abcd";
  do {c[i]=c[i-1];} while(--i>0);
  puts(c);
  return 0;
}
```

2. 编程题

（1）有一位歌手参加唱歌比赛。共有10个评委给歌手打分，分数采用百分制，去掉一个最高分，去掉一个最低分，然后取其余分数的平均分得到歌手的最终成绩。10个评委的分数由键盘输入，请你编写程序计算这位歌手的成绩。

（2）输入10个学生的成绩，求其平均分，输出最高成绩，并统计低于平均分的人数。

（3）有一个长度为10的一维数组，数组元素从键盘上输入，请编写程序将数组元素逆序重新存放。即第一个元素和最后一个元素交换位置，第二个元素和倒数第二个元素交换位置，以此类推。

（4）歌手大赛，现有N个歌手参赛，每个歌手得分已揭晓（百分制），现在有人想知道排在第K位歌手的分数，请你编程告诉他。

（5）给你N(N≤1000)个不同的数，每个数都小于10^6，求第k小的数与第k大的数(k≤N)。

输入：第一行给出N和k的值，第二行就是N个数据。

输出：第k小的数与及第k大的数。

例如：

输入：6 3

10 2 30 21 15 8

输出：第3小的数10，第3大的数是15。

（6）有一个4×5的矩阵，编写程序找出值最大的元素，并输出其值以及所在的行号和列号。

（7）任意输入一行字符，统计其中的单词个数，已知单词之间用空格分隔开。

（8）求一个4*4的矩阵对角线之和。

（9）输入6个字符串，输出最短的字符串。

（10）编写一个程序，输出杨辉三角形，只要求打印N行。

08 第8章　函数

函数（function，音译为方程），名称出自数学家李善兰的著作《代数学》，之所以如此翻译，他给出的原因是“凡此变数中函彼变数者，则此为彼之函数”，也即函数指一个量随着另一个量的变化而变化。例如，函数 $y=f(x)$，x 叫作自变量，y 叫因变量，因变量 y 随着自变量 x 变化而变化，具体怎样变化则由 $f(x)$ 的功能决定。因此函数的三要素是：自变量，因变量和函数功能。

C 语言中函数概念源自于数学中函数之概念。例如，printf 函数的函数原型为 int printf(char *fmt, ...)，括号中的 char *fmt, ...为函数的参数，相当于自变量；该函数也有返回值，表示打印输出多少个字符，返回值相当于因变量；printf 函数功能则是格式化打印输出字符串。因此程序中函数也有三要素：参数，返回值和函数功能。

C 语言源程序是由函数组成的。前面各章节的程序中大都只有一个主函数 main，代码的长度也很短。但实用的源程序往往成千上万行代码，大型软件如操作系统的源代码超过一千万行，且由多人共同开发完成，因此不可能将代码都放到 main 函数中，而是分解成小的模块。函数是 C 语言源程序的基本模块，通过对函数模块的调用实现特定的功能。C 语言不仅提供了极为丰富的库函数（例如 printf、scanf 等都是系统提供的库函数），还允许用户自定义函数。用户可把自己的算法编成一个个相对独立的函数模块，然后用调用的方法来使用函数。用户还可以将自己编写的函数封装成库函数，供其他人使用。可以说 C 程序的全部工作都是由各式各样的函数完成的，所以也把 C 语言称为函数式语言。

8.1　函数

8.1.1　函数的定义

函数定义的一般格式：

```
返回值类型 函数名(形式参数列表)            /*函数头*/
{                                         /*函数体开始*/
    声明部分;
    语句;
}                                         /*函数体结束*/
```

函数的三要素：参数、返回值和函数功能。

定义函数时，要把这三要素定义齐全：“形式参数列表”给出函数所需的参数，这些参数在定义时称之为形式参数；“返回值类型”定义函数返回值的类型，返回值类型也称之为函数类型；函数名表明函数的功能，函数功能的实现是由函数体来完成。

从函数的定义可知：函数由函数头和函数体构成。其中返回值类型、函数名与形式参数列表称为函数头，{}中的内容称为函数体，函数体用于实现函数的功能。

说明：

（1）如果不要求函数有返回值，此时函数返回值类型可以写为 void；

例如，Hello 函数定义如下：

```
void Hello()
    {
      printf ("Hello,world \n");
    }
```

（2）函数名的命名由用户按标识符的命名规则命名；

（3）函数名后跟一对括号（），括号（）内如果有形式参数列表，则称为有参函数；如果无参数列表，则称为无参函数；

（4）在形式参数列表中给出的参数称为形式参数（简称形参），它们可以是各种类型的变量，各参数之间用逗号间隔（形式参数列表为“类型 1　形参 1，类型 2　形参 2，……”）。形式参数个数一般是固定的，但也可以定义参数个数不确定的函数，如 int printf(const char *, ...)，在进行函数调用时，主调函数将赋予这些形式参数实际的值。形参既然是变量，因而必须在形参表中给出形参的类型说明；

例如，定义一个函数，用于求两个数中的大数，可写为：

```
    int Max(int x, int y)
    {
      if (x>y)
return x;
      else
return y;
}
```

第一行说明 Max 函数是一个整型函数，其返回的函数值是一个整数。形参 *x*、*y* 均为整型数据，*x*、*y* 的具体值是由主调函数在调用时传送过来。在{}中的函数体内，除形参外没有使用其他变量，因此只有语句而没有声明部分。在 Max 函数体中的 return 语句是把 x(或 y)的值作为函数的值返回给主调函数，有返回值的函数中至少应有一个 return 语句。当函数执行到 return 语句时，其后的语句均不再执行，直接返回。

（5）在 C 程序中，一个函数的定义可以放在任意位置，既可放在主函数 main 之前，也可放在 main 之后；

（6）如果函数定义在函数被调用之后，则需要进行函数原型声明。

【例 8-1】 输入 2 个整数，输出最大值。

8-1

不使用自定义函数的版本：

```
#include <stdio.h>
int main()
{
    int a,b,c;
```

```
    printf("Please input two numbers:\n");
    scanf("%d%d",&a,&b);
    if (a>b)
        c = a;
    else
        c = b;
    printf("maxmum=%d",c);
    return 0;
}
```

使用自定义函数的版本：

```
#include <stdio.h>
int Max(int x, int y);
int main()
{
    int a,b,c;
    printf("Please input two numbers:\n");
    scanf("%d%d",&a,&b);
    c=Max(a,b);
    printf("maxmum=%d",c);
    return 0;
}
int Max(int x, int y)
{
   if (x>y)
    return x;
   else
    return y;
}
```

现在从函数定义、函数说明及函数调用的角度来分析整个程序，从中进一步了解函数的各种特点。

因为 Max 函数在 main 函数后面定义，所以程序的第 1 行为 Max 函数的声明。函数定义和函数说明并不一样，函数说明与函数定义中的函数头部分相同，但是末尾要加分号。程序第 7 行为调用 Max 函数，并把 a、b 中的值传送给 Max 的形参 x、y（即 x=a;y=b;）。Max 函数执行的结果（x 或 y）将返回给变量 c，最后由主函数输出 c 的值。

函数的参数分为形参和实参两种。

形参出现在函数定义中，在整个函数体内都可以使用，离开该函数则不能使用。实参出现在主调函数中，进入被调函数后，实参变量也不能使用。形参和实参的功能是用于数据传送。发生函数调用时，主调函数把实参的值传送给被调函数的形参，从而实现主调函数向被调函数的数据传送。

函数的形参和实参具有以下特点。

（1）形参变量只有在被调用时才分配内存单元，在调用结束时，即刻释放所分配的内存单元。因此，形参只有在函数内部有效。函数调用结束返回主调函数后则不能再使用该形参变量。

（2）实参可以是常量、变量、表达式、函数等，无论实参是何种类型的量，在进行函数调用时，它们都必须具有确定的值，以便把这些值传送给形参。因此应先用赋值，输入等方式使实参获得确定值。

（3）实参和形参在数量上、类型上、顺序上应严格一致，否则会发生“类型不匹配”的错误。

（4）函数调用时发生的数据传递方式有两种。一种是值传递，即将实参的值传递给形参，这种传递是单向的，只能把实参的值传送给形参，而不能把形参的值反向地传送给实参。因此在函数调用过程中，形参的值发生改变，而实参中的值不会变化。另一种是地址传递，即调用函数时，实参是地址，将其传递给形参时，实参与形参便共同指向了同一个存储单元，在执行被调函数时，对形参所指向的存储单元内容的改变，实际上是对实参内容的修改。实例详见第 9 章。

【例 8-2】交换变量的值。

```
#include <stdio.h>
void Swap(int x, int y)
{
    int z;
    z = x;
    x = y;
    y = z;
    printf("x = %d, y = %d\n", x, y);
}
int main()
{
    int a, b;
    printf("Please enter a, b:");
    scanf("%d%d", &a, &b);
    Swap(a, b);
    printf("a = %d, b = %d\n", a, b);
   return 0 ;
}
```

8-2

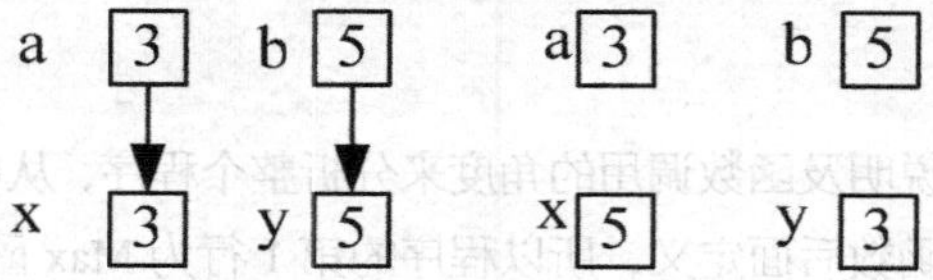

图8-1　交换变量的值

如图 8-1 所示，如果输入 a、b 的值分别为 3，5，main 函数中调用 Swap 函数时，将实参 a、b 的值传递（复制）给形参 x、y，执行完 Swap 函数后，x、y 的值互换，但 a、b 的值保存不变。

（5）函数的值是指函数被调用之后，执行函数体中的程序段所取得的并返回给主调函数的值。例如，调用正弦函数取得正弦值，调用【例 8-1】的 Max 函数取得最大数等。

8.1.2　函数的返回值

函数的值只能通过 return 语句返回主调函数。

return　语句的一般形式为：

```
return 表达式;
```

或者为：

```
return (表达式);
```

该语句的功能是计算表达式的值，并返回给主调函数。在函数中允许有多个 return 语句，但每次调用只能有一个 return 语句被执行，因此只能返回一个函数值。

（1）函数值的类型和函数定义中函数返回值类型应保持一致。如果两者不一致，则以函数定义中函数返回值类型为准，自动进行类型转换。

（2）如函数值为整型，在函数定义时可以省去类型说明，但是不建议这么做，这会破坏程序的可读性。

（3）不返回函数值的函数，可以明确定义为空类型，类型说明符为 void。如【例 8-2】中函数 Swap 并不向主函数返回函数值，因此可定义为：

```
void Swap(int x, int y)
{
    ...
}
```

一旦函数被定义为空类型后，就不能在主调函数中使用被调函数的函数值了。例如，在定义 Swap 为空类型后，在主函数中写下下述语句：

```
z = Swap(a, b);
```

就是错误的。

为了使程序有良好的可读性并减少出错，凡不要求返回值的函数都应定义为空类型。

8.1.3　函数的调用

程序中通过对函数的调用来执行函数体，其过程与其他语言的子程序调用相似。

C 语言中，**函数调用的一般形式为：**

函数名(实际参数表);

函数调用时同样也要考虑函数的三要素：首先根据实际需要选择功能不同的函数；其次要考虑函数在实际应用中需要给什么参数；最后考虑给定输入参数的情况下函数能够得到什么结果，即返回值。例如，需要计算 $\sqrt{2}$ =？根据需求选用 sqrt 函数，输入的实际参数应该是 2，返回值就是 sqrt(2)的计算结果，应该保存起来，因此可以编写语句：double y=sqrt(2);

对无参函数调用时则无实际参数表。实际参数表中的参数可以是常数、变量或其他构造类型数据及表达式。各实参之间用逗号分隔。

在 C 语言中，可以用以下 4 种方式调用函数。

（1）函数表达式：函数作为表达式中的一项出现在表达式中，以函数返回值参与表达式的运算。这种方式要求函数是有返回值的，例如：c = Max(a,b)是一个赋值表达式，把 Max 的返回值赋给变量 z。

（2）函数语句：函数调用的一般形式加上分号就构成函数语句。例如：printf ("%d",a);scanf ("%d",&b); 都是以函数语句的方式调用函数。

（3）调用函数时参数的传递顺序是从右向左。C 语言之所以将传参顺序设为从右向左，是为了支持可变参数函数。使用最多的可变参数函数是 printf 和 scanf 函数，它们的参数个数是不确定的。参数传递之前必须先计算参数的值，计算参数的值也是自右至左求值。因此，必须遵循先求值，再传递的原则。

【例 8-3】实参求值顺序。

```
#include <stdio.h>
int main()
{
    int i = 5;
    printf("%d,%d,%d,%d\n",++i,--i,i++,i);
```

8-3

```
    return 0;
}
```

在 Code::Blocks 16.1 和 Visual C++ 2015 中的运行结果都为：/6,6,5,6/。

分析：printf("%d，%d，%d，%d\n",++i,--i，i++，i);的执行结果：自右至左求值，最后得到 i 的值为 6；再传递值，传参顺序是从右向左：首先右起第 1 个参数 i=6 传递进去，再传递右起第 2 个参数，注意 i++是后置递增运算，因此应该传递计算前 i 的值，所以把 5 传递进去；最后两个参数是前置递增或递减运算，也就是说要把运算后的结果传递进去，即 i=6 传递进去。因此，最后输出结果为：6,6,5,6。

本题对不同编译器可能会有不同的输出结果，请不要去纠结这个问题，能够理解调用函数时参数的传递顺序就可以了。

（4）函数的嵌套调用：C 语言中各函数之间是平行的，不存在上一级函数和下一级函数的关系，因此不允许作嵌套的函数定义（即在一个函数中定义另外一个函数）。但是 C 语言允许在一个函数的定义中出现对另一个函数的调用，这样就出现了函数的嵌套调用，即在被调函数中又调用其它函数，这与其他语言的子程序嵌套的情形是类似的，其关系可表示为如图 8-2 所示。

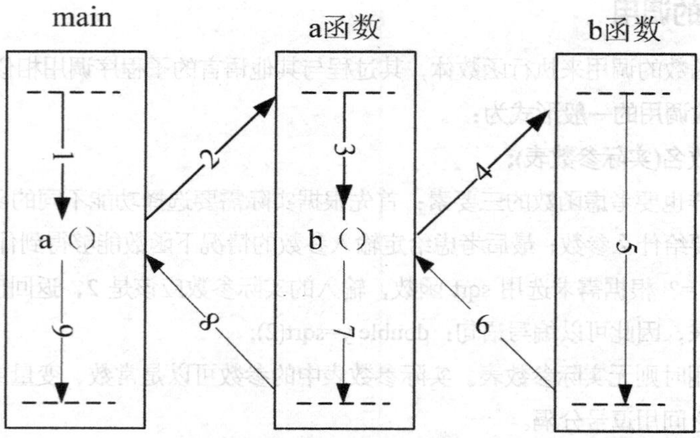

图8-2　函数的嵌套调用

图 8-2 表示了两层嵌套的情形。其执行过程是：执行 main 函数中调用 a 函数的语句时，即转去执行 a 函数，在 a 函数中调用 b 函数时，又转去执行 b 函数，b 函数执行完毕返回 a 函数的断点继续执行，a 函数执行完毕返回 main 函数的断点继续执行。

【例 8-4】求 $Sum = \sum_{i=1}^{N} i!$

分析：求和可以用一个函数完成，而和的每一项求阶乘可以用另外一个函数实现。

8-4

```
#include <stdio.h>
int factorial(int i)
{
    int fact = 1, j;
    for(j = 2; j <= i; j++)
        fact *= j;
    return fact;
```

```
}
int Summary(int N)
{
    int sum = 0, i;
    for(i = 1; i <= N; i++)
        sum += factorial(i);
    return sum;
}
int main()
{
    int N;
    printf("Please enter N:");
    scanf("%d", &N);
    printf("The summary is %d\n", Summary(N));
    return 0;
}
```

这是一个两层嵌套的例子，即主函数 main 调用 Summary 函数, Summary 函数调用 factorial 函数。注意：阶乘函数随 N 上升很快，N 取值大一些就会溢出。

程序执行情况是：

```
Please enter N:5
The summary is 153
```

8.1.4 函数的声明

函数声明由函数返回类型、函数名和形参列表组成。形参列表必须包括形参类型，但是不必对形参命名。这三个元素被称为函数原型，函数原型描述了函数的接口；函数原型类似函数定义时的函数头，又称函数声明。

其一般形式为：

返回值类型 被调函数名(类型 1 形参 1，类型 2 形参 2…);

或为：

返回值类型 被调函数名(类型 1，类型 2…);

括号内给出了形参的类型和形参名，或只给出形参类型，这便于编译系统进行检错，以防止可能出现的错误。

在【例 8-1】中，main 函数中对 Max 函数的说明为：

```
int Max(int x,int y);
```

或写为：

```
int Max(int,int);
```

说明：

（1）如果函数定义放在函数调用之后，那么调用该函数前要有函数声明。不然 C 语言编译系统由上往下编译时，将无法识别。函数声明的作用是告诉编译器与该函数有关的信息，让编译器知道函数的存在，以及存在的形式，即使函数暂时还没有找到函数的定义，编译器也知道如何使用它。

（2）如在所有函数定义之前，在函数外预先说明了各个函数的类型，则在以后的各主调函数中，可不再对被调函数作说明。建议将函数声明放在文件头部，这样在所有调用该函数的地方就无需再声明了。

（3）对库函数的调用不需要再作说明，但必须把该函数的头文件用 include 命令包含在源文件前部。

（4）函数声明与函数定义的返回类型、函数名和参数表必须一致。

8.2 递归函数

一个函数在定义其函数体内直接或间接调用它自身称为递归调用，这种函数称为递归函数。C 语言允许函数的递归调用，在递归调用中，主调函数又是被调函数。执行递归函数将反复调用其自身，每调用一次就进入新的一层。

例如有函数 fun 如下：

```
int fun(int x)
{
  int y;
  ……
  z = fun(y);
  return z;
}
```

这个函数是一个递归函数，运行该函数将无休止地调用其自身，这当然是不正确的。为了防止递归调用无终止地进行，必须在函数内有终止递归调用的手段，而函数具体如何进行递归调用则由递归方程决定。因此递归函数的两个要素为：递归方程与终止条件。具备这两个要素，递归函数才能在有限次计算后得出结果。

【例 8-5】有 5 个学生坐在一起。

8-5

问第 5 个学生多少岁？他说比第 4 个学生大 2 岁；

问第 4 个学生岁数，他说比第 3 个学生大 2 岁；

问第 3 个学生，又说比第 2 个学生大 2 岁；

问第 2 个学生，说比第 1 个学生大 2 岁；

最后问第 1 个学生，他说是 10 岁；

请问第 5 个学生多大？

问题分析如下。

首先问第 5 个学生多少岁？但这个学生没有直接告诉你答案，卖关子，故弄玄虚，只是说比第 4 个学生大 2 岁，但也不用怕，依题意列方程：age(5)=age(4)+2；但是一个方程两个未知数，没办法解，只能再问第 4 个学生，这个学生也是不老实，又故弄玄虚说他比第 3 个学生大 2 岁，也列出方程：age(4)=age(3)+2。同理可以列出其它方程：age(3)=age(2)+2；age(2)=age(1)+2；当最后问第 1 个学生时，这个学生年龄小，更诚实，他就直接告诉你，他 10 岁了， 即为 age(1)=10，这时已经有五个方程，五个未知数了，可解，无需再问后续的学生了，因此 age(1)=10 就是终止条件。归纳总结这几个方程得：

$$\begin{cases} age(n) = age(n-1) + 2 & n > 1 \quad \text{/*递归方程*/} \\ age(n) = 10 & n = 1 \quad \text{/*终止条件*/} \end{cases}$$

递归函数的程序编写简单，只要找出递归方程与终止条件，根据这些方程就可编写出递归程序，如上述的递归方程和终止条件可以编写如下程序：

```
#include <stdio.h>
int age(int);
```

```
int  main()
{
     printf("%d\n", age(5));
     return 0
}
int age(int n)
{
     int c;
     if(n==1)
     c=10;    /*age(n)=10*/
     else
     c=age(n-1)+2;      /*age(n)=age(n-1)+2*/
     return c;
}
```

程序说明：

需要说明的是递归方程 age(n)=age(n−1)+2 要写成 c=age(n−1)+2；为什么？请注意变量 c 是 age(n) 函数的返回值。就 c 为 age(n)的计算结果，c 就代表了 age(n)。因此 age(n)=age(n−1)+2 要写成 c=age(n−1)+2；同理 age(n)=10 写成 c=10；下面再举例说明递归调用的执行过程。

【例 8-6】已知 1 对大兔子一个月可以生一对小兔子，小兔子则需要一个月才能长大成大兔子。假设年初有一对大兔子，问每个月底有多少对兔子？

8-6

分析：这是一个经典的裴波纳契（fibonacci）序列问题。

表 8–1　不同月份兔子对数

	1月	2月	3月	4月	5月	6月	7月	8月	9月	10月	11月	12月
大兔	1	1	2	3	5	8	13	21	34	55	89	144
小兔	0	1	1	2	3	5	8	13	21	34	55	89
总数	1	2	3	5	8	13	21	34	55	89	144	233

仔细观察表 8-1，可以看出

本月大兔子对数 = 上月兔子对数 = 上月大兔子对数 + 上月小兔子对数　（1）

本月小兔子对数 = 上月大兔子对数　（2）

由（2）式推理出上月小兔子对数 = 上上月大兔子对数　（3）

将（3）式带入（1）式得

本月大兔子对数 = 上月大兔子对数 + 上上月大兔子对数　（4）

又由（1）得上月大兔子对数 = 上上月兔子对数　（5）

（1）+（2）得

本月兔子对数 = 本月大兔子对数 + 本月小兔子对数 = 上月兔子对数 + 上月大兔子对数 = 上月兔子对数 + 上上月兔子对数　（6）

如果有一个函数 fib(n)能计算并返回第 n 个月的兔子对数，则 fib(n−1)能计算并返回第 n−1 个月（上月）的兔子对数，fib(n−2)能计算并返回第 n−2 个月（上上月）的兔子对数，由（6）式得 fib(n) = fib(n−1) + fib(n−2)，即每月的兔子对总数为裴波纳契序列。事实上，每月的大兔子对数和每月的小兔子对数也都是裴波纳契序列。

$$\begin{cases} fib(n)=fib(n-1)+fib(n-2) & n\geqslant 3 \quad /*\text{递归方程}*/ \\ fib(n)=1 & n=1,\text{或}n=2 \quad /*\text{终止条件}*/ \end{cases}$$

按公式可编程如下：

```
#include <stdio.h>
int fib(int n)
{
      if(n == 1)
          return 1;          /*fib(n)=1*/
      else if(n == 2)
          return 2;       /*fib(n)=1*/
      else
          return fib(n-1) + fib(n-2);    /*fib(n)=fib(n-1)+fib(n-2)*/
}
int main()
{
      int i;
      for(i = 1; i <= 12; i++)
          printf("%d月    %d对\n", i, fib(i));
      return 0;
}
```

程序输出结果如下：

```
1月      1对
2月      2对
3月      3对
4月      5对
5月      8对
6月     13对
7月     21对
8月     34对
9月     55对
10月     89对
11月    144对
12月    233对
```

程序说明：

这个程序的递归方程 fib(n)=fib(n−1)+fib(n−2)的写法与【例 8-5】略有不同，【例 8-5】使用变量 c 就代表 age(n)。此题程序中的 fib(n)=fib(n−1)+fib(n−2)方程直接写成 return fib(n−1) + fib(n−2)；可以这样理解：fib(n)函数的返回结果为 fib(n−1) + fib(n−2)；即为 fib(n)=fib(n−1)+fib(n−2)。

程序中给出的函数 fib 是一个递归函数。主函数调用 fib 后即进入函数 fib 执行，如果 n == 1 或 n == 2 时都将结束函数的执行，返回当月的兔子对数；否则就递归调用 fib 函数自身。由于每次递归调用的实参为 n−1 和 n−2，即把 n−1 和 n−2 的值赋予形参 n，最后当 n−1 的值为 1 或 2 时再作递归调用，形参 n 的值也为 1 或 2，将使递归终止，然后可逐层退回。

在定义递归函数的时候，一定要注意函数的参数和返回值问题。函数输入的参数必须使得递归能够进行下去，函数的返回值将被下一次调用使用。

下面再举例说明该过程。如图 8-3 所示，图中[ ]中的数字表示返回的当月兔子对数计算结果。设执行本程序时求 fib(5)，即第 5 个月的兔子对数。在主函数中的调用语句即为 fib(5)，进入 fib 函数后，由于 n==5，不等于 1 或 2，故应执行 fib(n-1)+fib(n-2)，即 fib(4)+fib(3)。该语句对 fib 作递归调用 fib(4) 和 fib(3)。

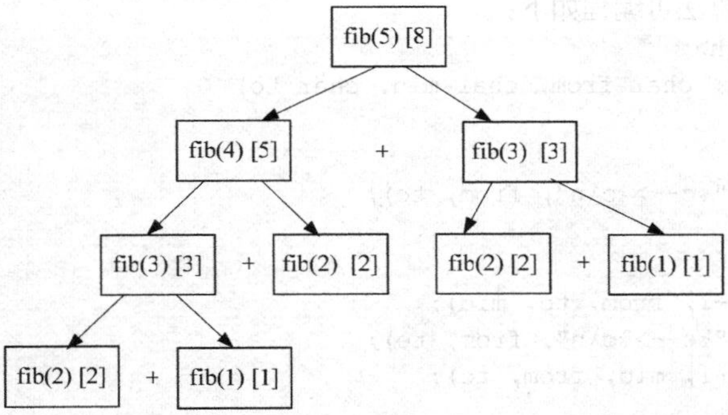

图8-3 兔子问题递归调用

当递归调用后，fib 函数形参取得的值变为 1 或 2 时，不再继续递归调用而开始逐层返回主调函数。fib(1)的函数返回值为 1，fib(2)的返回值为 2，fib (3)的返回值为 1 + 2 = 3，fib(4)的返回值为 3 + 2 = 5，最后返回值 fib(5)为 5 + 3 = 8。

【例 8-5】也可以不用递归的方法来完成，如可以用递推法直接计算第 3 个月兔子对数，然后第 4 个月，直到 n 个月。递推法比递归法更容易理解和实现，但是有些问题则只能用递归算法才能实现，典型的问题是 Hanoi 塔问题。

8-7

【例 8-7】Hanoi 塔问题。

一块木板上有三根柱子，分别编号为 1、2、3。1 柱上套有 64 个大小不等的盘子，大的在下，小的在上，如图 8-4 所示。要把这 64 个盘子从 1 柱移动到 3 柱上，每次只能移动一个盘子。移动可以借助 2 柱进行，但在任何时候，任何柱上的盘子都必须保持大盘在下，小盘在上，求移动的步骤。

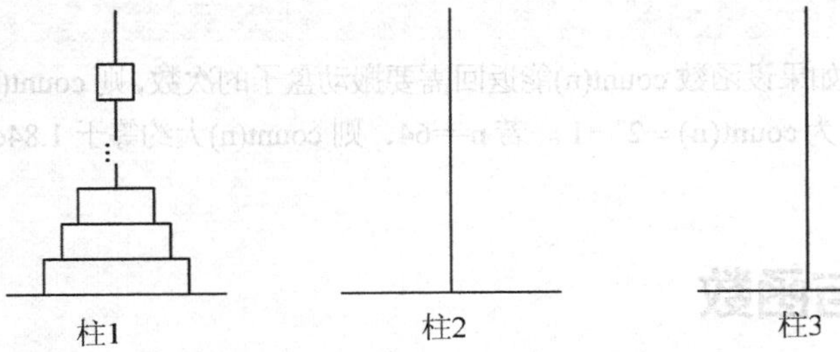

图8-4 Hanoi塔问题

分析：

（1）假设柱子 1 上有 n == 1 个盘子，则将盘子从柱子 1 直接移动到柱子 3；

（2）如果柱子 1 上有 n（n>=2）个盘子，则：

a. 将柱子 1 上的 n−1 个盘子移到柱子 2 上（借助于柱子 3）；

b. 将柱子 1 上的最后一个盘子移到柱子 3 上；

c. 将柱子 2 上的 n-1 个盘子移到柱子 3 上(借助柱子 1)；

可见，步骤 a 和 c 是类似的，且和原问题也类似，只是规模小了 1，即盘子的个数少 1 个，显然这是一个递归过程，据此算法可编程如下：

```
#include <stdio.h>
void Hanoi(int n, char from, char mid, char to)
{
    if(n == 1)
        printf("%c-->%c\n", from, to);
    else
    {
        Hanoi(n-1, from, to, mid);
        printf("%c-->%c\n", from, to);
        Hanoi(n-1, mid, from, to);
    }
}

int main()
{
    int n;
    printf("Please enter number of plates:");
    scanf("%d", &n);
    Hanoi(n, '1', '2', '3');
   return 0;
}
```

运行结果如下：

```
Please enter number of plates:3
1-->3
1-->2
3-->2
1-->3
2-->1
2-->3
1-->3
```

从程序中可以看出，如果设函数 count(n)能返回需要搬动盘子的次数，则 count(n) = 2 * count(n−1) + 1,count(1) = 1；其解析解为 count(n) = $2^n - 1$ 。若 n==64，则 count(n)大约等于 1.84e+019 次，远远超出了实际能搬动的范畴。

8.3 数组与函数

数组也可以作为函数的参数使用，进行数据传送。数组用作函数参数有两种形式，一种是把数组元素(下标变量)作为实参使用；另一种是把数组名作为函数的形参和实参使用。

8.3.1 数组元素作函数实参

数组元素就是下标变量，它与普通变量并无区别。因此它作为函数实参使用与普通变量是完全相同的，在发生函数调用时，把作为实参的数组元素的值传送给形参，实现单向的值传送。

【例 8-8】求一个整数数组中所有元素绝对值之和。

8-8

程序参考代码：

```
int Iabs(int x)
{
    if(x > 0)
        return x;
    else
        return -x;
}
int main()
{
    int i, a[10], y, sum = 0;
    printf("Please enter 10 numbers:\n");
    for(i = 0; i < 10; i++)
    {
        scanf("%d", &a[i]);
        y = Iabs(a[i]);
        sum += y;
    }
    printf("The absolute summary is %d\n", sum);
    return 0;
}
```

程序运行结果如下：

```
Please enter 10 numbers:
1 -2 3 4 -5 6 7 8 -9 -10
The absolute summary is 55
```

本程序中首先定义一个返回值类型为 int 的函数 Iabs，并说明其形参 x 为整型变量。在函数体中根据 x 的值输出相应的结果（求绝对值）。在 main 函数中用一个 for 语句输入数组各元素，每输入一个就以该元素作实参调用一次 Iabs 函数，即把 a[i]的值传送给形参 x，供 Iabs 函数使用。

8.3.2 数组名作为函数参数

用数组名作函数参数与用数组元素作实参有以下不同点。

（1）用数组元素作实参时，只要数组类型和函数的形参变量的类型一致，那么作为下标变量的数组元素的类型也和函数形参变量的类型是一致的。因此，并不要求函数的形参也是下标变量。换句话说，对数组元素的处理是按普通变量对待的。**用数组名作函数参数时，则要求形参和相对应的实参都必须是类型相同的数组**，都必须有明确的数组说明。当形参和实参二者不一致时，就会发生错误。

（2）由于 C 函数参数采用"按值调用"的方法，如果需要在被调用函数中修改主调函数中的值，就需要使用数组名作为函数参数。在用**数组名作函数参数**时，不是进行值的传送（即不是把实参数组的每一个元素的值都赋给形参数组的各个元素），而是把实参数组的首地址赋给形参数组名。因为实际上形参数组并不存在，编译系统不为形参数组分配内存。数组名就是数组的首地址，因此在数组名作函数参数时所进行的传送只是地址的传送，也就是说，把形参数组名取到该实参数组首地址之后，就等于有了实际的数组。实际上，形参数组和实参数组为同一数组，共同拥有同一段内存空间。如果改变了形参的值，实际上就是修改了实参（数组元素）的值。

【例 8-9】定义一个长度为 10 的一维数组，从键盘上输入 10 个元素值，编写程序将其中的值逆序重新存放。即第一个元素和最后一个元素交换位置，第二个元素和倒数第二个元素交换位置，依此类推。

8-9

```
#include<stdio.h>void exchange(int b[10])
{
     int i, j, temp;
     for(i = 0, j = 9; i < j; i++, j--)
     {
          temp = b[i];
          b[i] = b[j];
          b[j] = temp;
     }
}

int main()
{
     int i, a[10];
     printf("Please enter 10 numbers:");
     for(i = 0; i < 10; i++)
          scanf("%d", &a[i]);
     exchange(a);
     printf("\nThe output is:");
     for(i = 0; i < 10; i++)
          printf("%d ", a[i]);
     return 0;
}
```

程序输入输出如下：

```
Please enter 10 numbers:132 432 56 45 65 32 645 243 89 10
The output is:10 89 243 645 32 65 45 56 432 132
```

本程序首先定义了一个函数 **exchange**，有一个形参为实型数组 **b**，长度为 10(形参数组长度可以不定义，因为它与实参共用一段空间)。在函数 **exchange** 中，将 **b** 数组元素首尾交换。如图 8-5 所示，由于 **a** 和 **b** 指向同一段空间，在 **exchange** 函数中改变数组元素的值等同于改变数组 **a** 元素的值。

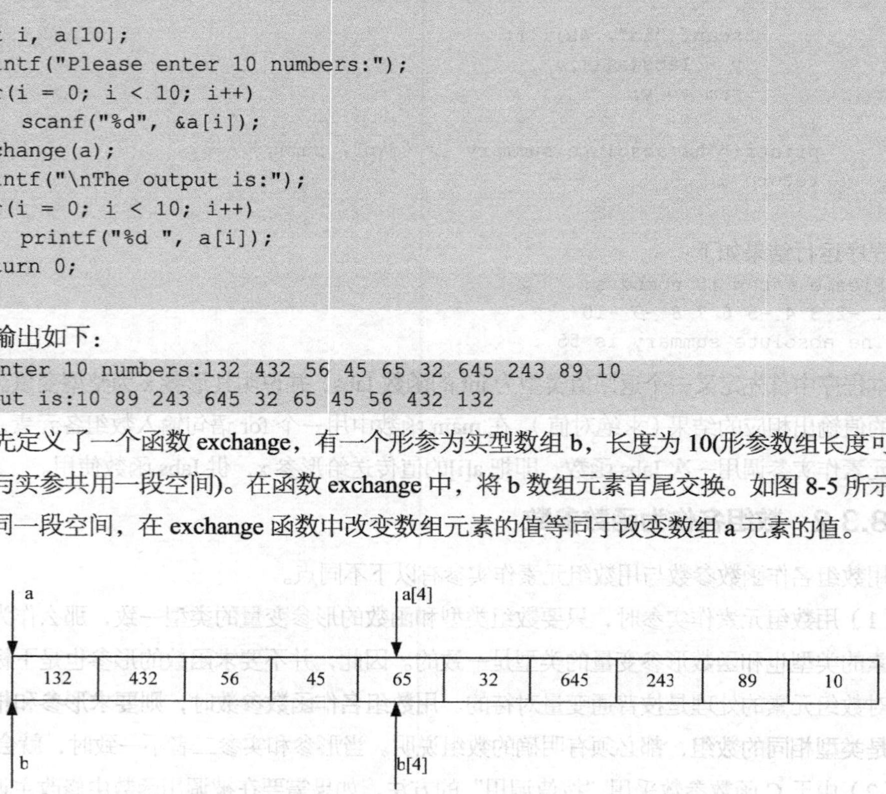

图8-5　数组参数数据交换图

用数组名作为函数参数时还应注意形参数组和实参数组的类型必须一致，否则将引起错误。形参数组和实参数组的长度可以不相同，因为在调用时，只传送首地址而不检查形参数组的长度。当形参数组的长度与实参数组不一致时，虽不至于出现语法错误(编译能通过)，但程序执行可能发生错误。

【例 8-10】【例 8-9】的错误版本，形参数组与实参数组的长度不一致。

```
void exchange(int b[10])
{
```

```
    int i, j, temp;
    for(i = 0, j = 9; i < j; i++, j--)
    {
        temp = b[i];
        b[i] = b[j];
        b[j] = temp;
    }
}

int main()
{
    int i, a[5];

    printf("Please enter 5 numbers:");
    for(i = 0; i < 5; i++)
        scanf("%d", &a[i]);
    exchange(a);
    printf("\nThe output is:");
    for(i = 0; i < 5; i++)
        printf("%d ", a[i]);
    return 0;
}
```

程序输入输出如下：

```
Please enter 5 numbers:1 2 3 4 5
The output is:4460176 3 4201417 1310656 5
```

显然，程序结果不正确。本程序与【例 8-9】相比，exchange 函数不变，但 main 函数调用时 a 数组的长度变为 5，因此，形参数组 b 和实参数组 a 的长度不一致。虽然编译能够通过，但运行时，由于形参 b 数组和实参 a 数组共享同一段内存空间，所以 a[5]..a[9]即 b[5]..b[9]是没有意义的（没有分配内存空间），取的是随机数。事实上，在函数形参表中，允许不给出形参数组的长度，或用一个变量来表示数组元素的个数。例如 exchange 函数也可以定义为：void exchange(int b[])或 void exchange(int b[], int n)。其中形参数组 b 没有给出长度，而由 n 值动态地表示数组的长度。n 的值由主调函数的实参进行传送。

【例 8-11】例 8-9 改进版本。

```
#include <stdio.h>
void exchange(int b[], int n)
{
    int i, j, temp;
    for(i = 0, j = n-1; i < j; i++, j--)
    {
        temp = b[i];
        b[i] = b[j];
        b[j] = temp;
    }
}

int main()
{
    int i, a[10];
    printf("Please enter 10 numbers:");
```

```
    for(i = 0; i < 10; i++)
        scanf("%d", &a[i]);
    exchange(a, 10);
    printf("\nThe output is:");
    for(i = 0; i < 10; i++)
         printf("%d ", a[i]);
    return 0;
}
```

程序中 exchange 函数形参数组 b 没有给出长度，而是由 n 动态确定该长度。在 main 函数中，函数调用语句为 exchange(a, 10)，其中实参 10 将赋予形参 n 作为形参数组的长度。

8.4 变量的属性

C 语言中的变量被定义后，该变量就具有一定的属性，如数据类型、存储方式、变量的值、取值范围等。归纳起来变量有 6 个属性：

（1）名字/别名

（2）地址/左值

（3）值/右值

（4）类型

（5）作用域

（6）生存期/生命期

变量的前四个属性前面的章节都有介绍，这一节主要介绍变量的作用域和生存期。变量的作用域指一个变量能够起作用的范围；生存期指变量存在的时间，即从给变量分配内存到变量所分配的内存被系统回收的时间段。

C 语言中的变量，按作用域范围可分为两种，即局部变量和全局变量；按变量存在的时间划分，可分为静态存储变量和动态存储变量。

8.4.1 局部变量和全局变量

1. 局部变量

局部变量是在某个函数内定义的，其作用域仅限于函数内，离开该函数后再使用这个变量是非法的，即在其他范围内该变量是“不可见”的。因此，局部变量也称为内部变量。其总体使用原则是：每个变量只在定义它的函数或复合语句（由花括号{}括起来的语句块）内和下级语句块内有效。

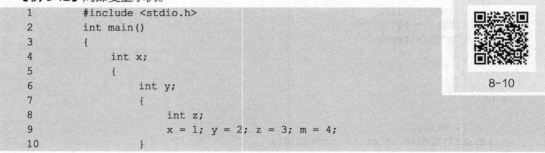

【例 8-12】局部变量示例。

```
#include <stdio.h>
int main()
{
    int x;
    {
        int y;
        {
            int z;
            x = 1; y = 2; z = 3; m = 4;
        }
```

8-10

```
11                  x = 1; y = 2; z = 3; m = 4;
12              }
13              {
14                  int m;
15                  x = 1; y = 2; z = 3; m = 4;
16              }
17              x = 1; y = 2; z = 3; m = 4;
18          return 0;
19      }
```

该程序代码编译错误，提示如下：

```
D:\csamples\csamples.cpp(9) : error C2065: 'm' : undeclared identifier
D:\csamples\csamples.cpp(11) : error C2065: 'z' : undeclared identifier
D:\csamples\csamples.cpp(15) : error C2065: 'y' : undeclared identifier
```

编译时遇到无法识别的标识符只在第一处提示，可见第 9 行 x、y、z 有效，m 无效；第 11 行 x、y 有效，z、m 无效；第 15 行 x、m 有效，y、z 无效；第 17 行只有 x 有效，y、z、m 无效。

关于局部变量的作用域还需要注意以下几点。

（1）形参变量是属于被调函数的局部变量，实参变量是属于主调函数的局部变量。

（2）允许在不同的函数中使用相同的变量名，它们代表不同的对象，分配不同的单元，互不干扰，也不会发生混淆。形参和实参的变量名也可以相同。

（3）主函数 main 中定义的变量只能在主函数中使用，不能在其他函数中使用。同时，主函数中也不能使用其他函数中定义的变量。因为主函数也是一个函数，它与其他函数是平行关系。

（4）在复合语句中也可定义变量，其作用域只在复合语句范围内。上下级复合语句变量名也允许相同。

【例 8-13】复合语句同变量名示例。

8-11

```
#include <stdio.h>
int main()
{
    int x, y, z;
    x = y = 2;
    z = x + y;
    {
        int z = 3;
        printf("The inner z = %d\n",z);
    }
printf("The outer z = %d\n",z);
return 0;
}
```

程序输出结果为：

```
The inner z = 3
The outer z = 4
```

程序中定义了 x、y、z 三个变量，而在复合语句内又定义了一个变量 z，可见内存变量 z 是复合语句内的 z，而非外层定义的 z，即这两个 z 拥有各自不同的存储空间。当然，实际应用中不建议这样使用，以免引起混淆。

2. 全局变量

全局变量不属于某一个函数，而是属于一个源程序文件，它是在函数外部定义的变量。全局变量也称为外部变量，其作用域是整个源程序。

【例 8-14】全局变量示例。

```
#include <stdio.h>
int gCount;
void increaseglobal()
{
     gCount++;
}
void increaselocal(int gCount)
{
     gCount++;
}
int main()
{
     printf("Count init:%d\n", gCount);
     increaseglobal();
     printf("After increaseglobal function:%d\n", gCount);
     increaselocal(gCount);
     printf("After increaselocal function:%d\n", gCount);
     return 0;
}
```

8-12

程序运行结果如下：

```
Count init:0
After increaseglobal function:1
After increaselocal function:1
```

由【例 8-14】可以看出以下三点。

（1）文件第 2 行 gCount 是全局变量，定义的文件中从定义起都可以使用，比如在 increaseglobal 和 main 函数中引用了 gCount。全局变量系统初始化为 0，这一点与局部变量不一样。

（2）increaselocal 函数中的形参变量 gCount 是局部变量，其值的改变不影响全局变量 gCount 的值。在局部变量的作用范围内，外部变量被“屏蔽”，即它不起作用。

（3）在函数中使用全局变量，一般应作全局变量说明。但在一个函数之前定义的全局变量，在该函数内使用可不再加以说明。只有在函数内经过说明的全局变量才能使用。全局变例如，若要在其他文件中使用 gCount 变量，应声明为 extern int gCount;

【例 8-15】输入圆的半径 r，求其面积和周长。

```
#include <stdio.h>
#define PI 3.14
double gRound, gArea, gRadius;

void Calculate()
{
     gArea = PI * gRadius * gRadius;
     gRound = 2 * PI * gRadius;
}
int main()
{
     printf("Please input radius:");
     scanf("%lf", &gRadius);
     Calculate();
```

8-13

```
    printf("Area = %5.2f, Round = %5.2f", gArea, gRound);
    return 0;
}
```

程序输入输出为：

```
Please input radius:5
Area = 78.50, Round = 31.40
```

可见，当需要函数返回多个值的时候，可以使用全局变量，因为函数只能通过 return 语句返回一个值，全局变量作为不同函数间沟通的桥梁。也正因为如此，使用全局变量要特别小心，全局变量可能在任何地方被改变。

8.4.2 动态存储与静态存储方式

变量除了作用域（即从空间上分）可以分为全局变量和局部变量，还可以从变量值存在的作用时间（即生存期）分为静态存储方式和动态存储方式。

静态存储方式：是指在程序运行期间分配固定的存储空间的方式。

动态存储方式：是在程序运行期间根据需要进行动态的分配存储空间的方式。

用户存储空间可以分为程序区、静态存储区和动态存储区三个部分。

全局变量全部存放在静态存储区，在程序开始执行时给全局变量分配存储区，并由系统初始化，程序执行完毕才被释放。在程序执行过程中它们占据固定的存储单元，直到程序结束。

动态存储区存放以下数据：

（1）函数形式参数；

（2）自动变量（未加 static 声明的局部变量）；

（3）函数调用时的现场保护和返回地址；

对以上这些数据，在函数开始调用时分配动态存储空间，函数结束时释放这些空间。

1. auto 变量

函数中使用的变量（包括形参和在函数中定义的变量）如不专门声明为 static 存储类别，则都是动态地分配存储空间的，数据存储在动态存储区中。在调用该函数时系统才给它们分配存储空间，在函数调用结束时就自动释放这些存储空间。这类局部变量称为自动变量。自动变量用关键字 auto 作存储类别的声明。但由于这种变量使用频繁，可以省略，auto 不写则默认为“自动存储类别”，属于动态存储方式。事实上，前面使用的变量除了全局变量外都是 auto 变量。

【例 8-16】 auto 变量示例。

```
#include <stdio.h>
void example(int x)
{
    auto int y = 4;
    x += 1;
    y += 2;
    printf("x = %d, y = %d\n", x, y);
}
int main()
{
    example(3);
    example(3);
```

8-14

```
    return 0;
}
```

程序输出为：

```
x = 4, y = 6
x = 4, y = 6
```

可以看出，自动变量 x 和 y 每次执行后释放空间，下一次执行时重新分配空间，重新计算，因此，两次调用计算结果相同。

2. register 变量

为了提高效率，C 语言允许将局部变量的值放在 CPU 中的寄存器中，这种变量叫“寄存器变量”，用关键字 register 作声明。

【例 8-17】寄存器变量示例。

```
#include <stdio.h>
void example(int x)
{
    register int y = 4;
    x += 1;
    y += 2;
    printf("x = %d, y = %d\n", x, y);
}
int main()
{
    example(3);
    example(3);
    return 0;
}
```

> **注意** 只有局部自动变量和形式参数可以作为寄存器变量，但不可以定义auto register或register auto类型。计算机系统中的寄存器数目有限，如果定义过多，系统则将其定义为自动变量使用。同样，编译器可能将自动变量定义为寄存器变量加快运算速度。因此，寄存器变量一般用户无需使用。

3. 用 static 声明局部变量

如果需要函数中局部变量的值在函数调用结束后不消失而保留前一次调用后留下来的值，这时就应该指定局部变量为“静态局部变量”，用关键字 static 进行声明。

【例 8-18】静态局部变量的示例。

8-15

```
#include <stdio.h>
void example(int x)
{
    static int y = 4;
    x += 1;
    y += 2;
    printf("x = %d, y = %d\n", x, y);
}
int main()
{
    printf("First invoke:");
    example(3);
```

```
        printf("Send invoke:");
        example(3);
        return 0;
    }
```

程序输出为：

```
First invoke:x = 4, y = 6
Send invoke:x = 4, y = 8
```

可见，静态局部变量 y 属于静态存储类别，在静态存储区内分配存储单元，在程序整个运行期间都不释放，所以 y 变量在第二次调用时“记住”了第一次调用后保留下来的值。

8.5 经典算法

8.5.1 二分查找算法

二分查找算法也称为折半查找算法，其基本思想为，在有序表中，取中间元素作为比较对象，若给定值与中间元素的值相等，则查找成功；若给定值小于中间元素的值，则在中间元素的小数半区继续查找；若给定值大于中间元素的值，则在中间元素的大数半区继续查找。不断重复上述查找过程，直到查找成功，或所查找的区域无数据元素，查找失败。

【例 8-19】二分查找：在数组中查找一个给定的数。

已知有序表：15，14，13，12，11，10，9，8，7，6，5，4，3，2，1，要求输入需要查询的数据，查找该数在有序表中的位置。如果找到该数，输出该数在有序表中的位置，如果没有找到输出-1；

8-16

程序参考代码：

```
#include <stdio.h>
int Search(int a[], int n,int key);
int main()
{
    int a[]={15,14,13,12,11,10,9,8,7,6,5,4,3,2,1};
    int key;
    printf("Input to find the numer:");
    scanf("%d",&key);
    if(Search(a,15,key)>=0)
        printf("%d 位于数组第%d 个位置\n",key, Search(a,15,key)+1);
    else
        printf("查无此数！");
    return 0;
}
int Search(int a[], int n,int key)     //int a[]也可以定义成 int *a
{
    int left=0,right=n-1,mid, index=-1;
    while(right>=left){
        mid=(left+right)/2;
        if(a[mid]<key)
            right=mid-1;
        else if (a[mid]>key)
            left=mid+1;
        else
```

```
            {
                index=mid;
                break;
            }
        }
    return index;
}
```

运行结果：

```
Input to find the numer:12
12 位于数组第 4 个位置
```

8.5.2 冒泡法排序算法

8-17

【例 8-20】任意输入 10 个数，请按升序排序输出。

根据冒泡法排序方法编写一个排序函数，在主程序中调用。

参考代码如下：

```
/*按升序用冒泡法排序 10 个数*/
#include <stdio.h>
int main()
{
    int a[10], i;
    void Bubblee Sort(int a[],int n);
    printf("input 10 numbers:\n");
    for( i=0; i<10; i++)
        scanf("%d",&a[i]);
    sortarray(a,10);
     printf("The sorted 10 numbers:\n");
    for( i= 0; i<10; i++)
        printf("%-5d ",a[i]);
    return 0;
}
void BubbleSort(int a[],int n)
{  int i,j,t;
    for( i=0; i< n-1; i++ )
        for( j=0; j<n-i-1; j++)
            if( a[j]>a[j+1])
            {   t= a[j];  a[j]= a[j+1]; a[j+1]= t;  }
}
```

运行结果：

```
input 10 numbers:
6 5 1 8 9 12 3 7 2 4
The sorted numbers:
1   2   3   4   5   6   7   8   9   12
```

思考：如果把输入和输出单独编写函数，又该怎样修改本程序？

8.5.3 选择法排序算法

8-18

【例 8-21】任意输入 10 个数，请按升序排序输出。

根据选择法排序算法编写一个排序函数，在主程序中调用。

```
/*按升序用选择法排序 10 个数*/
#include <stdio.h>
void Input(int a[],int n)
```

```
{
    int i;
    printf("input %d numbers:\n",n);
    for(i=0; i<n; i++)
        scanf("%d",&a[i]);      /*完成n个元素的输入*/
}
void SelectSort(int a[],int n)
{
    int i,j,t;
    for( i=0; i<n-1; i++ )
    {
        int k=i;
        for( j=i+1; j<n; j++)
            if( a[k]>a[j]) k=j;
        t=a[i];
        a[i]=a[k];
        a[k]=t;
    }

}
void Print(int a[],int n)
{
    int i;
    printf("%The sorted numbers:\n");
    for( i= 0; i<n; i++)
        printf("%-5d ",a[i]);      /*左对齐输出*/
}

int main()
{
    int a[10], i, j, t ;
    Input(a,10);
    SelectSort(a,10);
    Print(a,10);
    return 0;
}
```

运行结果：

```
input 10 numbers:
6 5 1 8 9 12 3 7 2 4
The sorted numbers:
1    2    3    4    5    6    7    8    9    12
```

8.6 小结

C 语言程序的模块化设计由函数来实现，因此，本章主要介绍函数的定义和函数的调用。C 语言函数调用有两种形式，一种是值传递，一种是地址传递。采用值传递方式，实参的值在函数调用前后保持不变。采用地址传递方式，实参的值在函数调用之后可能会发生改变。一个函数的一次调用只能返回一个值。C 语言函数之间是平等的，不能在函数内部定义子函数。函数之间可以相互调用，也可以递归调用自身。在调用时要明确函数的接口，即函数的定义、声明和使用参数的一致性，明确函数调用的接口是系统设计过程中的重要工作。

习　题

一、选择题

（1）以下说法正确的是（　　）。

A. 用户若需调用标准库函数，调用前必须重新定义

B. 用户可以重新定义标准库函数，若如此，该函数失去原有含义

C. 系统根本不允许用户重新定义标准库函数

D. 用户若需调用标准库函数，调用前不必使用预编译命令将该函数所在文件包括到用户源文件中，系统自动调用。

（2）以下函数定义形式正确的是（　　）。

A. double fun(int x,int y)　　B. double fun(int x;int y)

C. double fun(int x； y)　　D. double fun(int x,y);

（3）在C语言中，以下说法正确的是（　　）。

A. 实参和与其对应的形参各占用独立的存储单元

B. 实参和与其对应的形参共占用一个存储单元

C. 只有当实参和与其对应的形参同名时才共占用存储单元

D. 形参是虚拟的，不占用存储单元

（4）若调用一个函数，且此函数中没有return语句，则说法正确的是该函数（　　）。

A. 返回一个确定的值　　B. 返回若干个系统默认值

C. 能返回一个用户所希望的函数值　　D. 没有返回值

（5）C语言规定，简单变量做实参时，它和对应形参之间的数据传递方式是（　　）。

A. 地址传递　　B. 单向值传递

C. 由实参传给形参，再由形参传回给实参　　D. 由用户指定传递方式

（6）若有以下数组定义和f函数调用的语句，则在f函数的说明中，对形参数组array的正确定义方式为（　　）。

int a[3][4];　f(a);

A. f(int array[][6])　B. f(int array[3][])　C. f(int array[][4])　D. f(int array[2][5])

（7）若使用一维数组名作函数实参，则以下说法正确的是（　　）。

A. 必须在主调函数中说明此数组的大小

B. 实参数组类型与形参数组类型可以不匹配

C. 在被调函数中，不需要考虑形参数组的大小

D. 实参数组名与形参数组名必须一致

（8）以下不正确的说法为（　　）。

A. 在不同函数中可以使用相同名字的变量

B. 形式参数是局部变量

C. 在函数内定义的变量只在函数范围内有效

D. 在函数内的复合语句中定义的变量在本函数范围内有效

（9）以下说法不正确的是（ ）。

A. 预定义命令行都必须以“#”开始

B. 在程序中凡是以#号开始的语句行都是预处理命令

C. C程序在执行过程中对预处理命令行进行处理

D. 以下是正确的宏定义：#define iBM_PC 5

（10）C语言的编译系统对宏命令的处理是（ ）。

A. 在程序运行时进行的　　B. 在程序连接时进行的

C. 和C程序中的其他语句同时进行编译的　　D. 在对源程序代码编译之前进行的

（11）以下有关宏替换的叙述不正确的是（ ）。

A. 宏替换不占用运行时间　　B. 宏名无类型

C. 宏替换只是字符替换　　D. 宏名必须用大写字母表示

（12）凡是函数中未指定存储类别的局部变量，其隐含的存储类型是（ ）。

A. auto　　B. static　　C. extern　　D. register

（13）在一个C源程序文件中，若要定义一个只允许本源文件中所有函数使用的全局变量，则该变量需要使用的存储类别是（ ）。

A. extern　　B. register　　C. auto　　D. static

（14）在C语言程序中，以下描述正确的是（ ）。

A. 函数的定义可以嵌套，但函数的调用不可以嵌套

B. 函数的定义不可以嵌套，但函数的调用可以嵌套

C. 函数的定义和函数的调用均不可以嵌套

D. 函数的定义和调用均可以嵌套

（15）以下函数形式正确的是（ ）

A. double fun(int x,int y) {z=x+y;return z;}

B. fun(int x,y) {int z; z=x+y ;return z;}

C. fun(x,y) {int x,y; double z; z=x+y; retun z;}

D. double fun(int x,int y) {double z;z=x+y;return z;}

二、程序阅读题

（1）以下程序的运行结果是（ ）。

```
#include<stdio.h>
int main()
{
    int i=2,x=5,j=7;
    void fun(int i,int j);
    fun(j,6);
    printf("i=%d; j=%d; x=%d\n",i,j,x);
    return 0;
```

```
}
void fun(int i,int j)
{
    int x=7;
    printf("i=%d; j=%d; x=%d\n",i,j,x);
}
```

（2）以下程序的运行结果是（　　）。

```
#include <stdio.h>
void num()
{
    extern int x,y;
    int a=15,b=10;
    x=a-b;
    y=a+b;
}
int x,y;
int main()
{
    int a=7,b=5;
    x=a+b;
    y=a-b;
    num();
    printf("%d,%d",x,y);
    return 0;
}
```

（3）以下程序的运行结果是（　　）。

```
#include<stdio.h>
int main()
{
    int k=4,m=1,p;
    int func(int a,int b);
    p=func(k,m);
    printf("%d ",p);
    p=func(k,m);
    printf("%d\n",p);
    return 0;
}
int func(int a,int b)
{
    static int m=0,i=2;
    i+=m+1;
    m=i+a+b;
    return(m);
}
```

（4）以下程序的运行结果是（　　）。

```
#include<stdio.h>
int main()
{
    int i=5;
    int sub(int n);
    printf("%d\n",sub(i));
    return 0;
```

```
    }
    int sub(int n)
    {
        int a;
        if(n==1) return 1;
        a=n+sub(n-1);
        return(a);
    }
```

（5）以下程序运行结果是（　　）。

```
#define  M  3
#define  N (M+1)
#define  NN  N*N/2
int main()
{
    printf("%d\n",NN);
    printf("%d",5*NN);
    return 0;
}
```

如果#define　N　M+1，结果又是多少？

（6）以下程序运行结果是（　　）。

```
#define ADD(x) x+x
#include<stdio.h>
int main()
{
   int m=1,n=2,k=3;
   int sum=ADD(m+n)*k;
   printf("sum=%d",sum);
   return 0;
}
```

实验八　函数

一、实验目的

1. 掌握函数的定义和函数的返回值。
2. 掌握函数的原型说明和函数调用方法。
3. 掌握模块化的程序设计方法。
4. 掌握函数的值传递和地址传递的区别和作用。
5. 掌握静态存储和动态存储的意义。

二、实验内容

1. 阅读程序题

（1）请阅读下列程序，并上机验证阅读分析的结果。

```
include <stdio.h>
int main()
{
     void fun(int i,int j);
     int i=2,x=5,j=7;
     fun(j,6);          //传值调用
     printf("i=%d; j=%d; x=%d\n",i,j,x);
     return 0;
}
void fun(int i,int j)
{
     int x=7;
     printf("i=%d; j=%d; x=%d\n",i,j,x);
}
```

（2）请阅读下列程序，并上机验证阅读分析的结果。

```
#include <stdio.h>
void increment()
{
    static int x=0;     //局部静态变量的作用
     x+=1;
     printf("%d",x);
}
int main()
{
  increment(); increment(); increment();
  return 0;
}
```

（3）请阅读下列程序，并上机验证阅读分析的结果。

```
#include <stdio.h>
int i=0;                //变量 i 的作用范围有多大？
int main()
{
     int i=5;           //此变量 i 与本程序第二行中的变量 i 是同一个变量吗？
     reset(i/2);
     printf("i=%d\n",i);
     reset(i=i/2);
     printf("i=%d\n",i);
     reset(i/2);
     printf("i=%d\n",i);
     workover(i);
     printf("i=%d\n",i);
     return 0;
}
int workover(int i)     //形参变量 i 与上述的 i 意义相同吗？
{
     i=(i%i)*((i*i)/(2*i)+4);
     printf("i=%d\n",i);
     return(i);
}
int reset(int i)        //形参变量 i 与上述的 i 意义相同吗？
```

```
{
    i=i<=2?5:0;
    return(i);
}
```

（4）请阅读下列程序，并上机验证阅读分析的结果。

```
#include <stdio.h>
int main()
{
    void change(int a[]);
    int i,a[5]={1,2,3,4,5};
    for(i=0;i<5;i++)
       printf("%d ",a[i]);
    printf("\n");
    change(a);        //传地址调用，地址传给了谁？
    for(i=0;i<5;i++)
        printf("%d ",a[i]);
    return 0;
}
void change(int b[])
{
    int i;
    for(i=0;i<5;i++)
        b[i]=b[i]+5;
}
```

（5）请阅读下列程序，并上机验证阅读分析的结果。

```
#include <stdio.h>
int main()
{
    int sub(int n);
    int i=5;
    printf("%d\n",sub(i));
    return 0;
}
int sub(int n)
{
    int a;
    if(n==1) return 1;
    a=n+sub(n-1);     //递归调用
    return(a);
}
```

2. 编程题

（1）编写一个函数，实现输出字符串："I love China!"的功能。

（2）编写一个判断输入的字符是否是数字字符的函数，如果是数字字符，则返回1，不是，则返回0。在主函数中输入字符，调用该函数判断该字符。

（3）编写一个函数，计算一个整数m的n次幂，在主函数中输入m和n，并输出m^n的值。

（4）编写函数把华氏温度转为摄氏温度，公式为$C=(F-32)*5/9$，在主函数中进行输入和输出，从键盘输入华氏温度值。

（5）编写求阶乘的函数，在主函数中调用该函数，求$1!+2!+3!+\ldots+n!$的和，并输出结果。

（6）给出年、月、日，计算该日是该年的第几天？请用模块化的程序设计方法编程。

（7）设计函数，求一个字符串的长度。在主函数中输入字符串，并输出其长度。

（8）用牛顿迭代法求方程的根，方程为$ax^3+bx^2+cx+d=0$，系数a、b、c、d由主函数输入。求x在1附近的一个实根，并在主函数中输出。

提示：牛顿迭代法的公式是$x=x_0-\dfrac{f(x_0)}{f'(x_0)}$，设迭代到$|x-x_0|\leqslant 10^{-5}$时结束。

（9）编写一个函数，求两个整数的最大公约数，并在主函数中通过键盘任意输入两个整数，要求调用这个函数输出它们的最大公约数。

（10）输入10个学生5门课的成绩，分别用函数求：①每个学生的平均成绩；②每门课的平均分；③找出最高分数所对应的学生和课程。

09 第9章 指针

C 语言具有面向过程的程序设计语言的所有特性，而指针是 C 语言区别于其他高级语言的标志之一。利用指针能像汇编语言一样处理内存地址，从而编写出精练而高效的程序，这也是 C 语言可以被称为中级语言的原因。指针是 C 语言中广泛使用的一种数据类型。利用指针变量可以表示各种数据结构（队列、链表、树、图等），可以很方便地使用数组和字符串，可以极大提高程序设计的效率。指针是 C 语言的精华，学习指针是学习 C 语言中最重要的一环，能否正确理解和使用指针是是否掌握 C 语言的一个标志。同时，指针也是学习 C 语言时最为困难的一部分，在学习中除了要正确理解基本概念，还必须要多编程，多上机调试。只要做到这些，指针的用法也是不难掌握的。

9.1 指针变量

9.1.1 内存地址

1. 什么是内存？

要弄明白什么是内存地址，首先要知道什么是内存？内存（Memory）就是内部存储器，是计算机内部中的主要存储部件，用于存放运行的程序和程序所需要的数据。如图 9-1 所示是 8GB 的金士顿内存条。可以把内部存储器类比为教学楼，教学楼用于存放教学设备、课桌椅子，也可以认为老师和学生也是存放在教学楼中。

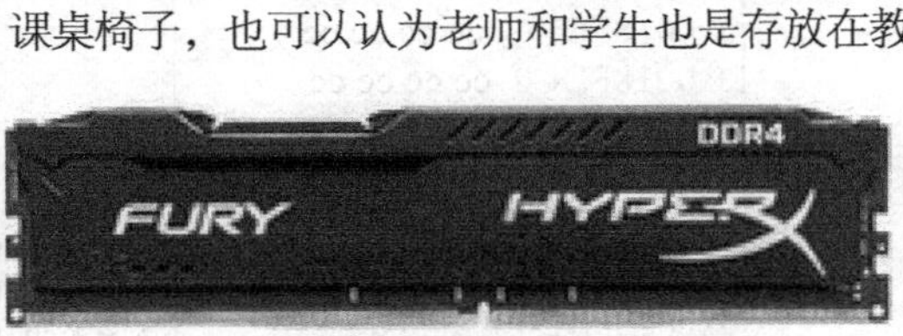

图9-1 内部存储器

2. 什么是内存地址？

教学楼是由一个个教室组成，每个教室都会有一个编号，这个编号称为教室的地址。同样，内部存储器也有一个个像教室一样的存储单元用于存放数据。一般把存储器中的一个字节称为一个存储单元，每个存储单元都有一个编号，这个编号称为内存地址。如图 9-2 所示，左边是内存单元首地址，右边是 4 个存储单元（存放数据），每个存储单元存放了一个字节的数据（两个 16 进制数为一个字节）。例如，第 1 行的地址 0x0018F990 为右边第 1 个存储单元的地址，这个存储单元存放着 01h 这个数据；同理第 2～4 个存储单元的地址分别为 0x0018F991～0x0018F993（这些地址在图中没有标出），这些存储单元都存放着 00h；那么，第 5 个存储单元地址应该为 0x0018F994（图 9-2 所示的第二行左边的地址），即为第 2 行第 1 个存储单元的地址，这个存储单元存放的数据为 02h。

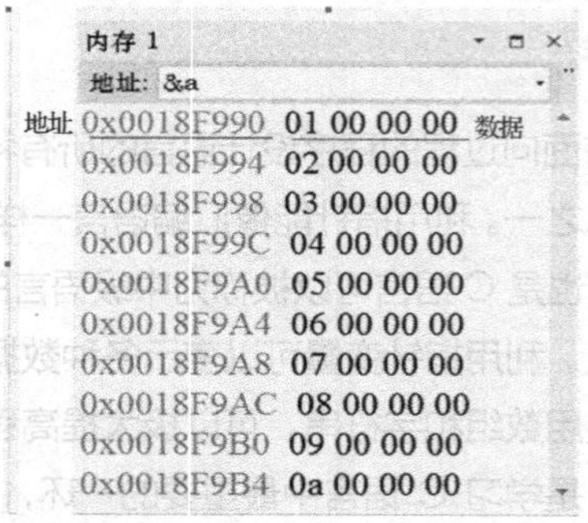

图9-2　存储单元与地址

3. 什么是变量地址?

不同类型的变量所占用的内存单元数不等，如长整型占 4 个字节的存储单元，字符占 1 个字节的存储单元等。**变量地址是变量在内存中占用连续存储单元的首地址。**

例如：

```
int a =10;
doule fl=3.14;
char ch ='A';
```

我们看看这些变量在内存中占用的存储空间的大小，如图 9-3 所示。

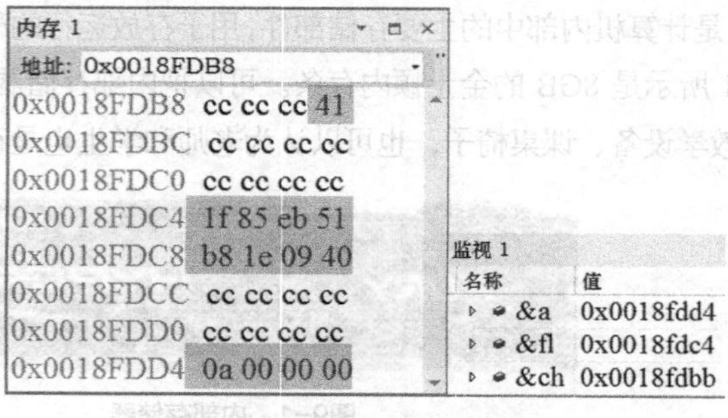

图9-3　内存地址与变量地址

整型的变量 a 在内存中占用 4 个字节的存储单元，这 4 个字节的存储单元存放的数据为 a=0000000ah，采用**小端方式存放数据**：高地址的存储单元存放数据的高位，低地址的存储单元存放数据的低位；低位数据的地址作为变量地址。这 4 个字节存储单元都有地址，地址为 0x0018fdd4～0x0018fdd7，但变量 a 的地址为 4 个连续存储单元的首地址 0x0018fdd4，所以&a 的值为 0x0018fdd4。

同理，双精度类型的变量 fl，在内存中占用 8 个连续字节存储单元，它们的首地址 0x0018fdc4 就是变量 fl 的地址，所以&fl 的值为 0x0018fdc4。注意，在 0x0018fdc4～0x0018fdc8 这 8 个字节中我们并不能像看整型数据那样直观地看出 3.14 这个数据，而是经过转换后的一串数据，这是浮点数据的存储方式决定的。

字符型变量 ch 占用一个字节的存储单元，那么这个单元的内存地址即为该变量的地址，因此，& ch 的值为 0x0018fdbb。

内存单元的地址和内存单元的内容是两个不同的概念，类似于房间号和对应房间内存放的东西也是不同的。另一方面，变量的地址也可以用另一个变量保存起来。**在 C 语言中，用来存放内存地址的变量称为指针变量，简称为指针**。因此，一个指针变量的值就是某个内存单元的地址。

从图 9-3 可知，变量 a=10，存放在地址为 0x0018fdd4 内存单元中。假设另有一个变量 p，存放了变量 a 的地址 0x0018fdd4，即 p=0x0018fdd4，我们就说指针变量 p 指向 0x0018fdd4 内存单元，如图 9-4 所示。这种情况称 p 为指针变量，或说 p 是指向变量 a 的指针。

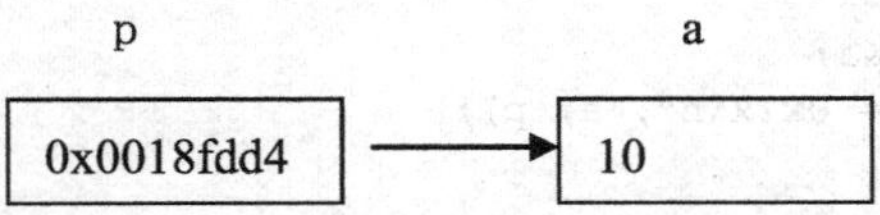

图9-4 指针变量p指向变量x

9.1.2 指针变量的定义

在 C 语言中，用于存放变量地址的变量，这种变量称为指针变量。与普通变量类似，指针变量首先也是一个变量，它的值是可以变化的。指针变量值的变化表示其指向不同的内存单元。因此，一个指针变量的值就是某个变量的地址。

同普通变量一样，指针变量也遵循“先定义、后使用”的原则，指针变量定义一般形式为：

```
类型说明符 *变量名;
```

其中，*表示这是一个指针变量，变量名即为定义的指针变量名，类型说明符表示本指针变量所指向的变量的数据类型。

例如：

```
int *p;
```

表示整型的指针变量 p，它用于保存整型变量的地址，或者说指针 p 指向一个整型变量。至于 p 究竟指向哪一个整型变量，应由 p 保存了那个变量的地址来决定。

又如：

```
long *lp;      /*长整型指针变量 lp*/
double *dp;    /*双精度指针变量 dp*/
char *cp;      /*字符型指针变量 cp*/
```

值得注意的是，一个指针变量一旦被定义，则它所指向变量的类型就确定了。例如 dp 只能指向双精度浮点型变量而不能指向其他类型的变量。

9.1.3 指针变量的引用

同样，指针变量同普通变量一样，使用之前不仅要定义，而且必须赋予具体的值。未经赋值的指针变量初始值不确定，不能使用，否则将导致错误。在 C 语言中，用&符号来获得变量的地址。例如，在 scanf("%d", &x)中&表示将键盘输入的值存放到变量 x 的地址所指向的内存单元。

1. 取地址运算符&

其一般形式为：

```
&变量名;
```

表示取变量的地址。例如&a 表示取变量 a 的地址，&b 表示取变量 b 的地址。

设有整型的指针变量 p，如要把整型变量 a 的地址赋予 p，可以用以下方式：

```
int a = 10, *p = &a;或者 int a =10, *p; p = &a;
```

这两种初始化方式效果是相同的。

假设变量 a 的地址是 0x0018fdd4，a 的值为 10，则以上赋值的结果如图 9-4 所示，即指针变量 p 的值为 0x0018fdd4，可用以下程序代码验证：

```
#include <stdio.h>
int main()
{
    int a = 10, *p = &a;
    printf("a= %d, p = 0x%x\n", a, p);
    return 0;
}
```

程序输出为：

```
a = 10, p =0x0018fdd4
```

指针变量的赋值只能赋予地址，决不能赋予任何其他数据，否则将引起错误。不允许把一个数值直接赋予指针变量，例如：

```
#include <stdio.h>
int main()
{
    int *p = 300;
    return 0;
}
```

程序编译错误，提示：

```
--------------------Configuration: csamples - Win32 Debug--------------------
Compiling...
csamples.cpp
D:\csamples\csamples.cpp(4) : error C2440: 'initializing' : cannot convert from 'const int'
to 'int *'
```

但是，可以将常量强制转换为指针类型，然后赋值。例如上述代码修改为：

```
#include <stdio.h>
int main()
{
    int *p = (int *)300;
    return 0;
}
```

就可以编译通过。

2. 取内容运算符 *

如何访问指针变量指向的内存单元的值呢？通过指针访问它所指向的一个变量称为间接寻址。

一般格式：

```
*指针变量名;
```

表示取指针指向的变量。

如：

```
#include <stdio.h>
int main()
{
    int x = 3, *p = &x;
    int y;
    y = *p;
    printf("x = %d, y = %d, *p = %d\n", x, y, *p);
    return 0;
}
```

说明：

“int x = 3, *p = &x;”表示取得变量 x 的地址保存在指针变量 p 中，这样指针变量 p 就指向变量 x；“y = *p;”表示取得指针 p 指向的变量 x，再赋值给 y；

程序输出如下：

```
x = 3, y = 3, *p = 3
```

通过指针访问它所指向的一个变量是以间接访问的形式进行的，所以比直接访问一个变量费时间，而且不直观，那么 C 语言为什么要使用指针呢？主要有以下几点原因：

（1）指针为函数提供修改变量值的手段；

（2）指针支持动态数据结构（如链表、队列、树、图等）；

（3）指针支持动态内存分配；

（4）指针可以提高某些子程序的效率。

9.1.4　指针变量作为函数参数

函数的参数不仅可以是整型、实型、字符型等基本数据类型，还可以是指针类型。它的主要作用是将一个变量的地址传送到另一个函数中。

可能有些同学很疑惑，不用指针照样可以写出很好的程序，还没那么费解！是的，其实很多时候不用指针确实可以写出很好的程序，而且写出的程序容易理解，没有那么深奥，但是有时不用指针确实是不行的，例如【例 8-2】中希望设计一个交换函数，用于交换两个变量的值，可是效果怎样？就是交换不了，具体原因上一章已经做过分析。那么有没有其他方法设计交换函数？当然是有的，那就是使用指针！

【例 9-1】同【例 8-2】，用指针交换变量的值。

```
#include <stdio.h>
void Swap(int *px, int *py)
{
    int z;
    z = *px;
    *px = *py;
    *py = z;
    printf("*px = %d, *py = %d\n", *px, *py);
}
int main()
{
    int a, b;
    printf("Please enter a, b:");
```

9-1

```
        scanf("%d%d", &a, &b);
        Swap(&a, &b);
        printf("a = %d, b = %d\n", a, b);
    return 0;
  }
```

程序输入如下：

```
Please enter a, b:3 5
```

程序输出如下：

```
*px = 5, *py = 3
a = 5, b = 3
```

对比【例 8-2】，可以看出，传递普通变量不能改变参数的值，而传递指针却可以。

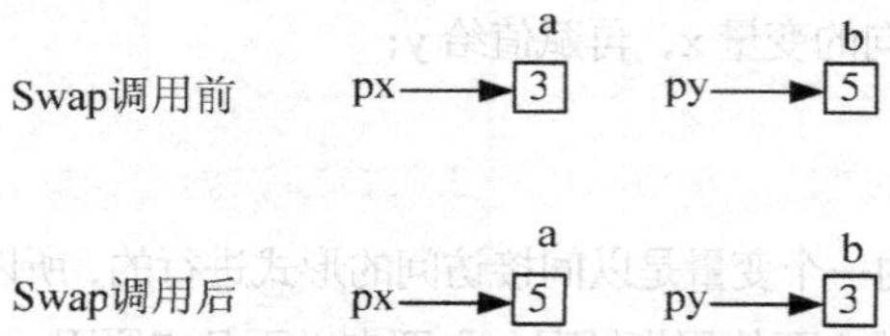

图9-5 指针变量作为函数参数

如图 9-5 所示，调用 Swap 函数时，实参是&a、&b（变量 a、b 的地址），所以指针变量 px、py 分别保存了变量 a、b 的地址，即指针变量 px、py 指向变量 a、b。因此，在函数 Swap 中*px 和*py 表示获取了它们指向的变量 a、b。因此，在 Swap 中可以交换它们指向的变量，也就是交换变量 a、b 的值。所以，执行完 Swap 后，能够交换变量 a、b 的值。

注意，传递指针变量并未违反 C 语言规定的“值”传递原则，变量 a、b 的地址在调用 Swap 函数前后并没有改变。

从上题分析可以知道，**要体现指针的价值，可以把它用作函数的参数，这样相当于函数可以获得多个返回值。**

9.2 一维数组与指针

9.2.1 一维数组的元素指针

在 C 语言中，指针与数组的关系极为密切，使用指针可以方便地访问数组元素。指针可以指向各种类型的数据，同样也可以指向数组中的元素。要讨论元素指针，首先来看元素的地址。

一维数组的元素地址

一维数组中每个元素都是一个普通的变量，这些元素在内存中都有自己的地址，这些地址称为元素的地址，例如定义整型的一维数组 a 如下：

```
int a[10]={1,3,5,7,9,11,13, 15,17,19};
```

定义整型的一维数组 a 后，在内存中每个元素都会有自己的地址。图 9-6 所示为元素 a[0]、a[1]、a[2]和 a[9]的地址。

C 语言规定，一维数组的首元素地址可以用数组名表示，即数组名表示一维数组的首元素地址。

Name	Value	Type
a	0x00c8fbcc	int [10]
&a[0]	0x00c8fbcc	int *
&a[1]	0x00c8fbd0	int *
&a[2]	0x00c8fbd4	int *
&a[2]	0x00c8fbd4	int *

图9-6 一维数组的元素地址

一维数组的元素指针

用于保存数组元素地址的变量称为元素指针变量。数组元素就是一个个普通变量，所以定义一个指向数组元素的指针变量的方法，与以前介绍的指针变量相同。

例如：

```
int a[5];
int *p = a;
或者 int *p = &a[0];
```

例子中 p = &a[0]容易理解，可以把 a[0]看成普通整型变量。

注意

一维数组名a有两层含义：第一层含义为a表示一维数组（它本来的含义）；第二层含义为a代表一维数组的首元素地址（即第0个元素a[0]的地址），所以可以将a赋值给指针p。注意：p是指整型指针变量，可以被改变，而a是地址常量，不可以被改变，如a = p是不允许的。

9.2.2 通过指针引用数组元素

如图 9-7 所示，既然数组名 a 表示数组的首地址（即&a[0]），那么表达式 a+1 表示首地址后下一个元素的地址，即&a[1]。可见表达式 a+i 代表数组下标为 i 的元素 a[i]的地址（&a[i]），即 a + i == &a[i]。另外，还可以通过间接寻址*运算符引用数组元素。例如，*a 表示数组首地址 a 所指单元中的值，即元素 a[0]，*(a+i)代表数组下标为 i 的元素的值，即元素 a[i]，所以*(a + i) == a[i]。

a或&a[0]	a[0]或*a
a+1或&a[1]	a[1]或*(a+1)
a+2或&a[2]	a[2]或*(a+2)
a+3或&a[3]	a[3]或*(a+3)
a+4或&a[4]	a[4]或*(a+4)

图9-7 数组名及其地址

如图 9-8 所示，若定义指针变量 p 已指向数组中的一个元素（p = a），则 p+1 指向同一数组中的下一个元素的地址，即&a[1]。可见表达式 p+i 代表数组下标为 i 的元素 a[i]的地址（&a[i]），即 p + i == &a[i]。另外，也可以通过间接寻址*运算符引用数组元素。例如，*p 表示数组首地址 a 所指单元中的值，即元素 a[0]；*(p+i)代表数组下标为 i 的元素的值，即元素 a[i]，所以*(p + i) == a[i]。

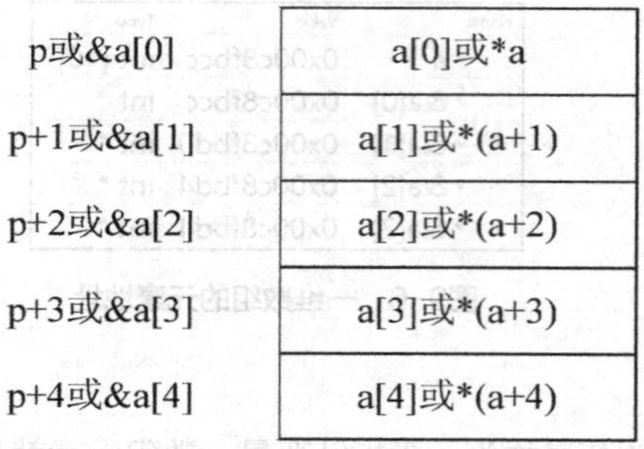

图9-8　数组指针及其地址

【例 9-2】用下标法、地址法和指针法输出数组中的全部元素。

```
#include <stdio.h>
int main()
{
    int a[5], i, *p;
    for(i = 0; i < 5; i++)
        scanf("%d", &a[i]);
    printf("Method1:");
    for(i = 0; i < 5; i++)
        printf("%d    ", a[i]);              //方法 1：下标法
    printf("\nMethod2:");
    for(i = 0; i < 5; i++)
        printf("%d    ", *(a + i));          //方法 2：地址法
    printf("\nMethod3:");
    p = a;
    for(i = 0; i < 5; i++)
        printf("%d    ", p[i]);              //方法 3：指针法
    printf("\nMethod4:");
    p = a;
    for(i = 0; i < 5; i++)
        printf("%d    ", *(p + i));          //方法 4：指针法
    printf("\nMethod5:");
    for(p = a; p < a + 5; p++)
        printf("%d    ", *p);                //方法 5：指针法
  return 0;
}
```

方法 1 下标法直接引用数组元素，方法 2 通过数组名（地址常量）间接访问数组元素，方法 3 和方法 4 通过指针变量输出数组元素，方法 5 用指针自增运算间接引用数组元素。注意：p 是变量，所以可执行++操作，而 a 是常量，不能改变。

程序输入输出如下：

```
13 324 224 25 67
Method1:13      324     224     25      67
Method2:13      324     224     25      67
Method3:13      324     224     25      67
Method4:13      324     224     25      67
Method5:13      324     224     25      67
```

9.2.3 数组名作函数参数

数组名可以作函数的实参和形参，数组名就是数组的首地址，实参向形参传送数组名实际上就是传送数组的首地址，形参得到该地址后也指向同一数组的首元素。指针变量可以指向数组中的元素，指针变量的值也是地址，指针变量的值即为数组的首地址，当然也可作为函数的参数使用。

【例 9-3】输入 5 个正的双精度浮点数，求平均值。

```
#include <stdio.h>
void calculate(double *p, double *paverage)
{
    int i;
    double sum = 0;
    for(i = 0; i < 5; i++)
        sum += p[i];
    *paverage = sum / 5;
}
int main()
{
    double a[5], average;
    int i;
    for(i = 0; i < 5; i++)
        scanf("%lf", &a[i]);
    calculate(a, &average);
    printf("The average value is:%10.2f", average);
    return 0;
}
```

9-3

程序输入输出如下：

```
3758.45 78743.35 35435.7 345.655 8879.78
The average value is:  25432.59
```

> **注意** double *p, double *paverage都是指针变量，前者指向的是数组a的首元素，后者指向的是普通变量average。当然，本例如果只是求平均值，也可以通过函数值返回；如果还要求最大值、最小值，但函数返回值只能带回一个值，就需要使用指针变量了。

【例 9-4】用选择排序法将整数数组中的数由小到大排列。

```
#include <stdio.h>
#define N 5
void SelectSort(int *p, int pos)
{
    int minpos = pos, i, temp;
    for(i = pos + 1; i < N; i++)
    {
        if(p[i] < p[minpos])
            minpos = i;
    }
    if(minpos != pos)
    {
        temp = p[pos];
        p[pos] = p[minpos];
```

9-4

```
            p[minpos] = temp;
        }
}
int main()
{
    int a[N] = {63, 17, 28, 55, 34}, i;

    for(i = 0; i < N - 1; i++)
        SelectSort(a, i);
    printf("The output is:");
    for(i = 0; i < N; i++)
        printf("%d    ", a[i]);
    return 0;
}
```

程序输出为：

```
The output is:17        28      34      55      63
```

说明：

（1）SelectSort 函数实现一趟选择排序：在 p 所指向的数组中，从位置 pos 开始，直到数组结束，找出其中最小的数的位置 minpos，然后将位置 pos 和位置 minpos 上的值交换。

（2）程序的执行过程如图 9-9 所示。

初始	63	17	28	55	34
第一趟	17	63	28	55	34
第二趟	17	28	63	55	34
第三趟	17	28	34	55	63
第四趟	17	28	34	55	63

图9-9 【例9-4】执行过程

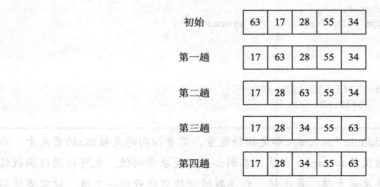

（3）归纳起来，如果有一个实参数组，想在函数中改变此数组的元素的值，实参与形参的对应关系有以下 4 种：形参和实参都是数组名；实参用数组，形参用指针变量；实参、形参都用指针变量；实参为指针变量，形参为数组名。【例 9-4】中形参使用指针变量，实参使用数组名。其他可行的方法为定义 void SelectSort(int a[], int pos)和调用 int *p = a; SelectSort(p, i)。

【例 9-5】数据清洗。图 9-10 所示的是 10 位调查问卷受访者的年龄，其中 0 表示受访者没有返回问卷。现要求将数据 0 清除出去，以计算受访者的平均年龄。

0	25	17	0	37	43	24	21	0	27

图9-10　10份问卷的受访者的年龄

方法一：

```
#include <stdio.h>
```

```
#define N 10
void shuffle_left(int *p)
{
   int legit = N, left = 1, right = 2, i;
   while(left < legit)
   {
       if(p[left] != 0)
       {
              left++;
              right++;
       }
       else
       {
              legit--;
              while(right <= N)
              {
                  p[right -1] = p[right];
                  right++;
              }
              right = left + 1;
       }
   }

   for(i = 1; i <= legit; i++)
        printf("%d", *(p + i));
}
int main()
{
   int a[N + 1] = {-1, 0, 24, 16, 0, 36, 42, 23, 21, 0, 27};
   shuffle_left(a);
   return 0;
}
```

程序输出为：

```
24    16    36    42    23    21    27
```

说明：方法一实参为数组名，形参为指针。shuffle_left 定义变量 legit 代表有效问卷数，每当遇到一个 0 时，将列表中其后的数据项复制前移一项，将 0 挤压出去，执行过程如图 9-11 所示。

legit = 10	0	25	17	0	37	43	24	21	0	27
legit = 9	25	17	0	37	43	24	21	0	27	27
legit = 8	25	17	37	43	24	21	0	27	27	27
legit = 7	25	17	37	43	24	21	27	27	27	27

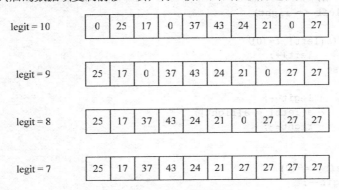

图9-11 shuffle_left执行过程

方法二：

```
#include <stdio.h>
#define N 10
```

```
void copy_over(int a[], int b[])
{
    int left, newposition, i;
    left = 1;
    newposition = 1;
    while(left <= N)
    {
        if(a[left] != 0)
        {
            b[newposition] = a[left];
            left++;
            newposition++;
        }
        else
            left++;
    }
    for(i = 1; i < newposition; i++)
        printf("%d ", b[i]);
}
int main()
{
    int a[N + 1] = {-1, 0, 24, 16, 0, 36, 42, 23, 21, 0, 27}, b[N + 1];
    copy_over(a, b);
    return 0;
}
```

说明：方法二实参和形参皆为数组名。copy_over 中遍历数据列表，将非 0 值复制到数组 b 中。

方法三：

```
#include <stdio.h>
#define N 10
void converging_pointer(int a[])
{
    int legit, left, right, i;

    legit = N;
    left = 1;
    right = N;
    while(left <= right)
    {
        if(a[left] != 0)
            left++;
        else
        {
            legit--;
            a[left] = a[right];
            right--;
        }
    }
    if(a[left] == 0)
        legit--;

    for(i = 1; i <= legit; i++)
        printf("%d   ", a[i]);
}
int main()
```

```
{
    int a[N + 1] = {-1, 0, 24, 16, 0, 36, 42, 23, 21, 0, 27}, *p = a;
    converging_pointer(p);
    return 0;
}
```

说明：方法三实参指针变量，形参为数组。converging_pointer 中 left 和 right 分别指向数据的左右两端，left 右移直到其位置上的值为 0，然后复制 right 位置上的值覆盖 0，执行过程如图 9-12 所示。

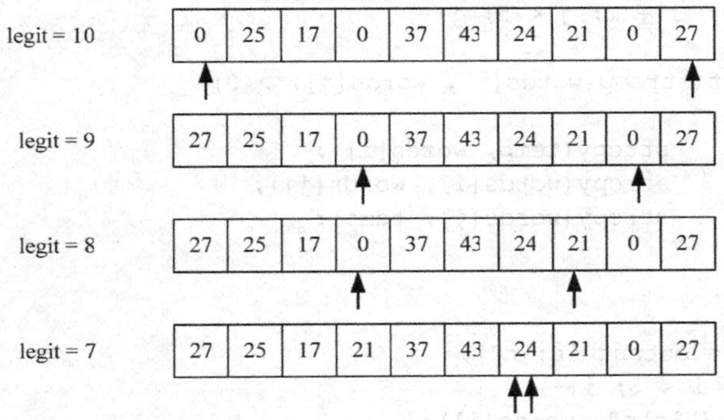

图9-12 shuffle_left执行过程

对比方法一、方法二和方法三可以看出，以移动复制次数计，方法一时间复杂度最高，方法二空间复杂度最高（额外使用了 b 数组），方法三最优，但方法三改变了数据的初始顺序，方法一、方法二则未改变。

9.2.4 指针数组

指针数组和数组指针经常被搞混。数组指针本质上是指针，只是它指向数组而已；而指针数组本质上是数组，只是数组的每个元素是指针。一个数组的元素值为指针则是指针数组，指针数组是一组有序的指针的集合，指针数组的所有元素都必须是具有相同存储类型和指向相同数据类型的指针变量。

指针数组说明的一般形式为：

```
类型说明符 *数组名[长度 N]
```

其中类型说明符为指针值所指向的变量的类型。

例如：

```
int *piarray[5];
```

由于[]的优先级高于*，所以 piarray 先与[]结合，即为 piarray[5]，因此 piarray 是一个数组，这个数组的类型为 int *，表示 piarray 是一个整型的指针数组，它有 5 个数组元素，每个元素值都是一个指针变量，指向整型变量。

一般情况下，指针数组和二维数组能解决同样的问题，但指针数组更有效。

【例 9-6】 输入 5 个英文单词，然后按字典序排序后输出。

9-5

方法一：

```
#include <string.h>
#define LEN 20
#include <stdio.h>
int main()
```

```
{
    char words[5][LEN];
    char temp[LEN];
    int i, j;
    printf("Please input five words:\n");
    for(i = 0; i < 5; i++)
        scanf("%s", words[i]);
    for(i = 0; i < 4; i++)
    {
        for(j = i + 1; j < 5; j++)
        {
            if(strcmp(words[i], words[j]) > 0)
            {
                strcpy(temp, words[i]);
                strcpy(words[i], words[j]);
                strcpy(words[j], temp);
            }
        }
    }
    printf("The output is:\n");
    for(i = 0; i < 5; i++)
        printf("%s\n", words[i]);
  return 0;
}
```

程序输入输出为：

```
Please input five words:
cake
book
egg
pig
fish
The output is:
book
cake
egg
fish
pig
```

方法一使用二维数组保存 5 个单词，然后用二重 for 循环排序，第 i 次 for 循环从剩下的单词中找到最小的交换到 i 位置。其执行前后如图 9-13 所示。

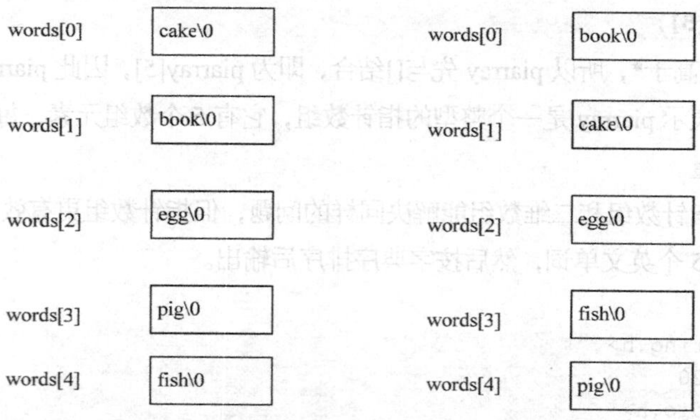

图9-13 【例9-6】方法一执行过程（左：执行前 右：执行后）

方法二：

```
#include <string.h>
#include <stdio.h>
#define LEN 20
int main()
{
    char words[5][LEN], *p[5];
    char *temp;
    int i, j;
    printf("Please input five words:\n");
    for(i = 0; i < 5; i++)
    {
        scanf("%s", words[i]);
        p[i] = words[i];
    }
    for(i = 0; i < 4; i++)
    {
        for(j = i + 1; j < 5; j++)
        {
            if(strcmp(p[i], p[j]) > 0)
            {
                temp = p[i];
                p[i] = p[j];
                p[j] = temp;
            }
        }
    }
    printf("The output is:\n");
    for(i = 0; i < 5; i++)
        printf("%s\n", p[i]);
    return 0;
}
```

方法二的执行结果与方法一完全相同，但方法二使用的是指针数组，在比较字符串大小后没有复制字符串，而是直接交换指针数组变量的值，即交换它们所指向的字符串，提高执行效率，如图 9-14 所示。

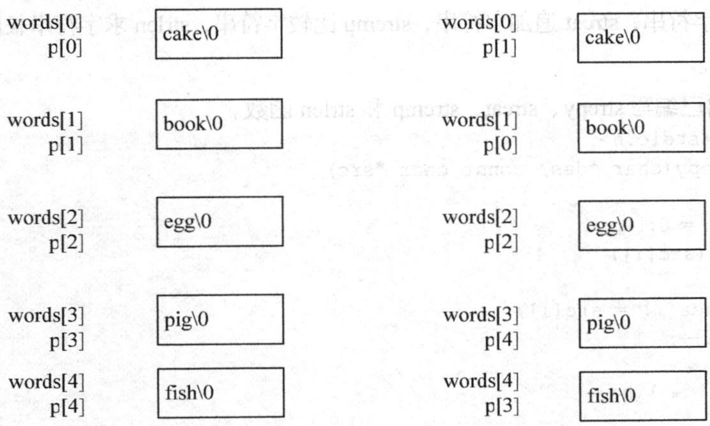

图9-14 【例9-6】方法二执行过程（左：执行前 右：执行后）

9.2.5 字符指针和字符串

在C语言中，没有专门的字符串类型，可以通过一个以'\0'结尾的字符数组保存字符串。字符数组和字符指针都可以存取字符串。字符串指针本质上是字符指针，只是它指向字符数组或字符串的首地址。

【例9-7】 用字符数组和字符指针分别存放一个字符串，然后输出字符串。

```
#include <stdio.h>
#include <string.h>
int main()
{
    int len1, size1, len2, size2;
    char strarr[40] = "This is a character array 1!\n";
    char *pstr = "This is a character array 2!\n";
    printf("%s%s", strarr, pstr);
    len1 = strlen(strarr);
    size1 = sizeof(strarr);
    len2 = strlen(pstr);
    size2 = sizeof(pstr);
    printf("strarry len = %d, size = %d\n", len1, size1);
    printf("pstr len = %d, size = %d\n", len2, size2);
    return 0;
}
```

程序输出为：

```
This is a character array 1!
This is a character array 2!
strarry len = 29, size = 40
pstr len = 29, size = 4
```

可见，字符数组和字符指针定义方法不同，初始化含义也不同：数组strarry大小为40个字符，存放的字符串占用了前29个字节，以'\0'结束；pstr是字符指针，指向字符数组的首地址，自身长度为4个字节。

C语言库函数中提供了丰富的字符串操作函数，一般定义在string.h中，比如常用的有：

```
char *  __cdecl strcpy(char *, const char *);
char *  __cdecl strcat(char *, const char *);
int     __cdecl strcmp(const char *, const char *);
size_t  __cdecl strlen(const char *);
```

strcpy拷贝字符串，strcat追加字符串，strcmp比较字符串，strlen求字符串长度。这些函数也可以由用户自己编写。

【例9-8】 自己编写strcpy、strcat、strcmp和strlen函数。

```
#include <stdio.h>
void _strcpy(char *des, const char *src)
{
    int i = 0;
    while(src[i])
    {
        des[i] = src[i];
        i++;
    }
    des[i] = '\0';
}
void _strcat(char *des, const char *src)
```

```
{
    int i = 0;
    while(des[i])
        i++;
    while(*src)
        des[i++] = *src++;
    des[i] = '\0';
}
int _strcmp(const char *str1, const char *str2)
{
    int flag = 0;

    while(*str1 && *str2 && *str1++ == *str2++);
    if(*str1 > *str2)
        flag = 1;
    else if(*str1 < *str2)
        flag = -1;
    return flag;
}
int _strlen(const char *str)
{
    int len = 0;

    while(*str++)
    {
        len++;
    }
    return len;
}
int main()
{
    char src1[] = "test1", des1[40];
    char src2[] = "test2", des2[40] = "cat";
    char *pstr1 = "test", *pstr2 = "testlonger";
    _strcpy(des1, src1);
    printf("strcpy:%s\n", des1);
    _strcat(des2, src2);
    printf("strcat:%s\n", des2);
    printf("strcmp:%d\n", _strcmp(pstr1, pstr2));
    printf("strlen:%d\n", _strlen(des2));
    return 0 ;
}
```

程序输出如下：

```
strcpy:test1
strcat:cattest2
strcmp:-1
strlen:8
```

9.3 二维数组与指针

9.3.1 二维数组与地址

二维数组可以看成为一个矩阵，例如，int a[3][4]可以看成是一个 3 行 4 列的矩阵，如图 9-15 所示。

从图中的类型可以看出，a 表示 3 行 4 列的矩阵；a[0]、a[1]、a[2]是这个矩阵的第 0 行、第 1 行、第 2 行，每行都是由 4 个元素组成。**因此，a 表示 3 行 4 列的二维数组，a[i]表示二维数组 a 的第 i 行，a[i][j]表示二维数组 a 第 i 行第 j 列的元素。**

任何人或事物只要处在地球中，都会有放置该人或事物的地址，例如作者现在的位置为东经 114°54'32" 北纬 25°51'53"。同理，任何数据或指令，只要存放在计算机内存中就会有它们的地址。

1. 二维数组的元素地址

二维数组定义后，在内存中就会占用一定大小的存储空间，每个元素也会占用一定大小的空间，因此元素在内存中肯定会有自己的地址。用地址运算符&可以取得元素地址，例如**&a[1][2]**表示元素 a[1][2]的地址，地址值为 0x0013f78c，类型为 int*，可以理解为 int 的地址。这个地址所管辖的内存大小为 4 个字节。

Name	Value	Type
⊟ a	0x0013f774	int [3][4]
⊞ [0]	0x0013f774	int [4]
⊞ [1]	0x0013f784	int [4]
⊞ [2]	0x0013f794	int [4]
⊞ &a[1][2]	0x0013f78c	int *
⊞ &a[1]	0x0013f784	int [4]*
⊞ &a	0x0013f774	int [3][4]*

图9-15　二维数组与地址

2. 二维数组的行地址

从上述分析可以知道，a[i]表示二维数组的第 i 行，元素在内存中占有一定大小的存储空间，一行的数据也占有一定大小的存储空间，因此 a[i]肯定有地址。用地址运算符&取出它的地址看看：**&a[1]**表示二维数组第 1 行的地址，地址值为 0x0013f784，类型为 int [4]*，可以理解为 4 个整型数据组成一行的行地址。这个地址所管辖的内存大小为 4*4=16 个字节。

3. 二维数组的地址

定义二维数组 int a[3][4]后，a 表示 3 行 4 列的二维数组，3 行 4 列的数据块存放在内存中肯定也有地址。取出来看看：**&a** 表示二维数组 a 的地址，地址值为 0x0013f774，类型为 int [3][4]*，可以理解为 3 行 4 列的二维数组的地址。这个地址管辖的内存大小为 3*4*4=48 个字节。

4. 二维数组名的另一层含义

从上一小节知道，一维数组名有两层含义：① 一维数组名表示一维数组；② 一维数组名又代表了一维数组的首元素地址。

同理二维数组名也有同样的两层含义：① 二维数组名表示二维数组；② 二维数组名又代表了二维数组的首行地址。例如，二维数组 int a[3][4]，第一层含义就是 a 表示 3 行 4 列的二维数组，另一层含义为 a 表示第 0 行的地址，也就是说 a 表示首行地址。

再看看 a[i]，a[i]表示二维数组 a 的第 i 行，也就是说，第一层含义为：a[i]代表第 i 行，另一层含义为 a[i]代表第 i 行的首元素地址。

分析下列表达式的含义：

a+i, *(a+i) , a[i]+j, *(a[i]+j) , *(*(a+i)+j)。

分析：

a+i：a 为二维数组名，代表了二维数组本身，还有另一层含义，a 代表了二维数组的首行地址，那么 a+i 表示第 i 行的地址。

***(a+i)**：既然 a+i 表示第 i 行的地址，那么，*(a+i)表示第 i 行，即为 a[i];

a[i]+j：**a[i]**表示二维数组 **a** 的第 **i** 行，另一层含义为 a[i]代表第 i 行的首元素地址，那么 **a[i]+j** 代表第 i 行的第 j 个元素地址，也就是说，代表第 i 行第 j 列的元素地址。

***(a[i]+j)**: a[i]+j 是第 i 行第 j 列元素的地址; 那么*(a[i]+j)代表第 i 行第 j 列的元素，即为元素 a[i][j];

***(*(a+i)+j)**：a 代表二维数组 a 的首行地址，a+i 表示二维数组 a 的第 i 行的地址，*(a+i)表示第 i 行，*(a+i)的另一层含义又代表了第 i 行首元素地址，因此，*(a+i)+j 表示第 i 行第 j 列的元素地址，那么，*(*(a+i)+j)就代表第 i 行第 j 列的元素，即为元素 a[i][j]。

9.3.2　二维数组与指针变量

从上一小节知道，**指针变量**是用来存放内存地址的变量。那么，对于二维数组的元素地址，二维数组的行地址，和二维数组的地址，用什么指针变量来保存这些地址?

1. 二维数组元素的指针变量

二维数组的元素就是一个个普通变量，二维数组元素的指针变量的指针，与普通变量的指针是一样的。因此，用于保存数组元素地址的指针变量称为二维数组元素的指针变量，二维数组元素的指针变量的定义与引用都和普通指针变量的定义与引用是一样的。

【例 9-9】元素的指针变量。

```
#include <stdio.h>
int main( ){
    int a[3][4]={1,3,5,7,9,11,13,15,17,19,21,23};
    int *p;
    for(p=a[0]; p<a[0]+12; p++)              /*p=&a[0][0]*/
        printf("%d", *p);
    printf("\n");
    return 0;
}
```

9-6

程序说明：

本题使用元素的指针变量访问数组元素，定义 **int *p**, **p** 为元素指针变量，因此，要把二维数组的元素地址保存在这个变量中。a[0]表示的是第 0 行的首元素地址，即为 a[0][0]元素的地址。因此，p=a[0]也可以写成 p=&a[0][0]。

因为 a[0]表示的是第 0 行的首元素地址，也就是二维数组的首元素地址，所以 a[0]+11 表示二维数组 a 第 12 个元素的地址。

同理，p+i 为第 i 个元素地址，*(p+i)表示第 i 个元素，即为 a[i]。

2. 二维数组的行指针变量

二维数组的行指针变量是指向由m个元素组成的一维数组的指针变量，用于保存二维数组的行地址。

行指针变量定义的一般形式为：

类型说明符　(*指针变量名)　[整型常量]；

例如：

```
int a[3][4]={1,3,5,7,9,11,13,15,17,19,21,23};
int (*p)[4];
p=a;
```

说明：()和[]的优先级一样，但具有左结合性，因此()内的先计算，即*与 p 结合，那么 p 就是指针变量，类型为：int [4]*的指针变量，它的含义为：指向由 4 个元素组成的一维数组的指针变量。

【例 9-10】输出二维数组任一行任一列元素的值。

```
#include <stdio.h>
int main( )
{
    int a[3][4]={1,3,5,7,9,11,13,15,17,19,21,23};
    int (*p)[4], i, j;
    scanf("%d%d",&i,&j);
    p=a;
    printf("%d", *(*(p+i)+j));
    return 0;
}
```

9-7

程序说明：

本题使用二维数组的行指针变量访问数组元素，定义 int (*p)[4]，p 用于保存二维数组的行地址，p=a 表示把二维数组 a 的首行地址保存在行指针变量 p 中。

((p+i)+j)表示二维数组 a 的第 i 行第 j 列的元素，即为 a[i][j]。

9.4 函数与指针

9.4.1 函数指针

一个程序装载到内存后，会占用一段连续的内存区，程序中的函数也在内存中占用了一段连续的存储空间，这段存储空间中首指令地址称之为函数的入口地址，即为函数地址。如图 9-6 所示，Swap 函数的地址为 0x010d1780，main 函数的地址为 0x010d1810。从图中可以知道，函数名代表了函数地址。

Name	Value	Type
Swap	0x010d1780	void (int *, int *)
main	0x010d1810	int (void)

图9-16 函数的地址

函数指针就是用来保存函数地址的指针变量，其指向一个函数。在 C 语言中，可以把函数的地址（或称入口地址）赋予一个指针变量，使该指针变量指向该函数，然后通过指针变量就可以找到并调用这个函数，我们将这种指向函数的指针变量称为函数指针。

函数指针变量定义的一般形式为：

```
类型说明符 (*指针变量名) (参数列表)；
```

其中“类型说明符”表示被指函数的返回值的类型；“(*指针变量名)”表示“*”后面的变量是定义的指针变量；参数列表表示该指针指向的函数的参数列表。

例如：

```
int (*pfun)(int x);
```

表示 pfun 是一个指向函数入口的指针变量，该函数有一个整型参数，返回值是整型。

【例 9-11】用函数指针实现交换变量的值。

```
#include <stdio.h>
void Swap(int *px, int *py)
{
    int z;
    z = *px;
    *px = *py;
    *py = z;
    printf("*px = %d, *py = %d\n", *px, *py);
}
int main()
{
    int a, b;
    void (*pfun)(int *px, int *py);
    printf("Please enter a, b:");
    scanf("%d%d", &a, &b);
    pfun = Swap;        /*函数名为函数的地址*/
    (*pfun)(&a, &b);   /*取得 pfun 指向的函数*/
    printf("a = %d, b = %d\n", a, b);
    return 0;
}
```

说明：**pfun** 定义为函数指针，指向的函数参数有两个整型指针变量，返回值为空。**pfun = Swap** 为赋值运算，这样 **pfun** 就指向 **Swap** 的首地址。**(*pfun)(&a, &b)**为函数指针的调用，其一般形式为：**(*指针变量名)(实参列表)。**

利用函数指针编程可以提高程序的通用性，减少重复代码。

【例 9-12】输入 5 个英文单词，然后按升序和降序排序后输出。

方法一：

9-8

```
#include <string.h>
#include <stdio.h>
#define LEN 20
void ascending_sort(char *p[5])
{
    int i, j;
    char *temp;
    for(i = 0; i < 4; i++)
    {
        for(j = i + 1; j < 5; j++)
        {
            if(strcmp(p[i], p[j]) > 0)
            {
                temp = p[i];
                p[i] = p[j];
                p[j] = temp;
            }
        }
    }
}
void descending_sort(char *p[5])
```

```
{
    int i, j;
    char *temp;
    for(i = 0; i < 4; i++)
    {
        for(j = i + 1; j < 5; j++)
        {
            if(strcmp(p[i], p[j]) < 0)
            {
                temp = p[i];
                p[i] = p[j];
                p[j] = temp;
            }
        }
    }
}

int main()
{
    char words[5][LEN], *p[5], *q[5];
    int i;
    printf("Please input five words:\n");
    for(i = 0; i < 5; i++)
    {
        scanf("%s", words[i]);
        p[i] = words[i];
        q[i] = words[i];
    }
    ascending_sort(p);
    printf("The ascending_sort output is:\n");
    for(i = 0; i < 5; i++)
        printf("%s\n", p[i]);
    descending_sort(q);
    printf("The descending_sort output is:\n");
    for(i = 0; i < 5; i++)
        printf("%s\n", q[i]);
    return 0;
}
```

程序输入输出为：

```
Please input five words:
book
cake
egg
pig
fish
The ascending_sort output is:
book
cake
egg
fish
pig
```

```
The descending_sort output is:
pig
fish
egg
cake
book
```

本例和【例 9-6】要求类似，但同时要求升序和降序排列。比较 ascending_sort 和 descending_sort 函数，二者差别只在 if(strcmp(p[i], p[j]) > 0)和 if(strcmp(p[i], p[j]) < 0)一行，能不能将二者合并呢？这就需要使用函数指针来解决了。

方法二：

```
#include <string.h>
#include <stdio.h>
#define  LEN  20

int ascending(char *p1, char *q1)
{
    if(strcmp(p1, q1) > 0)
            return 1;
    else
            return 0;
}
int desscending(char *p1, char *q1)
{
    if(strcmp(p1, q1) < 0)
            return 1;
    else
            return 0;
}
void bisort(char *p[5], int (* compare)(char *p1, char *q1))
{
    int i, j;
    char *temp;
    for(i = 0; i < 4; i++)
    {
            for(j = i + 1; j < 5; j++)
            {
                    if(compare(p[i], p[j]))
                    {
                            temp = p[i];
                            p[i] = p[j];
                            p[j] = temp;
                    }
            }
    }
}
int main()
{
    char words[5][LEN], *p[5], *q[5];
    int i;
    printf("Please input five words:\n");
```

```
    for(i = 0; i < 5; i++)
    {
        scanf("%s", words[i]);
        p[i] = words[i];
        q[i] = words[i];
    }
    bisort(p, ascending);
    printf("The ascending_sort output is:\n");
    for(i = 0; i < 5; i++)
        printf("%s\n", p[i]);
    bisort(q, desscending);
    printf("The descending_sort output is:\n");
    for(i = 0; i < 5; i++)
        printf("%s\n", q[i]);
    return 0;
}
```

方法二中 bisort 函数能够实现一个通用排序函数，既可以升序，也可以降序，主要在于 void bisort(char *p[5], int (* compare)(char *p1, char *q1))定义中的形式参数 int (* compare)(char *p1, char *q1)。()优先级最高，自左向右集合，解释为 compare -> * -> (char *p1, char *q1) -> int。函数指针 compare 的实参 ascending 和 desscending 代入 bisort 时，分别执行升序和降序排序。

9.4.2 指针函数

函数类型是指函数返回值的类型。在 C 语言中允许一个函数的返回值是一个指针（即地址），这种返回指针值的函数称为指针函数。

定义指针型函数的一般形式为：

```
类型说明符 *函数名(形参列表)
{
}
```

其中函数名之前加了“*”号表明这是一个指针函数，即返回值是一个指针。类型说明符表示了返回的指针值所指向的数据类型。

例如：

```
double *fun(double x)
{
}
```

表示 fun 是一个返回指针值的指针函数，它返回的指针指向一个双精度浮点型变量。

【例 9-13】实现 C 语言库函数 strstr。

strstr 的函数原型为 char *strstr(const char *string, const char *strCharSet);它的功能是从字符串 string 查找子串 strCharSet，如果找到返回所在位置，否则返回空。

```
#include <stdio.h>
char *_strstr(const char *string, const char *strCharSet)
{
    int i;
    char *pos = (char *)string;

    while(*pos++)
```

9-9

```
    {
        i = 0;
        while(pos[i] && strCharSet[i] && (pos[i] == strCharSet[i]))
            i++;
        if(!strCharSet[i])
            return pos;
    }
    return 0;
}

int main()
{
    char src[] = "China", des1[] = "hin", des2[] = "Hin";

    if(_strstr(src, des1))
        printf("'%s' is in '%s'\n", des1, src);
    else
        printf("'%s' is not in '%s'\n", des1, src);
    if(_strstr(src, des2))
        printf("'%s' is in '%s'\n", des2, src);
    else
        printf("'%s' is not in '%s'\n", des2, src);
    return 0;
}
```

程序输出为：

```
'hin' is in 'China'
'Hin' is not in 'China'
```

9.5 经典算法

9.5.1 通用定积分算法

在【例 9-11】中我们使用了函数指针来调用 swap 函数，实现交换两个数的值。其实此题完全没有必要使用函数指针，直接调用 swap 函数不是更方便吗？因此，在【例 9-11】中根本体现不出函数指针的价值，我们再看看【例 9-14】就明白函数指针的作用了。

【例 9-14】 通用定积分函数

编写一个求定积分的通用函数 integral，并计算函数 $f(x)$ 在 a～b 区间的定积分。并使用这个通用定积分函数计算：$\int_{1}^{2}(x+2-x^2)\mathrm{d}x$，$\int_{-1}^{1}(\sqrt{1-x^2}+x)\mathrm{d}x$ 和 $\int_{0}^{\pi}\sin(x)\mathrm{d}x$ 的值。

问题分析：

不同的定积分可以用不同的定积分公式去解答，如果我们写程序也是为不同的定积分写出不同的定积分函数，那要写出多少个定积分函数呢？因此我们的思路是写出一个通用的定积分函数，要求解某个函数的定积分时，只要把上下限和函数名传递给通用定积分函数就可以计算，而函数名代表函数的入口地址，只能传递给函数指针。因此，本题使用函数指针作为函数的参数。在这里，函数指针就发挥它的作用。

算法基本思路：可以通过矩形法来求定积分。将积分区间划分成 n 等份，然后将这 n 等份近似看成矩形，然后对所有的矩形的面积进行求和。

假设要求 $\int_a^b f(x)\mathrm{d}x$ 的定积分。首先将积分区间$[a,b]$划分成 n 等份，$\mathrm{d}x=(b-a)/n$，如图 9-17 所示，其实 $\mathrm{d}x$ 就是矩形的宽；从 $x=a$ 开始，一直到 $x<b$，每次 $x=x+\mathrm{d}x$，把每个小矩形面积累加起来 $s=s+(*f)(x)*\mathrm{d}x$；累计出来的面积之和就是要求的定积分。n 越大，分出来的矩形越小，积分结果就越趋于正确值。

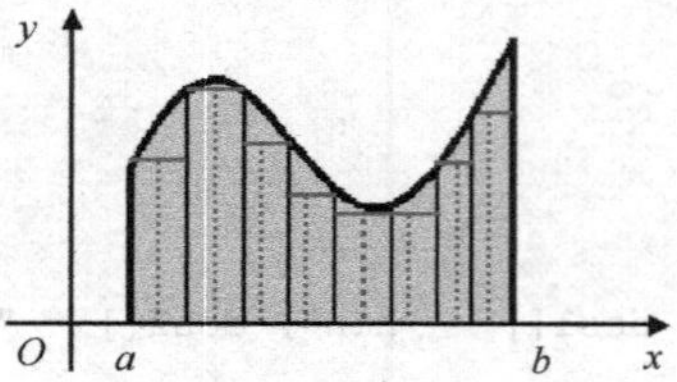

9-10

图9-17　矩形法求定积分

参考程序代码：

```
#include<stdio.h>
#include<math.h>
double Integral(double a, double b, double(*f) (double))
{
    const int n = 10000;
    double x, dx = (b - a) / n, s = 0;
    for (x = a; x<b; x = x + dx)
    {
        s = s + (*f)(x)*dx;
    }
    return s;
}
double f1(double x)
{
    return x + 2 - x*x;
}
double f2(double x)
{
    return sqrt(1 - x*x) + x;
}
int main()
{
    double Integral(double, double, double(*)(double));
    double a, b;
    /*求 ∫_{-1}^{2}(x+2-x^2)dx 的定积分*/
    a = -1; b = 2;
    printf("∫(%.2lf,%.2lf)f1(x)dx=%.2lf\n", a, b, Integral(a, b,f1));
    /*求 ∫_{-1}^{1}(√(1-x^2)+x)dx 的定积分*/
    a = -1; b = 1;
    printf("∫(%.2lf,%.2lf)f2(x)dx=%.2lf\n", a, b, Integral(a, b, f2));
    /*求 ∫_{0}^{π}sin(x)dx 的定积分*/
```

```
    a = 0; b = 3.14159;
    printf("∫ (%.2lf,%.2lf)sin(x)dx=%.2lf\n", a, b, Integral(a, b, sin));
    return 0;
}
```

运行结果：

```
∫ (-1.00,2.00)f1(x)dx=4.50
∫ (-1.00,1.00)f2(x)dx=1.57
∫ (0.00,3.14)sin(x)dx=2.00
```

9.5.2 插入排序算法

有一个已经有序的数据序列，要求在这个已经排好的数据序列中插入一个数，但要求插入后此数据序列仍然有序，这个时候就要用到一种新的排序方法：插入排序法。插入排序的基本操作就是将一个数据插入到已经排好序的有序数据中，从而得到一个新的、个数加一的有序数据，算法适用于少量数据的排序，时间复杂度为O(n^2)，是稳定的排序方法。

生活中玩扑克牌时，抓牌使用的排序方法就是插入排序法：将牌分作两堆，每次从桌上未排序的牌中抽出最上面的牌，然后插入到手中已排序的牌中，插入后仍然有序。

插入排序算法的基本思想如下。

把要排序的数组分成两部分：已排序部分和未排序部分，每次从未排序部分抽出最前的元素，然后插入前面已排序部分的适当位置中，插入后仍然保持有序。

【例 9-15】从键盘上任意输入 10 个整数，按照由小到大的顺序输出，请使用插入排序算法实现。

问题分析：

排序算法的基本思想已经知道了，这个算法中有两个核心问题：1. 如何寻找适合的位置？2. 如何插入一个元素？

1. 如何寻找适合的位置？

在已排序部分寻找适合的插入位置，使得插入后仍然保持有序。可以采用顺序查找法或二分查找法。在这里我们使用顺序查找法寻找插入位置：从第 1 个元素开始逐个查找，找到第 1 个大于该数的位置即可。

例如：[6 7 9] <u>**8**</u> 3 5

方括号中的 6、7、9 是已经排好序的三个数，现在要将未排序部分的最前面的数 8，插入到前面已排序的数的中间。首先要寻找合适的插入位置，用 8 和前面已排序部分的数据从第 1 个元素开始逐个比较，找到第 1 个大于 8 的数，这个数的位置即为 8 需要插入的位置。通过比较查找可以发现 8 要插入到 9 的位置。

编写一个函数 int SearchPosition(int *a, int m)，为第 m 个元素在前面 0～m-1 中寻找一个合适的插入位置。

```
int SearchPosition(int *a, int m)
{
    int index = -1;
    for (int i = 0; i < m; i++)
        if (*(a + i) >= *(a+m))
        {
```

9-11

```
                index = i;
                break;
            }
        return index;
}
```

2. 如何插入一个元素？

假设已经为第 m 个元素找到合适的插入位置 k，那么，首先把第 m 个元素存放在临时变量 t 中，再把 k～m-1 之间的所有元素往后退一个位置，留出第 k 个空位置；最后把存放在 t 中的第 m 个元素插入到第 k 个空位置。

例如：数组 a 中，[3　6　7　8　9]　5　把 5 插入到前面已排序部分。

首先寻找合适的插入位，5 应该插入到 6 的位置，即 k=1;

再把 5 保存在临时变量 t 中，即 t=a[5]。

再把 6、7、8、9 都往后退一个位置，[3　6　6　7　8]　9，具体做法为 9 退到原来 5 的位置，9 把 5 给覆盖了；8 退到原来 9 的位置，8 把 9 给覆盖了；7 退到原来 8 的位置，7 把 8 给覆盖了；6 退到原来 7 的位置，6 把 7 给覆盖了；原来 6 的位置还有 6。

最后把保存在 t 中的 5 放到原来 6 的位置，即 a[k]=t;

编写 void Insert(int *a, int m, int k) 把第 m 个元素插入到前面 0～m-1 中的合适位置 k 中。

```
void Insert(int *a, int m, int k)
{
    int t = *(a+m), i;
    for (i = m; i > k; i--)
        *(a+i) = *(a+i - 1);
    *(a+k)= t;
}
```

3. 编写插入排序函数

解决了插入排序算法的两个核心问题，编写插入排序函数就简单多了。

```
void InsertSort(int *a, int n)
{
    for (int i = 0; i < n; i++)
    {
        int k = SearchPosition(a, i);     /*为第 i 个元素寻找合适的插入位置*/
        if (k >= 0) Insert(a, i, k);      /*把第 i 个元素插入到合适的插入位置中*/
    }
}
```

4. 编写主程序

```
#include <stdio.h>
#define N 10
int main()
{
    int a[N] = { 0 };
    for (int i = 0; i < 10; i++)
        scanf("%d", a+i);
    InsertSort(a, N);
    for (int i = 0; i < N; i++)
        printf("%d ", *(a+i));
```

```
    return 0;
}
```

5. 运行结果

输入：

```
2
3
23
45
112
42
54
6
4
78
```

输出：

```
2 3 4 6 23 42 45 54 78 112
```

9.6 小结

指针是 C 语言的精华，也是学习的难点。本章学习内容较多、案例丰富，通过举一反三的例题加强对指针的理解。要想掌握好指针的应用，初学者要认真理解概念并多加练习，才能正确地应用指针解决问题，提高问题的执行速度。正确使用指针必须理解地址、指针变量和其所指向的变量在内存中的本质差别。本章读者应掌握取地址运行符&和取内容运算符*的应用；掌握指针或数组名作为函数参数时数据传递的本质，利用指针可以改变其所指向的内存单元的值；掌握指针数组和数组指针以及指针函数和函数指针来加深对指针的理解，并在实际中灵活运用。掌握了指针的应用可使 C 语言程序紧凑，代码执行效率提高。

习　题

一、选择题

（1）变量的指针，其含义是指该变量的（　　）。

A. 值　　B. 地址　　C. 名　　D. 一个标志

（2）若有以下语句：

```
int *p,a=4;
p=&a;
```

下面均代表地址的一组选项是（　　）。

A. a,p,*&a　　B. &*a,&a,*p　　C. *&p,*p,&a　　D. &a,&*p,p

（3）有四组对指针变量进行操作的语句，以下判断正确的选项是（　　）。

① `int a,*p,*q; p=q=&a;`

② `int a=20,*p,*q; q=&a; p=*q;`

③ int a=b=0,*p; p=&a; b=*p;

④ int a=20,*p,*q=&a; p=q;

A. 只有①正确，②，③，④都不正确　　B. ①，③，④正确，②不正确

C. 只有③正确，①，②，④不正确　　D. 以上结论都不正确

（4）以下程序中调用scanf 函数给变量a，输入值的方法是错误的，其错误原因是（　　）。

```
int main()
{
int*p, q, a, b;
p=&a;
printf("input a:");
scanf("%d",*p);
……;
}
```

A. *p表示的是指针变量p的地址

B. *p表示的是变量a的值，而不是变量a的地址

C. *p表示的是指针变量p的值

D. *p只能用来说明p是一个指针变量

（5）设有以下语句:

```
char s[]="China",*p=s;
```

则下面叙述正确的是（　　）。

A. s和p完全相同

B. 数组s中的内容和指针变量p中的内容相等

C. 数组s的长度和p所指向的字符串长度不等

D. *p和s[0]相等

（6）若有以下语句:

```
int a[10]={1,2,3,4,5,6,7,8,9,10},*p=&a[3],b;
b=p[5];
```

则b的值是（　　）。

A. 5　　B. 6　　C. 8　　D. 9

（7）下面能正确进行字符串赋值的操作的是（　　）。

A. char s[5]={"ABCDE"};　　B. char s[5]={'A','B','C','D','E'};

C. char *s; s="ABCDE";　　D. char s;scanf("%s",s);

（8）若有定义：int a[5]；则a数组中首元素的地址可以表示为（　　）。

A. &a　　B. a+1　　C. a　　D. &a[1]

（9）若有定义：int a[2][3]；则对a数组的第i行，第j列元素值的正确引用是（　　）。

A. *(*(a+i)+j)　　B. (a+i)[j]　　C. *(a+i+j)　　D. *(a+i)+j

（10）若有以下定义int a[5],*p=a；则对a数组元素的正确引用是（　　）。

A. *&a[5]　　B. a+2　　C. *(p+5)　　D. *(p+2)

（11）若有以下定义和语句，则对a数组的地址的正确引用为（　　）。

```
int a[2][3],(*p)[3]; p=a;
```

A. *(p+2)　　B. p[2]　　C. p[1]+1　　D. (p+1)+2

（12）若有以下定义和语句，则对a数组元素的正确引用为（　　）。

```
int a[2][3]={{1,2,3},{4,5,6}},(*p)[3]; p=a;
```

A. (p+1)[0]　　B. *(*(p+2)+1)　　C. *(p[1]+1)　　D. p[1]+2

（13）已有函数max(a,b)，为了让函数指针变量p指向函数max正确的赋值方法是（　　）。

A. p=max　　B. *p=max　　C. p=max(a,b)　　D. *p=max(a,b)

（14）已有定义int(*p)( )指针p可以（　　）。

A. 代表函数的返回值　　B. 指向函数的入口地址

C. 表示函数的类型　　D. 表示函数返回值的类型

（15）若有函数max(a,b)，并且已使函数指针变量p指向max，当调用该函数时正确的调用方法是（　　）。

A. (*p)max(a,b)　　B. pmax(a,b)　　C. (*p)(a,b)　　D. *p(a,b)

（16）下面程序要求能对两个整型变量的值进行交换，以下说法正确的是（　　）。

```
#include<stdio.h>
int main()
{int a=10,b=20;
printf("(1)a=%d,b=%d\n",a,b);
swap(&a,&b);  printf("(2)a=%d,b=%d\n"a,b);}
swap(int p,int q)   {int t; t=p; p=q; q=t;}
```

A. 程序完全正确

B. 程序有错，只要将语句swap(&a,&b)；中的参数改成a,b即可

C. 程序有错，只要将swap()函数中的形参p和q及t均定义为指针（执行语句都不变）即可

D. 以上说法都不对

二、程序阅读题

（1）阅读以下程序：

```
#include<stdio.h>
int main()
{
    int i,a[10]={2,4,6,8,10,12,14,16,18,20},*p;
    p=a;
    for(i=0;i<10;i++)
    printf("%p\n",p+i); //%p 控制输出十六进制的地址
    return 0;
}
```

若a的地址值是0028FEF0，则程序输出的结果是（　　）。

（2）执行以下程序后，a的值为（　　），b的值为（　　）。

```
#include<stdio.h>
int main()
{
    int a,b,k=4,m=6,*p1=&k,*p2=&m;
    a=p1==&m;
    b=(-*p1)/(*p2)+7;
    printf("a=%d\n",a);
    printf("b=%d\n",b);
```

```
        return 0;
    }
```

（3）以下程序的运行结果是（　　）。

```
#include<stdio.h>
int main()
{
    char a[]="language",*p;
    p=a;
    while(*p!='u')
    {
        printf("%c",*p-32);
        p++;
    }
    return 0;
}
```

（4）以下程序的运行结果是（　　）。

```
#include<stdio.h>
int main()
{
    int a[4][3]={1,2,3,4,5,6,7,8,9,10,11,12};
    int (*p)[3]=a,*q=a[0];
    printf("%d,%d\n",*(q+5),*(*(p+2)+2));
    return 0;
}
```

实验九　指针

一、实验目的

1. 掌握指针的概念，指针变量的定义、初始化。
2. 掌握指针的运算。
3. 掌握指针与数组的关系。
4. 掌握指针变量作函数参数的意义和应用。

二、实验内容

1. 程序阅读题。

（1）请阅读下列程序，并上机验证阅读分析的结果。

```
#include <stdio.h>
int main()
{
    int a=3,*p;
    p=&a;
    *p=5;
```

```
    printf("a=%d,*p=%d",a,*p);
    return 0;
}
```

思考：P与&a是什么关系？a与*p又是什么关系？

（2）请阅读下列程序，并上机验证阅读分析的结果。

```
#include <stdio.h>
int main()
{
   int i;
   int a[10],*p=&a;
   for(i=0;i<10;i++)
       *p++=2*i;
   for(p=a;p<a+10;p++)
       printf("%d ",*p);
   printf("\n");
   for(i=0;i<10;i++)
       printf("%d ",a[i]);
   printf("\n");
   return 0;
}
```

（3）请阅读下列程序，并上机验证阅读分析的结果。

```
#include <stdio.h>
int main( )
{
     char  a[10]= {'1','2','3','4','5','6','7','8','9','\0'};
     char  *p;
     int  i=8;
     p=a;
     printf("%s\n%s\n",a,p);
     p=a+i;
     printf("%s\n",p-2);
     return 0;
}
```

（4）请阅读下列程序，并上机验证阅读分析的结果。

```
#include <stdio.h>
int main()
{
   int i;
   int a[10]={0,1,2,3,4,5,6,7,8,9},*p=a;
   printf("%d,%d\n",*p+2,*(p+2));
   return 0;
}
```

（5）请阅读下列程序，并上机验证阅读分析的结果。

```
#include <stdio.h>
void sub(int x, int y, int *z)
{    *z=y-x;   }
int main()
{
     int a,b,c;
     sub(10,5,&a);
     sub(7,a,&b);
```

```
        sub(a,b,&c);
        printf("%4d,%4d,%4d\n",a,b,c);
        return 0;
    }
```

思考：此题中在执行sub()函数前，a,b,c为什么不用先赋值？

（6）请阅读下列程序，并上机验证阅读分析的结果。

```
#include <stdio.h>
int main()
{
    int aa[3][3]= { {2},{4},{6} };
    int  i, *p=&aa[0][0];
    for(i=0; i<2; i++)
    {
        if(i==0)
            aa[i][i+1]= *p+1;
        else
            ++p;
        printf("%d", *p );
    }
    return 0;
}
```

（7）请阅读下列程序，并上机验证阅读分析的结果。

```
#include <stdio.h>
int main()
{ int a[3][2]={1,2,3,4,5,6},(*p)[2];
    p=a;
printf("%d,%d,%d,%d\n",*(p[2]+1),*(*(p+2)+1),(*(p+2))[1],p[2][1]);
    return 0;
}
```

（8）请阅读下列程序，并上机验证阅读分析的结果。

```
#include <stdio.h>
void  prtv(int *p)
{
    printf("%d\n", ++*p );
}
int main()
{
    int a=25;
    prtv(&a);
    return 0;
}
```

2. 编程题

（1）编写一个函数，求一个字符串的长度。在main函数中输入字符串，并输出其长度。

（2）有一段文字，共有5行，分别统计出其中英文大写字母、小写字母、数字、空格以及其他字符的个数。

（3）编写一个程序，将字符数组str2中的全部字符拷贝到字符数组str1中。不要使用strcpy函数。

（4）编写函数判断输入的字符串是否是“回文”（顺读和倒读都一样的字符串称“回文”，如：level）。

（5）编写一个程序，将字符数组str2中的全部字符连接到字符数组str1的后面。不要使用strcat函数。

（6）请编写一个函数int func(char *str,char ch)，它的功能是：求出str字符串中指定字符ch的个数，并返回此值。例如，若输入字符串str="abEF123112"，ch='1'，则输出3。

```
int func(char *str,char ch) {     }
main()
 {
  char s[81],c;
  clrscr();
  printf("\nPlease input a string:");
  gets(s);
  printf("\nPlease input a char:");
  c=getchar();
  printf("\nThe number of the char is: %d\n",func(s,c));
 }
```

10 第 10 章　结构体和共用体

前面章节所使用的数据类型是由系统规定的，如字符型、整型、浮点型等，用于定义不同类型的变量。然而，在实际应用中，我们经常需要处理如表 10-1 所示的复杂的表格数据。表中每一行为一条记录，每条记录由不同的数据类型组合而成。例如，学号应为整型或字符型，姓名应为字符型，性别应为字符型，成绩应为整型或实型。那么如何表示该数据结构呢？

表 10–1　江西理工大学 2014 学生成绩登记表

学号	姓名	性别	班级	高等数学	大学物理	大学英语
14001	张三	男	安全 14	79	81	79
14002	李明	男	管理 14	82	88	83
14003	王晓晓	女	管理 15	76	83	79
14004	李大富	男	管理 16	80	83	82
14005	刘芬	女	管理 17	84	91	87
14006	朱文武	男	信息 14	77	81	77
…						

为了表示表 10-1 所示的数据，可以用多个数组表示：

```
char stuId[30];
char stuName[30][20];
char stuGender[30][2];
char stuClass[30][20];
int stuMath[30];
int stuPhy[30];
int stuEng[30];
```

以上多个数组虽然能够表示这张表，但访问某条记录的某个字段时很不方便，也不清楚。为了解决这个问题，C 语言中给出了另一种构造数据类型——结构体（structure），它相当于其他高级语言中的记录。结构体是一种构造类型，它是由若干成员组成的，每一个成员可以是一个基本数据类型也可以是一个构造类型。

10.1 结构体

10.1.1 结构类型定义

结构类型的一般定义形式为：

```
struct 结构名
{
成员表列语句
};
```

成员表列语句由若干个成员组成，每个成员都是该结构的一个组成部分。对每个成员必须做类型说明，其形式为：

```
类型说明符 成员名;
```

成员名的命名应符合标识符的书写规定。例如：

```
struct score
{
      int Math;
      int Phy;
      int Eng;
};
struct student
{
      int Id;
      char Name[20];
      char Gender[3];
      char Class[20];
      struct score Score;
};
```

在 struct score 结构体定义中，结构名为 score，该结构体由 3 个成员组成，都是整型，分别表示数学、物理和英语的成绩。在 struct student 结构体定义中，第一个成员为 Id，整型变量；第二个成员为 Name，字符数组；第三个成员为 Gender，字符数组；第四个成员为 Class，字符数组；第五个成员为 Score，score 结构体类型（注意：S 字母大小写不同）。结构体类型定义括号后的分号是不可少的。结构体类型定义之后，即可进行结构体类型变量定义。由此可见，结构是一种复杂构造的数据类型，是数目固定、类型不同的若干有序变量的集合。

10.1.2 结构体变量的定义

C 语言规定了结构体类型变量的三种定义方法。

1. **先定义结构体类型，再定义结构体变量**

例如：

```
struct score
{
      int Math;
      int Phy;
      int Eng;
};
struct student
{
```

```
        int Id;
        char Name[20];
        char Gender[3];
        char Class[20];
        struct score Score;
};
struct student stu1, stu2;
```

定义了两个变量 stu1 和 stu2 为 student 结构体类型。

2. 在定义结构类型的同时定义结构变量

例如：

```
struct score
{
        int Math;
        int Phy;
        int Eng;
};
struct student
{
        int Id;
        char Name[20];
        char Gender[3];
        char Class[20];
        struct score Score;
}
stu1, stu2;
```

这种形式说明的一般形式为：

```
struct 结构名
{
    成员表列
}变量名表列;
```

3. 直接说明结构变量

例如：

```
struct score
{
        int Math;
        int Phy;
        int Eng;
};
struct student
{
        int Id;
        char Name[20];
        char Gender[3];
        char Class[20];
        struct score Score;
}stu1, stu2;
```

这种形式说明的一般形式为：

```
struct
{
```

```
    成员表列
}变量名表列;
```

第三种方法与第二种方法的区别在于第三种方法中省去了结构名，而直接给出结构变量。三种方法中说明的 stu1,stu2 变量都具有图 10-1 所示的结构。

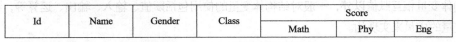

Id	Name	Gender	Class	Score		
				Math	Phy	Eng

图10-1 student结构体类型

10.1.3 用typedef定义结构体类型

C 语言不仅提供了丰富的数据类型，而且还允许由用户自己定义类型说明符，也就是说允许用户为数据类型取“别名”。类型定义符 typedef 即可用来完成此功能。例如，有整型变量 a、b，其说明如下。

```
int a,b;
```

其中 int 是整型变量的类型说明符。int 的完整写法为 integer，为了增加程序的可读性，可把整型说明符用 typedef 定义为：

```
Typedef  int INTEGER
```

以后可用 INTEGER 来代替 int 作整型变量的类型说明。

例如：

```
INTEGER a,b;
```

等效于

```
int a,b;
```

用 typedef 定义数组、指针、结构体等类型将带来很大的方便，不仅使程序书写简单，而且使意义更为明确，因而增强了可读性。

例如：

```
struct score
{
     int Math;
     int Phy;
     int Eng;
};
typedef struct student
{
     int Id;
     char Name[20];
     char Gender[3];
     char Class[20];
     struct score Score;
}STUDENT;
```

定义 STUDENT 表示 struct student 的结构体类型，然后可用 STUDENT 来定义结构体变量：

```
STUDENT stu1,stu2;
```

其等价于

```
struct student stu1,stu2;
```

typedef 定义的一般形式为：

```
typedef 原类型名 新类型名;
```

其中原类型名中含有定义部分，新类型名一般用大写表示，以便于区别。

10.1.4 结构体变量成员的引用和赋值

在程序中使用结构体变量时，往往不把它作为一个整体来使用。在 ANSI C 中除了允许具有相同类型的结构体变量相互赋值以外，一般对结构体变量的使用包括赋值、输入、输出、运算等，都是通过结构体变量的成员来实现的。

表示结构体变量成员的一般形式是：

```
结构体变量名.成员名
```

例如：

```
stu1.Id        //stu1 的学号
stu2.Name      //stu2 的姓名
```

如果成员本身又是一个结构，则必须逐级找到最低级的成员才能使用。

例如：

```
stu2.score.Math
```

即 stu2 的 score 成员的 Math 成员可以在程序中单独使用，与普通变量完全相同。

结构变量的赋值就是给各成员赋值，可用输入语句或赋值语句来完成。

【例 10-1】给结构变量赋值并输出其值。

```
#include <stdio.h>
#include <string.h>
struct score
{
     int Math;
     int Phy;
     int Eng;
};
struct student
{
     int Id;
     char Name[20];
     char Gender[3];
     char Class[20];
     struct score Score;
};
int main()
{
     struct student Student;
     Student.Id = 141001;
     strcpy(Student.Name, "张三");
     strcpy(Student.Gender, "男");
     strcpy(Student.Class, "安全 14");
     Student.Score.Math = 79;
     Student.Score.Phy = 81;
     Student.Score.Eng = 79;
     printf("Id\tName\tGender\tClass\tMath\tPhy\tEng\n");
     printf("%d\t%s\t%s\t%s\t%d\t%d\t%d", Student.Id, Student.Name, \
               Student.Gender, Student.Class,     Student.Score.Math, \
               Student.Score.Phy,Student.Score.Eng);
```

10-1

```
    return 0;
}
```

程序输出如下：

```
Id        Name     Gender  Class    Math     Phy      Eng
141001  张三       男        安全14    79       81       79
```

10.2　结构体数组

结构体变量只能表示表格中的一行记录，而表格中往往有多条记录，如何真正实现一个表格的数据结构呢？既然结构体类型可以当作简单数据类型看待，那么数组的元素也可以是结构类型的，因此可以定义结构体型数组。结构体数组的每一个元素都是具有相同结构型类型的下标结构变量。结构体数组的定义与基本数据类型数组结构的定义方法相同。

例如：

```
struct score
{
      int Math;
      int Phy;
      int Eng;
};
struct student
{
      int Id;
      char Name[20];
      char Gender[3];
      char Class[20];
      struct score Score;
};
struct student stu[30];
```

结构体数组的定义也可以和结构体变量相似，只需说明它为数组类型即可。

例如：

```
struct student
{
      int Id;
      char Name[20];
      char Gender[3];
      char Class[20];
      struct score Score;
} stu [30];
```

【例 10-2】求每个学生的平均成绩和每门课的平均成绩。

```
#include <stdio.h>
#include <string.h>
struct score
{
      int Math;
      int Phy;
      int Eng;
};
struct student
```

10-2

```
{
    int Id;
    char Name[20];
    char Gender[3];
    char Class[20];
    struct score Score;
};
struct student stu[30] = {
    {14001, "张三",   "男",    "安全14",{79, 81, 79}},
    {14002, "李明",   "男",    "管理14",{82 , 88 , 83}},
    {14003, "王晓晓", "女",    "管理15",{76 , 83 , 79}},
    {14004, "李大富", "男",    "管理16",{80 , 83 , 82}},
    {14005, "刘芬",   "女",    "管理17",{84 , 91 , 87}},
    {14006, "朱文武", "男",    "信息14",{77 , 81 , 77}}
};
int main()
{
    int i, sum, sumCourse[3] = {0};

    printf("The average score for each student is:\n");
    for(i = 0; i < 6; i++)
    {
        sum = stu[i].Score.Math + stu[i].Score.Phy + stu[i].Score.Eng;
        printf("%s\t\t%5.1f\n", stu[i].Name, sum / 3.0);
    }
    for(i = 0; i < 6; i++)
    {
        sumCourse[0] += stu[i].Score.Math;
        sumCourse[1] += stu[i].Score.Phy;
        sumCourse[2] += stu[i].Score.Eng;
    }
    printf("The average score for each course is:\n");
    printf("Math\t\t%5.1f\nPhy\t\t%5.1f\nEng\t\t%5.1f\n",
        sumCourse[0]/6.0, sumCourse[1]/6.0, sumCourse[2]/6.0);
    return 0;
}
```

程序输出结果如下：

```
The average score for each student is:
张三                79.7
李明                84.3
王晓晓              79.3
李大富              81.7
刘芬                87.3
朱文武              78.3
The average score for each course is:
Math                79.7
Phy                 84.5
Eng                 81.2
```

程序中定义了关于学生记录的结构体数组 struct student stu[30]，并初始化了前 6 条记录，其他记录默认为 0，初始化后的结果如表 10-2 所示。

表 10–2 数据初始化结果

	Id	Name	Gender	Class	Score		
					Math	Phy	Eng
stu[0]	14001	张三	男	安全 14	79	81	79
stu[1]	14002	李明	男	管理 14	82	88	83
stu[2]	14003	王晓晓	女	管理 15	76	83	79
stu[3]	14004	李大富	男	管理 16	80	83	82
stu[4]	14005	刘芬	女	管理 17	84	91	87
stu[5]	14006	朱文武	男	信息 14	77	81	77

10.3 结构体指针

10.3.1 指向结构体变量的指针

当一个指针变量指向一个结构体类型变量时，称之为结构体指针变量。结构体指针变量中的值是所指向的结构体变量的首地址。通过结构体指针即可访问该结构体变量，这与数组指针和函数指针的情况是类似的。

结构体指针变量说明的一般形式为：

```
struct 结构体名 *结构体指针变量名
```

例如，在前面的例题中定义了 stu1 结构体变量，如要定义一个指向 stu1 的指针变量 pstu1，可定义：struct student *pstu1；也可在定义 student 结构体时同时定义 pstu1。同样，结构体指针变量也必须先赋值后使用。

例如：struct student

```
{ int age; int num;}stu1, *pstu1;
```

赋值是把结构体变量的首地址赋予该指针变量，不能把结构体名赋予该指针变量。如果 stu1 是被说明为 student 类型的结构体变量，则 pstu1 = &stu1;正确，而 pstu = &student 是错误的。

结构体名和结构体变量是两个不同的概念，不能混淆。结构体数据类型名只能表示一个结构体类型，编译系统并不对它分配内存空间。只有当某变量被说明为这种类型的结构体时，才对该变量分配存储空间。因此&student 这种写法是错误的，不能去取一个结构体名的首地址。

有了结构体指针变量，就能更方便地访问结构体变量的各个成员。

其访问的一般形式为：

```
(*结构体指针变量).成员名
```

或为：

```
结构体指针变量->成员名
```

例如：

```
(*pstu).Id
```

或者：

```
    pstu->Id
```

应该注意(*pstu)两侧的括号不可少，因为成员符“.”的优先级高于“*”。如果去掉括号写作*pstu.Id，则等效于*(pstu.Id)，这样，意义就完全不对了。

下面通过例题来说明结构体指针变量的具体说明和使用方法。

【例 10-3】结构体指针变量用法示例。

10-3

```
#include <stdio.h>
#include <string.h>
struct score
{
    int Math;
    int Phy;
    int Eng;
};
struct student
{
    int Id;
    char Name[20];
    char Gender[3];
    char Class[20];
    struct score Score;
};
int main()
{
    struct student stu1, *pstu;
    pstu = &stu1;
    stu1.Id = 141001;
    strcpy(stu1.Name, "张三");
    strcpy(pstu->Gender, "男");
    strcpy(stu1.Class, "安全 14");
    (*pstu).Score.Math = 79;
    stu1.Score.Phy = 81;
    stu1.Score.Eng = 79;
    printf("Id\tName\tGender\tClass\tMath\tPhy\tEng\n");
    printf("%d\t%s\t%s\t%s\t%d\t%d\t%d", pstu->Id, stu1.Name, \
           stu1.Gender, stu1.Class, stu1.Score.Math, \
           (*pstu).Score.Phy,stu1.Score.Eng);
    return 0;
}
```

程序运行结果为：

```
Id      Name    Gender  Class   Math    Phy     Eng
141001  张三    男      安全14  79      81      79
```

从运行结果可以看出，本例与【例 10-1】作用完全相同，因此，可以用三种方法表示结构体成员，即：

```
结构体变量.成员名
(*结构体指针变量).成员名
结构体指针变量->成员名
```

10.3.2 指向结构体数组的指针

指针变量可以指向一个结构体数组，这时结构体指针变量的值是整个结构体数组的首地址。结构体指针变量也可指向结构体数组的一个元素，这时结构体指针变量的值是该结构体数组元素的首地址。

设 pa 为指向结构体数组的指针变量，pa 指向该结构体数组的第 0 号元素，pa+1 指向第 1 号元素，pa+i 则指向 i 号元素。这与普通数组的情况是一致的。

【例 10-4】利用结构体指针变量计算学生各科的平均成绩和每个学生的平均成绩。

10-4

```
#include <stdio.h>
#include <string.h>
struct score
{
    int Math;
    int Phy;
    int Eng;
};
struct student
{
    int Id;
    char Name[20];
    char Gender[3];
    char Class[20];
    struct score Score;
};
struct student stu[30] = {
    {14001, "张三",   "男",    "安全14",{79, 81, 79}},
    {14002, "李明",   "男",    "管理14",{82 , 88 , 83}},
    {14003, "王晓晓", "女",    "管理15",{76 , 83 , 79}},
    {14004, "李大富", "男",    "管理16",{80 , 83 , 82}},
    {14005, "刘芬",   "女",    "管理17",{84 , 91 , 87}},
    {14006, "朱文武", "男",    "信息14",{77 , 81 , 77}}
};
int main()
{
    struct student *pstua = stu;
    int i, sum, sumCourse[3] = {0};
    printf("The average score for each student is:\n");
    for(i = 0; i < 6; i++)
    {
        sum = pstua->Score.Math + pstua->Score.Phy + pstua->Score.Eng;
        printf("%s\t\t%5.1f\n", pstua->Name, sum / 3.0);
        pstua++;
    }
    pstua = stu;
    for(i = 0; i < 6; i++)
    {
        sumCourse[0] += pstua->Score.Math;
        sumCourse[1] += pstua->Score.Phy;
        sumCourse[2] += pstua->Score.Eng;
        pstua++;
    }
```

```
        printf("The average score for each course is:\n");
        printf("Math\t\t%5.1f\nPhy\t\t%5.1f\nEng\t\t%5.1f\n",
            sumCourse[0] / 6.0, sumCourse[1] / 6.0, sumCourse[2] / 6.0);
        return 0;
    }
```

程序输出结果为：

```
The average score for each student is:
张三          79.7
李明          84.3
王晓晓        79.3
李大富        81.7
刘芬          87.3
朱文武        78.3
The average score for each course is:
Math          79.7
Phy           84.5
Eng           81.2
```

程序中pstua初始化后指向数组stu的首地址，需要注意的是，pstua++的作用是使得pstua指向数组stu下一个元素的首地址，如图10-2所示。

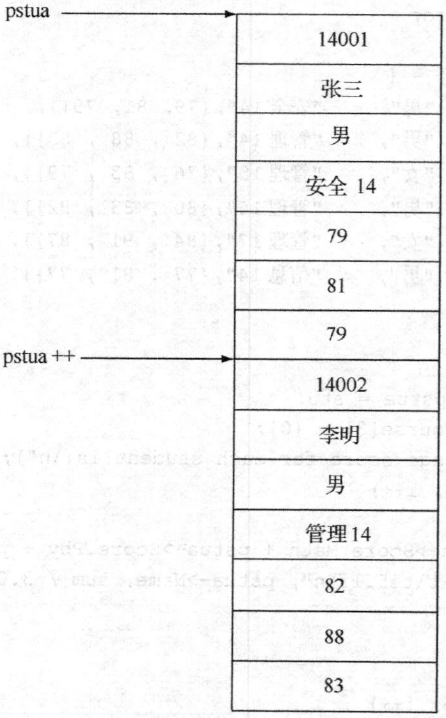

图10-2　结构体指针运算

10.3.3　结构体指针变量作函数参数

将结构体传递给函数作为参数的方法有三种：传递单个成员、传递整个结构体、传递结构体指针。传递单个成员方式与普通函数参数的值传递相同，都是单项值传递。传递整个结构体与传递单个成员也类似，但是这种传递要将全部成员逐个传递，特别是成员为数组时将会使传递的时间和空间开销很大，严重地降低了程序的效率。因此，最好的办法就是使用指针，即用指针变量作函数参数进行传送，这时由实参传向形参的只是地址，从而减少了时间和空间的开销。

【例 10-5】用结构体指针变量作函数参数编程，计算每个学生的平均成绩和每门课程的平均成绩。

10-5

```
#include <stdio.h>
#include <string.h>
struct score
{
    int Math;
    int Phy;
    int Eng;
};
struct student
{
    int Id;
    char Name[20];
    char Gender[3];
    char Class[20];
    struct score Score;
};
void average_stu(struct student *pstua)
{
    int i, sum;
    printf("The average score for each student is:\n");
    for(i = 0; i < 6; i++)
    {
        sum = pstua->Score.Math + pstua->Score.Phy + pstua->Score.Eng;
        printf("%s\t\t%5.1f\n", pstua->Name, sum / 3.0);
        pstua++;
    }
}
void average_course(struct student *pstua)
{
    int i, sumCourse[3] = {0};
    for(i = 0; i < 6; i++)
    {
        sumCourse[0] += pstua->Score.Math;
        sumCourse[1] += pstua->Score.Phy;
        sumCourse[2] += pstua->Score.Eng;
        pstua++;
    }
    printf("The average score for each course is:\n");
    printf("Math\t\t%5.1f\nPhy\t\t%5.1f\nEng\t\t%5.1f\n",
        sumCourse[0] / 6.0, sumCourse[1] / 6.0, sumCourse[2] / 6.0);
}
int main()
{
    struct student stu[30] = {
        {14001,"张三",   "男",    "安全14",{79, 81, 79}},
```

```
        {14002,"李明",   "男",    "管理14",{82 , 88 , 83}},
        {14003,"王晓晓", "女",    "管理15",{76 , 83 , 79}},
        {14004,"李大富", "男",    "管理16",{80 , 83 , 82}},
        {14005,"刘芬",   "女",    "管理17",{84 , 91 , 87}},
        {14006,"朱文武", "男",    "信息14",{77 , 81 , 77}}
    };
    average_stu(stu);
    average_course(stu);
    return 0;
}
```

程序运行结果如下：

```
The average score for each student is:
张三            79.7
李明            84.3
王晓晓          79.3
李大富          81.7
刘芬            87.3
朱文武          78.3
The average score for each course is:
Math            79.7
Phy             84.5
Eng             81.2
```

本程序定义了两个函数 average_stu 和 average_course，辅助计算每个学生的平均成绩和每门课程的平均成绩，程序结构清晰，同时由于本程序全部采用指针变量做运算和处理，故速度更快，程序效率更高。

10.4 共用体

在进行某些算法的 C 语言编程的时候，需要使几种不同类型的变量存放到同一段内存单元中，也就是使用覆盖技术，几个变量互相覆盖。这种几个不同的变量共同占用一段内存的结构，在 C 语言中，被称作“共用体”类型结构，简称共用体。

共用体类型的定义

```
union 共用体类型名
{
    成员表列
}变量表列;
```

例如：

```
union data
{
    int i;
    char ch;
    double d;
}a;
```

共用体变量的定义

第一种定义的方法是：在定义共用体类型时，同时定义共用体变量，如上例。

第二种定义的方法如下：

```
共用体类型名  共用体变量名;
```

例如 union data b;

共用体变量的初始化

（1）union data a={123};　　//初始化共用体为第一个成员

（2）union data a={.ch='a'}; //指定初始化项目，按照 C99 标准

（3）union data a=b;　　　　//把共用体变量初始化为另一个共用体

共用体变量的引用

只有先定义了共用体变量，才能在后续程序中引用它。有一点需要注意，不能引用共用体变量，而只能引用共用体变量中的成员。

例如：

```
union data a;
a.i=2014;
a.d=2014.0;
a.ch='A';
```

也可以使用共用体指针引用共用体的成员变量。

```
union data *p=&a;
p->i=2014; p->d=2014.0; p->ch='A';
```

说明：

（1）同一个内存段可以用来存放几种不同类型的成员，但是在每一瞬间只能存放其中的一种，而不是同时存放几种。换句话说，每一瞬间只有一个成员起作用，其他的成员不起作用，即不是同时都存在并起作用。

（2）共用体变量中起作用的成员是最后一次存放的成员，在存入一个新成员后，原有成员就失去作用。

（3）共用体变量的地址和它的各成员的地址都是同一地址。

（4）不能对共用体变量名赋值，也不能企图引用变量名来得到一个值。

（5）共用体类型可以出现在结构体类型的定义中，也可以定义共用体数组。反之，结构体也可以出现在共用体类型的定义中，数组也可以作为共用体的成员。

10.5 经典算法

【例 10-6】子网掩码问题：判断本机是否和其他计算机在相同的子网中，如果是，输出“INNER”；否则，输出“OUTER”。

子网掩码是用来判断任意两台计算机的 IP 地址是否属于同一子网络的根据。最为简单的理解就是，两台计算机各自的 IP 地址与子网掩码进行 AND 运算后，如果得出的结果是相同的，则说明这两台计算机是处于同一个子网络的，可以进行直接的通信。

IP 地址是一个 32 位的二进制数，通常被分割为 4 个 8 位二进制数（也就是 4 个字节）。IP 地址通常用点分十进制表示成（a.b.c.d）的形式，其中，a、b、c、d 都是 0～255 之间的十进制整数。例如：

点分十进制 IP 地址（172.18.61.6），实际上是 32 位二进制数（10101100. 00010010. 00111101. 00000110）。图 10-3 所示为 IP 地址与子网掩码。

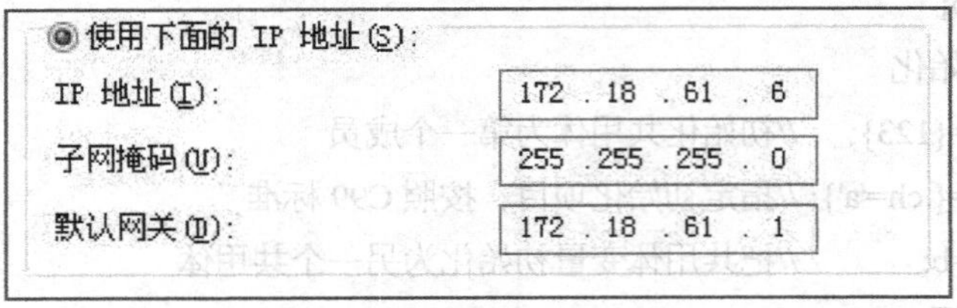

图10-3　IP地址与子网掩码

输入：

第一行是本机 IP 地址

第二行是子网掩码

第三行整数 N，表示后面有 N 个 IP 地址

第 1 个 IP 地址

……

第 N 个 IP 地址

10-6

输出：

计算并输出 N 个 IP 地址是否与本机在同一个子网内。

对于在同一个子网的输出“INNER”

对于在不同子网的输出“OUTER”

问题分析：

IP 地址是一个 32 位的二进制数，使用 int 类型的数据可以表示 IP 地址，这样表示 IP 地址也方便 IP 地址与子网掩码进行与运算。

而 IP 地址习惯上采用点分十进制方式输入，将 32 位的二进制数 IP 地址分割为 4 个 8 位二进制数，分别输入 4 个字节的十进制数。

也就是说 4 个字节的 IP 地址在输入时是逐个字节输入，而在计算时 4 个字节又作为一个整体进行计算。这样自然地想到了共用体。

共用体类型的定义如下：

```
union IPAdress{
    unsigned char a[4];
    unsigned  int ip;
};
```

可存放 4 个字节数据的成员数组 a 和 4 个字节长度的整型成员 ip 共用同一内存段，它们的地址是一样的。因此，往数组 a 中逐个输入数据后，成员 ip 就可以作为整体表示 IP 地址。

参考程序：

```
#include <stdio.h>
union IPAdress{
    unsigned char a[4];
    unsigned  int ip;
```

```
};
IPAdress GetIP(){
    IPAdress ipa;
    int a0,a1,a2,a3,ip;  char c;
    scanf("%d.%d.%d.%d",&a3,&a2,&a1,&a0);
    ipa.a[3]=a3;ipa.a[2]=a2;a.a[1]=a1;ipa.a[0]=a0;
    return ipa;
}
int main(){
    int n=0; IPAdress host,other,mask;
    host=GetIP();    mask=GetIP();
    scanf("%d",&n);
    while(n--){
        other=GetIP();
    if((host.ip&mask.ip)==(other.ip&mask.ip))
        printf("INNER\n");
    else
        printf("OUTER\n");
    }
}
```

10.6 小结

结构体是 C 语言中一种重要的构造类型。结构体与数据库中表记录对应，通常用来代表同一事物的不同属性，也经常用于表达一些固定的数据结构，如文件中的文件头格式、通信中报文头格式。结构体定义完成后，它的使用方法与普通变量类似，但要通过"."或者"->"才能访问到结构体的每一个成员。

习 题

一、选择题

（1）已知学生记录描述为：

```
struct student
{ int no;  char name[20];
char sex;  struct
{int year;  int month;  int day;}birth;
};
struct student s;
```

设变量s中的“生日”应该是“1984年11月11日”，下列对“生日”的正确赋值方式是（　　）。

A. year=1984; month=11; day=11;

B. birth.year=1984; birth.month=11; birth.day=11;

C. s.year=1984; s.month=11; s.day=11;

D. s.birth.year=1984; s.birth.month=11; s.birth.day=11;

（2）当说明一个结构体变量时，系统分配给它的内存是（　　）。

A. 各成员所需内存的总和　　B. 结构中第一个成员所需内存量

C. 成员中占内存量最大者所需的容量　　D. 结构中最后一个成员所需内存量

（3）设有以下说明语句

```
struct stu
{int a;float b;}stutype;
```

则以下叙述不正确的是（　　）。

A. struct是结构体类型的关键字　　B. struct stu是用户定义的结构体类型

C. stutype是用户定义的结构体类型名　　D. a和b都是结构体成员名

（4）C语言结构体类型变量在程序执行期间（　　）。

A. 所有成员一直驻留在内存中　　B. 只有一个成员驻留在内存中

C. 部分成员驻留在内存中　　D. 没有成员驻留在内存中

（5）若有以下说明和语句

```
struct student
{ int age; int num;}std, *p;
  p=&std;
```

则以下对结构体变量std中成员age的引用方式不正确的是（　　）。

A. std.age　　B. p->age　　C. (*p).age　　D. *p.age

（6）以下scanf函数调用语句中，对结构体变量成员进行不正确引用的是（　　）。

```
struct pupil
{char name[20];
  int age; int sex;}pup[5],*p; p=pup;
```

A. scanf("%s",pup[0].name)　　B. scanf("%d",&pup[0].age);

C. scanf("%d",&(p->.sex))　　D. scanf("%d",p->age);

（7）根据下面的定义，能打印出字母M的语句是（　　）。

```
struct person
{char name[9];  int age;};
 struct person class[10]= {"John",17,"Paul",19,"Mary",18,"adam",16};
```

A. printf("%c\n",class[3].name);　　B. printf("%c\n",class[3].name[1]);

C. printf("%c\n",class[2].name[1]);　　D. printf("%c\n",class[2].name[0]);

（8）若有以下定义和语句

```
struct student
{ int age;
  int num;};
  struct student stu[3]={{1001,20},{1002,19},{1003,21}};
int main()
{struct student *p; p=stu;……}
```

则以下不正确的引用是（　　）。

A. (p++)->num　　B. p++　　C. (*p).num　　D. p=&stu.age

（9）当说明一个共用体变量时，系统分配给它的内存是（　　）。

A. 各成员所需内存量的总和　　B. 结构中第一个成员所需内存量

C. 成员中占内存量最大者所需内存量　　D. 结构中最后一个成员所需内存量

（10）下面关于typedef的叙述中，不正确的是（　　）。

A. 用typedef可以定义各种类型名，但不能用来定义变量

B. 用typedef可以增加新类型

C. 用typedef只是将已存在的类型用一个新的标识符来代表

D. 使用typedef可利用程序的通用移值

二、程序阅读题

（1）以下程序的运行结果是（　　）。

```
int main()
{ struct cmplx {int x; int y;}cnum[2]={1,3,2,7};
  printf("%d\n",cnum[0].y/cnum[0].x*cnum[1].x);
  return 0;
  }
```

（2）以下程序的运行结果是（　　）。

```
#include <stdio.h>
int main()
{ struct student
   {int num;int age;};
  struct student stu[3]={{1001,20},{1002,19},{1003,21}};
  struct student *p;
  p=stu;
  printf("%d,%d,%d,%d\n",(p)->num ,(++p)->age,(*p).num,(*p).age);
  return 0;
  }
```

（3）以下程序的运行结果是（　　）。

```
int main()
{struct date  {int year,month,day;}today;
 printf("%d\n",sizeof(struct date));
return 0;
}
```

（4）以下程序的运行结果是（　　）。

```
#include<stdio.h>
int main()
{ union {long a;int b;char c;}m;
  printf("%d\n",sizeof(m));
  return 0;
}
```

（5）以下程序的运行结果是（　　）。

```
#include<stdio.h>
union pw {int i;char ch[2]; }a;
int main()
{ a.ch[0]=13;
  a.ch[1]=0;
   printf("%d\n",a.i);
  return 0;
}
```

实验十 结构体

一、实验目的

1. 掌握结构体类型变量的定义和使用。
2. 掌握结构体类型数组的概念和使用。
3. 掌握共用体类型变量的定义和使用。

二、实验内容

1. 程序阅读题

（1）请阅读下列程序，并上机验证阅读分析的结果。

```
#include <stdio.h>
int main()
{
      struct date
      {
            int year,month,day;
      } today;
      printf("%d\n",sizeof(struct date));
      printf("请输入年-月-日：");
      scanf("%d-%d-%d",&today.year,&today.month,&today.day);
      printf("%d-%d-%d",today.year,today.month,today.day);
      return 0;
}
```

（2）请阅读下列程序，并上机验证阅读分析的结果。

```
#include <stdio.h>
int main()
{
      struct student
      {
            int num;
            int age;
      };
      struct student stu[3]= {{1001,20},{1002,19},{1003,21}};
      int i;
      for(i=0;i<3;i++)
          printf("%d,%d\n",stu[i].num,stu[i].age);
      return 0;
}
```

（3）请阅读下列程序，并上机验证阅读分析的结果。

```
#include <stdio.h>
int main()
{
      struct student
      {
```

```
        int num;
        int age;
    };
    struct student stu[3]= {{1001,20},{1002,19},{1003,21}};
    struct student *p;
    int i;
    p=stu;
    for(i=0;i<3;i++)
        {printf("%d,%d\n",(*p).num,(*p).age);p++;}
    return 0;
}
```

2. 编程题

（1）定义时间结构体，在显示器上显示一个动态时钟，格式为year.month.day hh:mm:ss。

```
struct _time
{
    int year;
    int month;
    int day;
    int hh;
    int mm;
    int ss;
}CLOCK;
```

（2）定义一个时间结构体（包含年、月、日），求某一日是该年的第几天。

（3）定义一个员工工资信息结构体，求平均工资、最高工资和最低工资。

（4）定义一个结构体链表存储某班级学生的学号、姓名和三门课程的成绩，实现增加、修改、删除和查询记录的功能。

第11章　文件

对于文件我们并不陌生，我们每天都与文件打交道。看看计算机中的文件夹，里面存放的多数是文件，如 word 文件、文本文件、Excel 文件、PowerPoint 文件、音频文件、视频文件和图像文件等、以及程序员比较熟的源程序文件、目标文件、可执行文件、库文件和头文件等。本章将介绍怎样使用 C 语言操作这些文件。

11.1　文件的概述

11.1.1　文件概念

计算机文件是存储在某种长期储存设备上的一段数据流，所谓“长期储存设备”一般指磁盘、光盘、磁带等，其特点是所存信息可以长期、多次使用，不会因为断电而消失。文件可以是文本文档、图片、程序等。文件通常具有三个字母的文件扩展名，用于指示文件类型，例如，图片文件常常以 JPEG 格式保存并且文件扩展名为.jpg。

从不同的角度可对文件作不同的分类。

按照用途可将文件分为系统文件、库文件和用户文件。

系统文件：指由系统软件构成的文件，包括操作系统内核、编译程序文件等。这些通常只允许用户使用，不允许用户修改。

库文件：指由标准的和非标准的子程序库构成的文件。标准的子程序库通常称为系统库，提供对系统内核的直接访问；非标准的子程序库则是提供满足特定应用的库。库文件又分为两大类：一类是动态链接库，另一类是静态链接库。

用户文件：指用户自己定义的文件，如用户的源程序、可执行程序和文档等。

按照文件编码方式的不同，可以把文件分成文本文件和二进制文件。

文本文件：指数据按字符编码方式存储的文件，例如 ASCII、ASNI、Unicode、Unicode big endian、TTF-8 等编码方式。

二进制文件：指数据按数值编码方式存储的文件，例如整数采用补码，浮点数据采用 IEEE754 标准编码。

从物理结构来看，文件都是二进制形式存放的。但从文件编码的方式来看，文件可分为 ASCII 码文件和二进制码文件两种。C 语言在处理这些文件时，并不区分类型，都看成是字符流，按字节进行处理。输入输出字符流的开始和结束只由程序控制而不受物理符号（如回车符）的控制，因此也把这种文件称作流式文件。

本章讨论流式文件的打开、关闭、读、写、定位等各种操作。

11.1.2 文件系统

目前C语言所使用的磁盘文件系统有两大类：一类称为缓冲文件系统，又称为标准文件系统；另一类称为非缓冲文件系统。

缓冲文件系统是由系统自动地在内存区为每一个正在使用的文件开辟缓冲区。从磁盘向内存读入数据时，一次性从磁盘文件将一些数据读入到输入文件缓存区，装满缓冲区后，再从缓冲区逐个地将数据送给接收变量；向磁盘文件输出数据时，则先将数据送到内存中的输出文件缓存区，装满缓冲区后才一起写到磁盘里。

使用缓冲区可以一次读入一批数据，或输出一批数据，而不是执行一次输入或输出函数就要去访问一次磁盘。使用缓存区的目的是减少对磁盘的实际读写次数，提高文件的读写速度。缓冲区的大小由各个具体的C语言版本确定，一般为512字节。缓冲文件系统的读写，如图11-1所示。

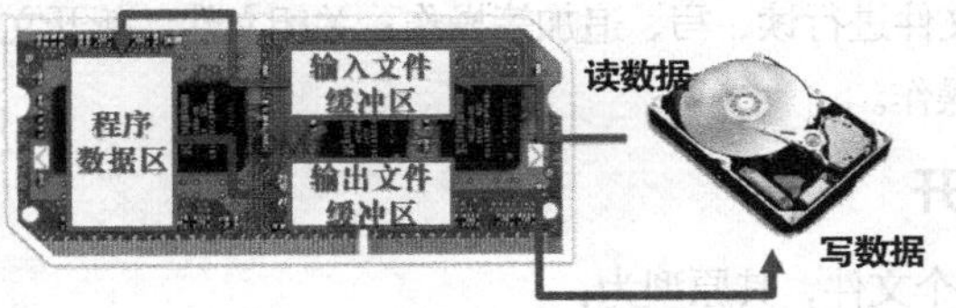

图11-1 缓冲文件系统的读写

非缓冲文件系统不自动开辟确定大小的缓冲区，而由程序为每个文件设定缓冲区。

不管是缓冲文件系统还是非缓冲文件系统，系统都采用了缓冲区读写文件，它们唯一的不同就是缓冲区是由谁开辟的。缓冲文件系统是由系统自动开辟缓冲区，而非缓冲文件系统系统是由用户程序开辟缓冲区。

传统的UNIX系统下，用缓冲文件系统来处理文本文件，用非缓冲文件系统处理二进制文件。1983年ANSI C标准决定不采用非缓冲文件系统，而只用缓冲文件系统，也就是说现在的C语言都采用的是缓冲文件系统处理文件。

11.2 文件的打开与关闭

11.2.1 文件指针

在C语言中用一个指针变量指向一个已经打开的文件，这个指针称为文件指针（File Pointer）。通过文件指针就可对它所指的文件进行各种操作。

定义说明文件指针的一般形式为：

```
FILE *指针变量标识符;
```

例如：FILE *fp;

表示fp是指向FILE结构的指针变量，通过fp即可找到存放某个文件信息的结构变量，然后按结构变量提供的信息找到该文件，实施对文件的操作。习惯上，也笼统地称 fp 为指向一个文件的指针。

其中 FILE 应为大写，它实际上是由系统定义的一个结构，该结构中含有文件名、文件状态和文件当前位置等信息。例如在 VC 中 FILE 结构的定义如下：

```
struct _iobuf {
      char *_ptr;
      int   _cnt;
      char *_base;
      int   _flag;
      int   _file;
      int   _charbuf;
      int   _bufsiz;
      char *_tmpfname;
      };
typedef struct _iobuf FILE;
```

大多数情况下，在编写程序时不必关心 FILE 结构的细节，但有时会利用其中的一些字段信息，如_filelength 函数就需要以_file 字段作为参数。

文件的一般操作过程为：打开文件，建立用户程序与文件的联系，并使文件指针指向该文件；操作文件，使用文件指针对文件进行读、写、追加等操作；关闭文件，断开文件指针与文件之间的联系，也就禁止再对该文件进行操作。

11.2.2 文件的打开

fopen 函数用来打开一个文件，其原型为：

```
FILE *fopen(const char *filename, const char *mode);
```

其中，

fopen 的返回值为 FILE *型（文件指针），在其他文件操作中要以此文件指针为参数；

filename（文件名）是被打开文件的文件名，一般为字符串常量或字符串数组；

mode（使用文件方式）是指文件的类型和操作要求。

使用文件的方式主要有 5 种，表 11-1 给出了文件打开方式的符号和含义。

表 11–1 文件打开方式的符号和含义

字符串	含义
“r”	只读方式打开一个文本文件
“w”	只写方式建立并打开文本文件，如文件已经存在则将被覆盖
“a”	追加方式打开一个文本文件，原文件保留，可在文件末尾追加数据
“b”	与上述字符串组合，表示以二进制方式打开文件
“+”	与上述字符串组合，表示以读/写方式打开文件

例如：

```
FILE *fp;
fp=("d:\\abc.txt","r");
```

其意义是以只读方式打开 d:\abc.txt 文件，并使 fp 指向该文件。

又如：

```
FILE *fp1;
fp1 = fopen("d:\\abc.bin","rb+")
```

其意义是以二进制读/写方式打开 d:\abc.bin 文件，原文件保留。这是一个二进制文件，只允许按二进制方式进行读写操作。反斜线“\\”表示转义字符。

11.2.3 文件的关闭

文件使用完毕后，应调用关闭文件函数 fclose 关闭文件，以避免文件的数据丢失等错误。

fclose 函数原型是：

```
int fclose( FILE *stream);
```

其中参数 stream 为 fopen 函数返回的文件指针。

例如：

```
fclose(fp);
```

正常完成关闭文件操作时，fclose 函数返回值为 0，如返回非零值则表示有错误发生。

11.3 文件的顺序读写

我们都有使用计算机播放器听音乐和看电影的经历，例如，打开 mp3 文件后，播放器从头开始按顺序读取音频文件的数据，并进行播放，这种读取数据的方式称为顺序读取方式。如果我们听音乐，听到一半，想再听一听前面已经播放过的部分，可以把进度条往前拖放，想听后面的音乐，也可以把进度条往后拖放。拖放进度条后，可以继续进行播放。这种随机定位播放位置后，读取音频文件数据并进行播放的方式，称为随机读取方式。

文件读写方式分为：顺序读写方式和随机读写方式。

一般情况下，文件的读写采用顺序读写方式。文件打开后，从文件起始位置，逐个读写数据。C 语言也支持随机读写文件，也就是以任意顺序访问文件的不同位置。随机读写方式是在读写前先定位到文件中需要的位置后，再进行读写。

对文件的读和写是最常用的文件操作，C 语言提供了丰富的文件读写函数。

11.3.1 读/写字符

字符读写函数是以字符（字节）为单位的读写函数，每次可从文件读出或向文件写入一个字符。

1. 读字符函数 fgetc

fgetc 函数的功能是从指定的文件中读一个字符，函数原型为：

```
int fgetc(FILE *stream );
```

例如：

```
char ch;
ch = fgetc(fp);
```

表示从打开的文件的指针 fp 中读取一个字符并赋值给 ch 变量。

2. 写字符函数 fputc

fputc 函数的功能是把一个字符写入指定的文件中，函数调用的形式为：

```
int fputc(int c, FILE *stream);
```

其中，待写入的字符量 c 可以是字符常量或变量，例如：

```
char ch = 'a';
fputc(ch, fp);
```

或者

```
fputc('a',fp);
```

表示是把字符'a'写入 fp 所指向的文件中。

灵活运用文件操作，能解决很多实际工作中的问题，而且其跨平台性也很好。

【例 11-1】读取配置文件在显示器上打印。

```
#include <stdio.h>
int main()
{
    FILE *fp;
    int ch;
    fp = fopen("c:\\windows\\system.ini", "r");
    if(fp != NULL)
    {
         while(!feof(fp))
         {
             ch = fgetc(fp);
             putchar(ch);
         }
    }
    fclose(fp);
    return 0;
}
```

11-1

例子中 system.ini 为文本文件，所以以"r"模式打开。成功打开文件后，按顺序逐个读取文件中的字符，每次用 fgetc 函数读一个字符，再用 putchar 函数在显示器上打印出来，直到文件结束，函数 int feof(FILE *stream)判断是否读到文件结尾符，如果遇到文件结束，函数 feof（fp）的值为非零值，否则为 0。

本例输出如下：

```
; for 16-bit app support
[386Enh]
woafont=dosapp.fon
EGA80WOA.FON=EGA80WOA.FON
EGA40WOA.FON=EGA40WOA.FON
CGA80WOA.FON=CGA80WOA.FON
CGA40WOA.FON=CGA40WOA.FON

[drivers]
wave=mmdrv.dll
timer=timer.drv

[mci]
```

11.3.2 读/写字符串

1. 读字符串函数 fgets

fgets 函数的功能是从指定的文件中读一个字符串到字符数组中，函数原型为：

```
char *fgets(char *string, int n, FILE *stream);
```

其中 n 是一个正整数，表示从文件中最多读出 n−1 个字符。当遇到换行回车符、文件末尾或读满 n−1 个字符后函数返回，并在读入的字符串末尾添加结束标志'\0'。

例如：

```
fgets(str,n,fp);
```

表示从 fp 所指的文件中读出 n−1 个字符送入字符数组 str 中。

2. **写字符串函数 fputs**

fputs 函数的功能是向指定的文件写入一个字符串，函数原型为：

```
int fputs(const char *string, FILE *stream);
```

其中 string 可以是字符串常量，也可以是字符数组名，或指针变量，例如：

```
fputs("jxust",fp);
```

或者

```
char str[] = "jxust";
fputs(str, fp);
```

或者

```
char str[] = "jxust";
char *pstr = str;
fputs(pstr, fp);
```

其意义是把字符串"jxust"写入 fp 所指的文件之中。

【例 11-2】在配置文件的最后追加一行配置项。

```
#include <stdio.h>
void main()
{
      FILE *fp;
      char buf[256] = {0};

      fp = fopen("d:\\csamples\\boot.ini", "a+");
      gets(buf);
      fputs(buf, fp);
      rewind(fp);
      if(fp != NULL)
      {
            while(!feof(fp))
            {
                  fgets(buf, 256, fp);
                  puts(buf);
            }
      }
      fclose(fp);
}
```

11-2

程序输入如下：

```
C:\GHLDR=Linux
```

程序输出如下：

```
[boot loader]
timeout=3
default=multi(0)disk(0)rdisk(0)partition(1)\WINDOWS
[operating systems]
```

```
multi(0)disk(0)rdisk(0)partition(1)\WINDOWS="Microsoft Windows XP Professional"
/noexecute=optin /fastdetect
C:\GHLDR=Linux
```

本例中由于要在配置文件的最后追加一行配置项，所以以追加方式"a+"打开文本文件，此时文件指针指向文件末尾，写入一行配置信息后，用 rewind 函数是文件指针指向文件首部，最后用 fgets 和 puts 函数读取文件内容在显示器上打印出来。

11.3.3 读/写数据块

C 语言还提供了用于读写整块数据的函数，可用来读写一组数据，如一个数组元素、一个结构体变量的值等，虽然本质上仍然是读取一定数量的字节流。

读数据块函数调用的原型为：

```
size_t fread(void *buffer, size_t size, size_t count, FILE *stream);
```

写数据块函数调用的原型为：

```
size_t fwrite(const void *buffer, size_t size, size_t count,FILE *stream);
```

这两个函数的参数基本相同，其中，

buffer是一个指针，在 fread 函数中，它表示存放读出数据的首地址；在 fwrite 函数中，它表示存放待写数据的首地址。

size　表示一个数据块的大小（字节数）。

count 表示要读写的数据块个数。

fp　　表示文件指针。

函数的返回值表示实际读出或写入的数据块的个数。

例如：

```
fread(buffer,20,3,fp);
```

表示从 fp 所指的文件中，每次读 20 个字节，连续读 3 次，送入缓冲区 buffer 中。

或

```
fwrite(buffer,20,3,fp);
```

表示将从缓冲区 buffer 开始每次写 20 个字节，连续写 3 次到 fp 指向的文件中。

【例 11-3】复制文件。

```
#include <stdio.h>
int main(int argc, char *argv[])
{
    FILE *fpsrc, *fpdes;
    char ch;
    long len = 0;
    int count;
    if(argc < 3)
    {
        printf("Please give souce and destination files!\n");
        return 0;
    }
    fpsrc = fopen(argv[1], "rb");
    if(fpsrc == NULL)
    {
        printf("Open souce file failed!\n");
        return 0;
```

11-3

```
    }
    fpdes = fopen(argv[2], "wb");
    if(fpdes == NULL)
    {
        printf("Open destination file failed!\n");
        return 0;
    }
    while(!feof(fpsrc))
    {
        count = fread(&ch, sizeof(ch), 1, fpsrc);
        if(count)
        {
            fwrite(&ch, sizeof(ch), 1, fpdes);
            len++;
        }
    }
    printf("Copyed %d bytes!\n", len);
    fclose(fpdes);
    fclose(fpsrc);
    return 0;
}
```

程序运行如下：

```
csamples c:\bootfont.bin c:\bootfontbak.bin
```

程序输出为：

```
Copyed 322730 bytes!
```

本例的功能和操作系统的 copy 命令类似，均为复制文件。利用 main 的命令行形式传递参数（argc 表示参数个数，含命令自身；argv 表示命令行列表）。源文件以二进制只读方式打开，目的文件以二进制写方式打开，然后用 fread 函数读取源文件，一次读 1 个字节，用 fwrite 写入目的文件。注意：程序也可以复制文本文件。fread 的返回值表示成功读取的次数，如果一次读取超过 1 个字节，则不容易判断文件的结尾。

11.3.4 格式化读/写

fscanf 函数、fprintf 函数与前面使用的 scanf 和 printf 函数的功能相似，都是格式化读写函数。两者的区别在于 fscanf 函数和 fprintf 函数的读写对象不是键盘和显示器，而是磁盘文件。

这两个函数的原型为：

```
int fscanf(FILE *stream,const char *format [, argument ]... );
int fwscanf(FILE *stream, const wchar_t *format [,argument ] ... );
```

例如：

```
char ch;
int x;
fscanf(fp,"%d%c",&x,&ch);
fprintf(fp,"%d%c",x,ch);
```

【例 11-4】从键盘输入 n 个整数，n<=100，把输入的 n 个整数排序后，保存在文件 SortedData.txt 文件中。

```
#include "stdio.h"
void save(int a[],int n)
{
    FILE *fp;
```

```
    if((fp=fopen ("d:\\SortedData.txt","w"))==NULL)
    {
        printf("cannot open file\n");
        return;
    }
    for(int i=0; i<n; i++)
        fprintf(fp,"%d\n",a[i]);
    fclose(fp);
}
void SelectSort(int a[],int n)
{
    int i,j,t;
    for( i=0; i<n-1; i++ )
    {
        int k=i;
        for( j=i+1; j<n; j++)
            if( a[k]>a[j]) k=j;
        t=a[i];
        a[i]=a[k];
        a[k]=t;
    }
}
int main()
{
    int a[100];
    int n=0;
    while(scanf("%d",a+n)!=EOF&&n<100) n++;
    SelectSort(a,n);
    save(a,n);
    return 0;
}
```

11-4

运行结果：

输入：

```
23 4 54 99 -9 26 78 34 100 78 33
^Z
文件 SortedData.txt 中的内容
-9 4 23 26 33 34 54 78 78 99 100
```

11.4 文件的随机读写

前面介绍的对文件的读写方式都是顺序读写，即读写文件只能从头开始，顺序读写各个数据，但在实际问题中常要求只读写文件中某一指定的部分。为了解决这个问题，可移动文件内部的位置指针到需要读写的位置，再进行读写，这种读写称为随机读写。

实现随机读写的关键是要按要求移动位置指针，这称为文件的定位。

移动文件内部位置指针的函数主要有两个，rewind 函数和 fseek 函数。

rewind 函数的功能是把文件内部的位置指针移到文件首，其原型为：

```
void rewind(FILE *stream);
```

fseek 函数的功能强大，它可以移动文件内部位置指针至任意位置，其原型为：

```
int fseek(FILE *stream, long offset, int origin);
```

其中：

stream 指向被移动的文件。

offset 是 long 型数据，表示移动的字节数。

origin 表示从何处开始计算位移量，规定的起始点有三种：文件首、当前位置和文件尾。其表示方法如表 11-2 所示。

表 11-2 fseek 参数 origin 含义

起始点	表示符号	数字表示
文件首	SEEK_SET	0
当前位置	SEEK_CUR	1
文件末尾	SEEK_END	2

例如：

```
fseek(fp,0,SEEK_SET);
```

其功能与 rwind 相同。

```
fseek(fp, -200,SEEK_END);
```

是把位置指针移到离文件尾 200 个字节处。

【例 11-5】将学生信息写入一个文件中，再读出数据显示在屏幕上。

11-5

```
#include <stdio.h>
struct SCORE
{
    int Math;
    int Phy;
    int Eng;
};
typedef struct student
{
    int Id;
    char Name[20];
    char Gender[3];
    char Class[20];
    struct SCORE Score;
}STUDENT;
int main()
{
    struct student stu_tmp;
    struct student stu[30] = {
        {14001,"张三",   "男",     "安全14",{79, 81, 79}},
        {14002,"李明",   "男",     "管理14",{82 , 88 , 83}},
        {14003,"王晓晓", "女",     "管理15",{76 , 83 , 79}},
        {14004,"李大富", "男",     "管理16",{80 , 83 , 82}},
        {14005,"刘芬",   "女",     "管理17",{84 , 91 , 87}},
        {14006,"朱文武", "男",     "信息14",{77 , 81 , 77}}
    };
    FILE *fp;
    int i, count;
    fp = fopen("student.dat", "wb");
    for(i = 0; i < 5; i++)
    {
```

```
            fwrite(&stu[i], sizeof(STUDENT), 1, fp);
        }
        fclose(fp);
        fp = fopen("student.dat", "rb");
        printf("Id\tName\tGender\tClass\tMath\tPhy\tEng\n");
        while(!feof(fp))
        {
            count = fread(&stu_tmp, sizeof(STUDENT), 1, fp);
            if(count > 0)
            {
                printf("%d\t%s\t%s\t%s\t%d\t%d\t%d\n", stu_tmp.Id, stu_tmp.Name, \
                    stu_tmp.Gender, stu_tmp.Class,  stu_tmp.Score.Math, \
                    stu_tmp.Score.Phy,stu_tmp.Score.Eng);
            }
        }
        fclose(fp);
        return 0;
}
```

程序输出如下：

```
Id      Name    Gender  Class   Math    Phy     Eng
14001   张三    男      安全14  79      81      79
14002   李明    男      管理14  82      88      83
14003   王晓晓  女      管理15  76      83      79
14004   李大富  男      管理16  80      83      82
14005   刘芬    女      管理17  84      91      87
```

本例中用 fwrite 函数将学生信息以二进制方式写入到 student.dat 文件中，然后再用 fread 读取出来并分别显示每一条记录。注意：如果用记事本打开 student.dat 文件，由于文件是二进制格式的，显示如下：

? 张三　　男 安全 14　　蘋　Q　O　? 李明　　男 管理 14　　藿　X
S　? 王晓晓　　女 管理 15　　蘋　S　O　? 李大富　　男 管理 16
蘘　S　R　? 刘芬　　女 管理 17　　蘐　[　W

显然，**除了字符串外，其他类型的数据不能正确显示**。同时，可以看出，fread 和 fwrite 非常适合处理固定长度的结构体数据。

【例 11-6】 在屏幕上显示第 n 个学生的信息。连续随机输入第 n 个学生的顺序号，显示第 n 个学生的信息，输入 EOF 结束。

11-6

```
#include <stdio.h>
struct score
{
    int Math;
    int Phy;
    int Eng;
};
typedef struct student
{
    int Id;
    char Name[20];
    char Gender[3];
    char Class[20];
    struct score Score;
}STUDENT;

int main()
```

```
{
        struct student stu_tmp;
        FILE *fp;
        int count,n=0;

        fp = fopen("student.dat", "rb");
        while(scanf("%d",&n)!=EOF)
        {
            fseek(fp, sizeof(STUDENT)*n, SEEK_SET);
            count = fread(&stu_tmp, sizeof(STUDENT), 1, fp);
            if(count > 0)
            {
                n--;
                printf("Id\tName\tGender\tClass\tMath\tPhy\tEng\n");
                printf("%d\t%s\t%s\t%s\t%d\t%d\t%d\n", stu_tmp.Id, stu_tmp.Name,
                    stu_tmp.Gender, stu_tmp.Class,  stu_tmp.Score.Math,
                    stu_tmp.Score.Phy,stu_tmp.Score.Eng);
            }
        }
        fclose(fp);
        return 0;
}
```

本程序用 fseek 函数随机定位到第 n 个学生数据的位置，再用 fread 函数读取第 n 个学生的数据。程序输出如下：

```
1
Id      Name    Gender  Class   Math    Phy     Eng
14001   张三    男      安全14  79      81      79
2
Id      Name    Gender  Class   Math    Phy     Eng
14002   李明    男      管理14  82      88      83
5
Id      Name    Gender  Class   Math    Phy     Eng
14005   刘芬    女      管理17  84      91      87
3
Id      Name    Gender  Class   Math    Phy     Eng
14003   王晓晓  女      管理15  76      83      79
4
Id      Name    Gender  Class   Math    Phy     Eng
14004   李大富  男      管理16  80      83      82
^Z
```

请按任意键继续。

11.5 文件的其他操作

11.5.1 文件检测函数

C 语言中常用的文件检测函数有 feof 和 ferror。

feof 用于判断文件是否处于文件结束位置，如文件结束，则返回值为 1，否则为 0。其原型为：

```
int feof(FILE *stream);
```

ferror 用于检查文件在用各种输入输出函数进行读写时是否出错。如 ferror 返回值为 0 表示未出错，否则表示有错。其原型为：

```
ferror(文件指针);
int ferror(FILE *stream);
```

11.5.2 文件遍历函数

C 语言中常用的文件检测函数有_findfirst、_findnext 和_findclose，它们的头文件为 io.h。

（1）_findfirst 的函数原型为：long _findfirst(char *filespec, struct _finddata_t *fileinfo)

函数功能：搜索与指定的文件名称匹配的第一个实例，若成功则返回第一个实例的句柄，否则返回-1L；

参数说明：filespec 参数为文件名，可以用"*.*"来查找所有文件，也可以用"*.cpp"来查找.cpp 文件；fileinfo 参数是_finddata_t 结构体指针。

（2）_findnext 的函数原型为：int _findnext(intptr_t handle,struct _finddata_t *fileinfo);

函数功能：搜索与_findfirst 函数提供的文件名称匹配的下一个实例，若成功则返回 0，否则返回-1 参数说明：handle 参数为文件句柄，fileinfo 参数为_finddata_t 结构体指针。

（3）_findclose 的函数原型为：int _findclose(intptr_t handle);

函数功能：关闭由_findfirst 函数创建的一个搜索句柄。

参数说明：handle 参数为文件句柄

【例 11-7】遍历 c:目录下所有的可执行文件。

```
#include <io.h>
#include <stdio.h>
#include <string.h>
typedef void (*SFCallback)(char *file);
void callback(char *file)
{
    printf("%s\n", file);
}

void scanfile(char *dir, char *filter = 0, SFCallback cb = NULL)
{
    _finddata_t fdt;
    char fullpath[256];
    long hfile;
    sprintf(fullpath, "%s\\*.*", dir);
    hfile = _findfirst(fullpath, &fdt);
    if(hfile != -1)
    {
        do
        {
            char subdir[256] = {0};

            if(fdt.name[0] == '.')
                continue;
            if(fdt.attrib == _A_SUBDIR || fdt.attrib == 0x30)
            {
                sprintf(subdir, "%s\\%s", dir, fdt.name);
                scanfile(subdir, filter, cb);
            }
            else
```

```
                {
                    if(strstr(fdt.name, filter))
                    {
                        if(cb)
                        {
                            sprintf(subdir, "%s\\%s", dir, fdt.name);
                            cb(subdir);
                        }
                        else
                            printf("%s\\%s\n", dir,fdt.name);
                    }
                }
        }while(_findnext(hfile, &fdt) == 0);
        _findclose(hfile);
    }
}

int main()
{
    scanfile("c:", ".exe", callback);
    return 0;
}
```

程序输出（一部分）如下：

```
c:\Program Files\Mozilla Firefox\uninstall\helper.exe
c:\Program Files\Mozilla Firefox\crashreporter.exe
c:\Program Files\Mozilla Firefox\firefox.exe
c:\Program Files\Mozilla Firefox\plugin-container.exe
c:\Program Files\Mozilla Firefox\updater.exe
c:\Program Files\StudPE\Stud_PE.exe
c:\Program Files\StudPE\unins000.exe
c:\Program Files\Sinfor\SSL\Promote\SinforPromoteService.exe
```

文件遍历也是经常使用到的对文件的操作方法。【例 11-7】中定义了回调函数 callback 作为 scanfile 的函数指针参数使用。在 scanfile 函数中，首先用_findfirst 获得文件句柄，然后调用_findnext 循环遍历，如果属性是子目录，则递归调用 scanfile 函数。

11.6 小结

计算机的静态程序和数据都是以文件形式保存在外部设备上（一般为磁盘），程序运行时才载入内存执行，因此，对文件的读写操作是程序员必须掌握的基本技能。本章介绍的 C 语言文件操作函数符合 Posix 规范标准，能方便地移植到其他操作系统平台上。本章需要重点掌握文件的打开方式和格式化读写文件的方法。

习　题

一、选择题

（1）以下作为函数fopen中第一个参数的正确格式是（　　）。

A. c:user\text.txt　　B. c:\rser\text.txt　　C. \user\text.txt　　D. "c:\\user\\text.txt"

（2）若执行fopen函数时发生错误，则函数的返回值是（　　）。

A. 地址值　　B. 0　　C. 1　　D. EOF

（3）若要用fopen函数时发生错误，则函数的返回值是（　　）。

A. "ab+"　　B. "wb+"　　C. "rb+"　　D. "ab"

（4）若以"a+"方式打开一个已存在的文件，则以下叙述正确的是（　　）。

A. 文件打开时，原有文件内容不被删除，位置指针移到文件末尾，可作添加和读操作。

B. 文件打开时，原有文件内容被删除，位置指针移到文件开头，可作重新写和读操作。

C. 文件打开时，原有文件内容被删除，只可作写操作。

D. 以上说法皆不正确。

（5）当顺利执行了文件关闭操作时，fclose函数的返回值是（　　）。

A. -1　　B. TURE　　C. 0　　D. 1

（6）已知函数的高速用形式：fread(buffer,size,count,fp)；其中buffer代表的是（　　）。

A. 一个整型变量，代表要读入的数据项总数　B. 一个文件指针，指向要读的文件

C. 一个指针，指向要读入数据的存放地址　D. 一个存储区，存放要读的数据项

（7）fscanf函数的正确调用形式是（　　）。

A. fscanf(fp,格式字符串，输入表列)

B. fscanf(格式字符串，输入表列，fp)

C. fscanf(格式字符串，文件指针，输入表列)

D. fscanf(文件指针，格式字符串，输入表列)

（8）fwrite函数的一般调用形式是（　　）。

A. fwrite(buffer,count,size,fp)　B. fwrite(fp,size,count,buffer)

C. fwrite(fp,count,size,buffer)　D. fwirte(buffer,size,count,fp)

（9）fgetc函数的作用是从指定文件读入一个字符，该文件的打开方式必须是（　　）。

A. 只写　　B. 追加　　C. 读或读写　　D. 答案B和C都正确

（10）若调用fputc函数输出字符成功，则其返回值是（　　）。

A. EOF　　B. 1　　C. 0　　D. 输出的字符

（11）函数调用语句：fseek(fp,-20L,2)；的含义是（　　）。

A. 将文件位置指针移到了距离文件头20个字节处

B. 将文件位置指针从当前位置向后移动20个字节

C. 将文件位置指针从文件末尾处向后退20个字节

D. 将文件位置指针移到了距离当前位置20个字节处

（12）利用fseek函数可以实现的操作是（　　）。

A. 改变文件的位置指针　B. 文件的顺序读写

C. 文件的随机读写　D. 以上答案均正确

（13）rewind函数的作用是（　　）。

A. 使位置指针重新返回文件的开头　B. 将位置指针指向文件中所要求的特定位置

C. 使位置指针指向文件的末尾　D. 使位置指针自动移至下一个字符位置

（14）函数ftell(fp)作用是（　　）。

A. 得到流式文件中的当前位置　　B. 移动流式文件的位置指针

C. 初始化流式文件的位置指针　　D. 以上答案均正确

二、填空题

（1）在C程序中，数据可以用_____和_____两种代码形式存放。

（2）函数调用语句：fgetd(buf,n,fp)；从fp指向的文件中读入_____个字符放到buf字符数组中。函数值为_____。

（3）Feof(fp)函数用来判断文件是否结束，如果遇到文件结束，函数值为______，否则为______。

实验十一　文件

一、实验目的

1. 掌握文件、缓冲文件系统、文件指针的概念。
2. 学会使用文件的打开、关闭、读、写等文件操作函数。
3. 学会用缓冲文件系统对文件进行简单的操作。

二、实验内容

1. 建立一个程序，用于产生200组算式，每组算式包括一个两位数的加法、减法（要求被减数要大于减数）、乘法和两位数除以一位数的除法算式，每一组为一行，将所有的算式保存到文本文件d:\a.txt中。

程序提示：

```
#include<stdio.h>
#include<stdlib.h>
int main()
{
    FILE *fp;
    int i,a,b,t;
    fp=fopen("d:\\a.txt","w");
    for(i=1;i<=200;i++)
    {
     a=rand()%100; b=rand()%100;
     if(b<2) b=b+2;
     fprintf(fp,"\t%2d+%2d=   ",a,b);
     a=rand()%100;b=rand()%100;
     if(a<b) {t=a;a=b;b=t;}
     fprintf(fp,"\t%2d-%2d=   ",a,b);
     a=rand()%100;b=rand()%100;
     fprintf(fp,"\t%2d×%2d=   ",a,b);
     a=rand()%100;b=rand()%10;
     if(b<2) b=b+2;if(a<10) a=a+10;
```

```
        fprintf(fp,"\t%2d÷%2d=   ",a,b);
        fprintf(fp,"\n");
        }
    fclose(fp);
    return 0;
}
```

2. 复制1中产生文件a.txt为b.txt。
3. 编写一个程序，将文件old.txt从第10行起存放到new.txt 中去。（old.txt自己定义）
4. 编写一个程序，统计该old.txt文件中字符和非字符的个数。

实验十二　趣味编程题

第1题：问题描述（Description）

已知1个整数a(0<a<20)，输出a的5次方。

Input：

一个整数a

Output：

输出a的五次方

Sample Input：

10

Sample Output：

100000

第2题：问题描述（Description）

已知3个数a、b、c(0<a,b,c<500)，求它们的立方和。

Input：

三个数a,b,c

Output：

a,b,c的立方和

Sample Input：

1 2 3

Sample Output：

36

第3题：问题描述（Description）

马上就要C语言考试了，陈乐乐同学很在意能否考到前5，于是他从网上找到了往年的一套C语言试卷并且下载了那套试卷所有考生的分数情况。陈乐乐立刻把试卷做完，并且批改出了分数，现在他很想知道自己的这个分数可否在往年试卷成绩中排到前5，所以，陈乐乐想知道在下载的分数情况中的第五名分数是多少。但是他很懒，所以希望聪明的你们编程告诉他结果。

Input：

第一行给出往年考生人数N(5≤N≤150)，第二行包含N个数，就是每位考生的分数（其中每个分数都是整数，大于等于0并且小于等于100）。

Output：

输出第五名的分数。

Sample Input：

6

99 61 79 87 88 76

Sample Output：

76

HINT

对于有多个分数并列的情况看下面样例.

如输入：

6

61 88 66 66 90 98

对应的结果为：

66

第4题：问题描述（Description）

“回文数”是一种数字。如98789，这个数字正读是98789，倒读也是98789，正读倒读一样，这个数字就是回文数。现在给出一个回文数n(0<n<10^9)，求出这个数是第几个回文正整数。

Input：

输入回文数n(0<n<10^9)

Output：

这个数是第几个回文正整数

Sample Input：

11

Sample Output：

10

HINT

对于11，是第10个回文正整数（1,2,3,4,5,6,7,8,9,11）。

第5题：问题描述（Description）

读入数字n(n为奇数，1<n<20)，输出一个n*n的图形，样例如下。

如当n=3时图形如下：

YOY

OXO

YOY

如当n=7时图形如下：

```
YOOOOOY
OYOOOYO
OOYOYOO
OOOXOOO
OOYOYOO
OYOOOYO
YOOOOOY
```

Input：

一个数字n(n为奇数，1<n<20).

Output：

相应的图形.

Sample Input：

7

Sample Output：

```
YOOOOOY
OYOOOYO
OOYOYOO
OOOXOOO
OOYOYOO
OYOOOYO
YOOOOOY
```

第6题：问题描述（Description）

很多同学都非常关心自已的绩点分排名，因为学校有个政策，凡是绩点分排名在前5（含第五名）就具备保研的资格。现在陈乐乐想知道至少需要多少绩点分才具备保研资格，聪明的你能写程序帮助他吗?

第一行先输入n(25<n≤100)，表示这专业有n个学生。第二行输入n个正整数表示n个学生的绩点分，每两个数之间用空格隔开且互不相等。请输出要想具备保研资格，最少要多少绩点分。

Sample Input：

10

98 99 89 88 78 79 77 64 72 45

Sample Output：

79

第7题：问题描述（Description）

毕业，对于有些同学来说是个烦恼，都是学分惹的祸。想要拿到学分，要么正考成绩≥60，要么补考成绩≥60。现在陈乐乐给出若干门课的学分以及正考与补考情况，请计算陈乐乐获得的学分。

第一行输入一个数n(60<n<100)，表示有n门课。紧接着下面有n行，每一行有三个整数用空格隔开，表示每门课的的学分、正考成绩、补考成绩。请输出陈乐乐获得的总学分。具体输入输出见样例。

Sample Input：

5

4 78 0

3 89 0

2 35 60

1 56 80

2 54 58

Sample Output：

10

第8题：问题描述（Description）

陈乐乐同学的英语一直拖后腿，但是他最近找到了一种高效的学习方法，英语功力直线上升。下面这道题对于他来说小菜一碟，现在试试你的功力。

给你一段英文原文，由单词（每个单词长度小于等于20）和空格组成，以#字符结束，单词数小于等于300个。然后给出此段原文中的一个句子，以#字符结束，句子中最多包含30个单词，这个句子中挖去了一个单词，用下划线代替，请你找出这个下划线上应填的单词并输出。题目确保这个挖去的单词是一个完整的单词，并且只有唯一的答案。具体的输入输出见样例。

Sample Input：

where is hero from #

where is _ from #

Sample Output：：

hero

第9题：问题描述（Description）

话说WG喜欢CM，但是CM百般刁难。CM为了测试WG的智商，于是给他出了道高数题。WG百思不得其解，聪明的你能帮助WG吗？

已知一个函数f(x) = a*x + b*sin(x)，其中a≥0, |b|≤1，且a,b为整数且不同时为0，现在知道f(x)在0到x(x>0)上的积分值为 y(y为小于1000000000的整数)，问能否找到最小的x(精确到三位小数)。

有多组测试数据，每组给出a,b,y的值，若能找到最小的x，输出x，若不存在则输出 ERROR。以a，b，y同时为0，表示输入结束。

Sample Input：

2 1 -10

0 0 0

Sample Output：

ERROR

第10题：问题描述（Description）

已知两个正整数i,j（1<i<j≤100)。求i的立方加（i+1）的立方，一直加到j的立方。

第一行给出两个数，分别代表i和j。请输出i的立方加到j的立方的和。

Sample Input：

2 4

Sample Output：

99

第11题：问题描述（Description）

用过智能机的人都知道，当躺在床上无聊时，就会拿着手机摇啊摇。coco就是靠这种方式——微信交到orzcoco这个朋友的。

现在问题来了。给你二维直角坐标系中两个不同的点A(x1,y1)和B(x2,y2)，x1,y1,x2,y2都为整数。然后告诉你附近的那个人分别与A和B的距离（距离为整数）。你能求出附近那个人的坐标吗？（附近人的坐标为坐标系中的任一点)。

有五组测试数据，每组第一行给出A的坐标，两个数用空格隔开，第二行给出B的坐标，两个数用空格隔开。第三行给出附近人与A的距离m以及与B的距离n(m,n都为整数）。若给出的数据算不出附近的人的坐标，则输出error；若能找到q个坐标都满足题目要求则输出q。具体输入输出见样例。（样例只给了三组测试数据）。

Sample Input：

0　0

-1　1

1　1

2　2

4　4

1　1

1　-1

3　-3

1　1

Sample Output：

2

error

1

第12题：问题描述（Description）

兽兽不但是ACM大牛，而且是运动健将，如扔铅球。现在兽兽参加校园扔铅球比赛，给出兽兽身高Hcm（双精度浮点数），球落地点与兽兽头部的连线与水平线的夹角α（弧度），请编写一个程序计算兽兽扔铅球的水平距离L，见图11-2：

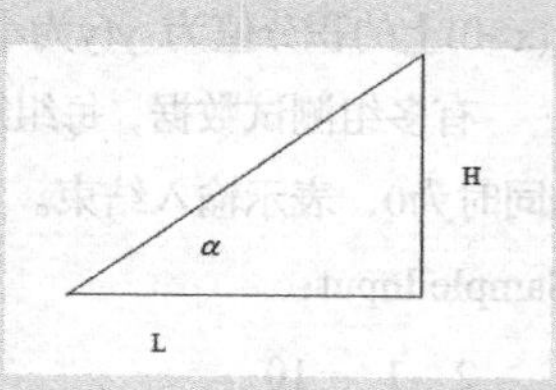

图11-2　计算水平距离L

Sample Input：

第一行一个整数T（0＜T≤50），代表测试样例个数；

接下来T行，每行两个实数，分别表示H和a

Sample Output：

对于每个测试样例输出一行L，精确到小数点后三位。

第13题：问题描述（Description）

又是一年九月，告别了压抑的高三，告别了人生中最长的一个假期，同时也告别了熟悉的亲朋好友，陈乐乐同学独自一人来到赣州这个陌生的城市。怀揣着伟大的梦想，陈乐乐同学开始向他的未来进击。但是站在公交站台前，有处女座情结的乐乐同学开始纠结了，有这么多趟公交都可以去江西理工大学，到底选哪一趟呢？1路怎么样？好多人的样子；18路怎么样？怎么要走这么多站；117呢？怎么车上没人啊好恐怖。乐乐同学做出了一个决定，选择一个最小号数的公交车坐，比如现在能去江西理工大学的公交车有18路、1路、117路公交，那么就选择1路公交车。

Input：

输入三个数a、b、c（1≤a、b、c≤1000，且a、b、c互不相等）表示a路，b路，c路公交都能去江西理工大学。

Output

输出a、b、c中最小的一个。

Sample Input：

18 1 117

Sample Ouput：

1

第14题：问题描述（Description）

陈乐乐有n张调查表，每张调查表上有m道题目，每题有四个选项分别为A，B，C，D（题目都是单选）。

对于每张表，陈乐乐会输入一串长为m的字符串，表示这m道题目的选项记录。

例如：

如有一张5道题的调查表，第一题选的是A，第二题选的是A，第三题选的是C，第四题选的是D，第五题选的是B，那么乐乐将会输入AACDB。对于陈乐乐的输入，程序应该能统计出这n张表中每道题A，B，C，D出现的比例。

详细输入输出请看样例。

Input：

输入的第一行包括两个整数n和m(1≤n，m≤200)，n表示调查表的张数，m表示每张调查表有m道题目。

接下来输入n行，每行是一串长为m（只含A、B、C、D）的字符串，表示调查表的选项记录。

Output：

共输出m行，其中第i行输出的四个数ai、bi、ci、di分别表示第i题A、B、C、D出现的比例，ai、bi、ci、di用空格隔开，且保留小数点后两个数字。

Sample Input：

3 5
ABDCA
BCBCA
CDCAA

Sample Output：

0.33 0.33 0.33 0.00
0.00 0.33 0.33 0.33
0.00 0.33 0.33 0.33

0.33 0.00 0.67 0.00

1.00 0.00 0.00 0.00

保留小数点后两位，对于double型变量输出采用%.2lf

第15题：问题描述（Description）

一年一度的圣诞节又到了！陈乐乐同学发现自己已经被丽丽同学深深地吸引了，于是他决定在这个圣诞节要送给丽丽同学一些礼物以表达内心的想法。

乐乐有n元钱，有m种礼物可以购买，每个礼物一元钱（乐乐拿的是欧元），而且每种礼物最多只能买一次（重复的礼物总给人不好的感觉）。对于这m种礼物，每种礼物乐乐根据丽丽的喜好估计了一个开心值ai。现在问题来了，乐乐该怎样用他的n元钱，使得最后礼物的开心值加和最大呢？请输出这个最大值。

Input：

第一行输入两个正整数n、m(1≤n，m≤100)，表示乐乐有n元钱，有m种礼物可以购买。

接下来一行有m个整数a1、a2、…、am（-100≤a1、a2、…、am≤100）分别表示第i种礼物带来的开心值

Output：

输出一个整数，表示礼物的开心值加和的最大值

Sample Input：

3 3

3 1 -2

Sample Output：

4

第16题：问题描述（Description）

F(1)=1

F(2)=1+1/2

F(3)=1+1/2+1/3

F(4)=1+1/2+1/3+1/4

...

F(N)=1+1/2+…+1/N 即为调和级数的前N项和。请求出一个最小的正整数N，使得对于给出的数K，F(N)>=K。在本题给出的K值为大于等于1且小于等于10的正整数。

Input:

输入一个正整数K

Output:

输出一个最小的正整数N，使得F(N)>=K

Sample Input:

2

Sample Output:

4

说明：对于K=10时，N会很大

习题参考答案

第1章

一、选择题

（1）A （2）D （3）C （4）B

二、填空题

（1）函数 （2）main （3）/* */ （4）scanf() printf() （5）编辑 编译 连接 运行

第3章

一、选择题

（1）C （2）A （3）B （4）A （5）B （6）C （7）C （8）D

二、计算题

（1）①5 ②8 ③0 ④1 ⑤6 ⑥5 ⑦1.0 ⑧22.5 ⑨4.5 ⑩2.5

（2）x=32767，y=32766，Z=65535，m=65535

（3）0，6

（4）2，1，1

（5）①1 ②1 ③1 ④0

三、写出下列各问题的C语言表达式

（1）(a+b)*h/2

（2）(x%3==0)&&(x%10==7)

（3）设a，b，c分别表示1角、5角、1元三枚硬币，随机取两枚的取法有：

```
a&&b||a&&c||b&&c
```

（4）((a==1)+(b==2))==1&&((d==2)+(a==3)==1)&&((c==1)+(d==3)==1)

第4章

一、选择题

（1）D （2）D （3）B （4）D （5）B （6）D （7）C （8）D

二、程序填空题

（1）①scanf("%d%d",&a,&b); ②printf("%d+%d=%d\n",a,b,c);

（2）①ch=getchar();或者 scanf("%c",&ch); ②printf("char=%c ASCII=%d\n",ch,ch);

（3）①ch=getchar();②putchar(ch);

（4）int main()

```
{
    float x=2.23,y=4.35;
    printf("x=%f,y=%f\n",x,y);
    printf("x+y=%4.2f,y-x=%4.2f\n",x+y,y-x);
    return 0;
}
```

第5章

一、选择题

（1）A （2）B （3）B （4）D （5）C （6）C （7）C （8）B

二、程序阅读题

（1）2 （2）0.500000 （3）1 （4）C

第6章

一、选择题

（1）C （2）D （3）B （4）A （5）B （6）C （7）A （8）B （9）C （10）A

（11）①C②A （12）A （13）①A②A （14）①A②A （15）D

二、程序阅读题

（1）11,4,11

（2）
```
#&
&
&*
```

（3）8-2 （4）a=10,b=6 （5）54

（6）
```
    *
   ***
  *****
 *******
*********
```

第7章

一、选择题

（1）C （2）D （3）D （4）C （5）D （6）D （7）B （8）B （9）B （10）D

二、程序阅读题

（1）把 for (i=0;i<=5;i++) 修改成 for (i=0;i<5;i++)，程序结果：1 2 3 4 5

（2）1 3 4 8

（3）
```
 0   1   2   3
-1   0   1   2
-2  -1   0   1
-3  -2  -1   0
```

（4）aabcd

第8章

一、选择题

（1）B （2）A （3）A （4）D （5）B （6）C （7）A （8）D （9）C （10）D

（11）D （12）A （13）D （14）B （15）D

二、程序阅读题

（1）i=7; j=6; x=7　 i=2; j=7; x=5

（2）5 25

（3）8　17

（4）15

（5）8　40

（6）sum=10

第9章

一、选择题

（1）B （2）D （3）B （4）B （5）D （6）D （7）C （8）C （9）A （10）D

（11）C （12）C （13）A （14）B （15）C （16）D

二、程序阅读题

（1）0028FEF0　0028FEF4 0028FEF8 0028FEFC 0028FF00 0028FF04 0028FF08 0028FF0C 0028FF10（此答案仅供参考）

（2）a=0　b=7

（3）LANG

（4）6,9

第10章

一、选择题

（1）D （2）A （3）C （4）A （5）D （6）D （7）D （8）D （9）C （10）B

二、程序阅读题

（1）6 （2）1002,19,1001,20 （3）12 （4）4 （5）13

第11章

一、选择题

（1）D （2）B （3）A （4）A （5）C （6）D （7）D （8）D （9）C （10）D

（11）C （12）A （13）A （14）A

二、填空题

（1）二进制　文本 （2）n　 buf （3）1　 0

附录A ASCII码表

ASCII(American Standard Code for Information Interchange，美国信息交换标准代码，ASCⅡ)。ASCII码有7位码和8位码两种形式，7位码可以表示从0到127的128个数字所代表的字符或控制符，其中33个无法显示的字符，95个可显示的字符，包含空字符(显示为空白)。8位码从128到255之间的数字可以用来代表另一组的128个符号，称为Extended ASCII。

ASCII控制字符对照表

十六进制	ASCII码	字符	名称/意义	十六进制	ASCII码	字符	名称/意义
00H	0	NUL	空字符(Null)	10H	16	DLE	跳出数据通讯
01H	1	SOH	标题开始	11H	17	DC1	设备控制一(XON 启用软件速度控制)
02H	2	STX	本文开始	12H	18	DC2	设备控制二
03H	3	ETX	本文结束	13H	19	DC3	设备控制三(XOFF 停用软件速度控制)
04H	4	EOT	传输结束	14H	20	DC4	设备控制四
05H	5	ENQ	请求	15H	21	NAK	确认失败回应
06H	6	ACK	确认回应	16H	22	SYN	同步用暂停
07H	7	BEL	响铃 '\a'	17H	23	ETB	区块传输结束
08H	8	BS	退格 '\b'	18H	24	CAN	取消
09H	9	HT	水平定位符'\t'	19H	25	EM	连接介质中断
0AH	10	LF	换行键 '\n'	1AH	26	SUB	替换
0BH	11	VT	垂直定位'\v'	1BH	27	ESC	跳出
0CH	12	FF	换页键 '\f'	1CH	28	FS	文件分割符
0DH	13	CR	归位键 '\r'	1DH	29	GS	组群分隔符
0EH	14	SO	取消变换(Shift out)	1EH	30	RS	记录分隔符
0FH	15	SI	启用变换(Shift in)	1FH	31	US	单元分隔符
				7FH	127	DEL	删除

常用字符 ASCII 码对照表

十六进制	ASCII 码	符号	十六进制	ASCII 码	符号
20H	32	空格	50H	80	P
21H	33	!	51H	81	Q
22H	34	"	52H	82	R
23H	35	#	53H	83	S
24H	36	$	54H	84	T
25H	37	%	55H	85	U
26H	38	&	56H	86	V
27H	39	'	57H	87	W
28H	40	(	58H	88	X
29H	41	)	59H	89	Y
2AH	42	*	5AH	90	Z
2BH	43	+	5BH	91	[
2CH	44	,	5CH	92	\
2DH	45	–	5DH	93	]
2EH	46	.	5EH	94	^
2FH	47	/	5FH	95	_
30H	48	0	60H	96	`
31H	49	1	61H	97	a
32H	50	2	62H	98	b
33H	51	3	63H	99	c
34H	52	4	64H	100	d
35H	53	5	65H	101	e
36H	54	6	66H	102	f
37H	55	7	67H	103	g
38H	56	8	68H	104	h
39H	57	9	69H	105	i
3AH	58	:	6AH	106	j
3BH	59	;	6BH	107	k
3CH	60	<	6CH	108	l
3DH	61	=	6DH	109	m
3EH	62	>	6EH	110	n
3FH	63	?	6FH	111	o
40H	64	@	70H	112	p
41H	65	A	71H	113	q
42H	66	B	72H	114	r

续表

十六进制	ASCII 码	符号	十六进制	ASCII 码	符号
43H	67	C	73H	115	s
44H	68	D	74H	116	t
45H	69	E	75H	117	u
46H	70	F	76H	118	v
47H	71	G	77H	119	w
48H	72	H	78H	120	x
49H	73	I	79H	121	y
4AH	74	J	7AH	122	z
4BH	75	K	7BH	123	{
4CH	76	L	7CH	124	|
4DH	77	M	7DH	125	}
4EH	78	N	7EH	126	~
4FH	79	O			

附录B C语言关键字

在C语言中由ANSI标准定义的关键字共32个，每个关键字有特定的含义，它们不能用作变量名、函数名或其它标识符使用。

关键字	作用	关键字	作用
int	声明整型变量或函数	char	声明字符型变量或函数
float	声明浮点型变量或函数	double	声明双精度变量或函数
short int	声明短整型变量或函数	long int	声明长整型变量或函数
unsigned	声明无符号类型变量或函数	signed	声明有符号类型变量或函数
auto	声明自动变量	const	声明只读变量
if	条件语句	else	否定分支（与 if 连用）
switch	用于开关语句	case	多分支（与 switch 连用）
default	开关语句中的“其他”分支	do	执行循环语句的循环体
while	循环语句的循环条件	for	一种循环语句
break	跳出当前循环	continue	结束本次循环
goto	无条件跳转语句	extern	声明变量在其他文件中已作声明
enum	声明枚举类型	struct	声明结构体变量或函数
union	声明共用数据类型	static	声明静态变量
register	声明寄存器变量	typedef	用以给数据类型取别名
volatile	说明变量在程序执行中可被隐含地改变	void	声明函数无返回值或无参数，声明无类型指针
sizeof	计算数据类型长度	return	返回语句

附录C 运算符及优先级表

优先级	运算符	名称或含义	使用形式	结合方向
1	()	圆括号	（表达式）/函数名( )	左到右
	[]	数组下标	数组名[常量表达式]	
	.	成员选择（对象）	对象.成员名	
	->	成员选择（指针）	对象指针->成员名	
2	!	逻辑非运算符	!表达式	右到左
	～	按位取反运算符	～表达式	
	++	自增运算符	++变量名/变量名++	
	--	自减运算符	--变量名/变量名--	
	+	正号运算符	+表达式	
	-	负号运算符	-表达式	
	*	取内容运算符	*指针变量	
	&	取地址运算符	&变量名	
	（类型）	强制类型转换	（数据类型）表达式	
	sizeof	长度运算符	sizeof（表达式）	
3	*	乘	表达式*表达式	左到右
	/	除	表达式/表达式	
	%	余数（取模）	整型表达式/整型表达式	
4	+	加	表达式+表达式	左到右
	-	减	表达式-表达式	
5	<<	左移	变量<<表达式	左到右
	>>	右移	变量>>表达式	

续表

优先级	运算符	名称或含义	使用形式	结合方向
6	>	大于	表达式>表达式	左到右
	>=	大于等于	表达式>=表达式	
	<	小于	表达式<表达式	
	<=	小于等于	表达式<=表达式	
7	==	等于	表达式==表达式	左到右
	!=	不等于	表达式!= 表达式	
8	&	按位与	表达式&表达式	左到右
9	^	按位异或	表达式^表达式	左到右
10	|	按位或	表达式|表达式	左到右
11	&&	逻辑与	表达式&&表达式	左到右
12	||	逻辑或	表达式||表达式	左到右
13	?:	条件运算符	表达式 1? 表达式 2: 表达式 3	右到左
14	=	赋值运算符	变量=表达式	右到左
	*=	乘后赋值	变量*=表达式	
	/=	除后赋值	变量/=表达式	
	%=	取模后赋值	变量%=表达式	
	+=	加后赋值	变量+=表达式	
	-=	减后赋值	变量-=表达式	
	<<=	左移后赋值	变量<<=表达式	
	>>=	右移后赋值	变量>>=表达式	
	&=	按位与后赋值	变量&=表达式	
	^=	按位异或后赋值	变量^=表达式	
	|=	按位或后赋值	变量|=表达式	
15	,	逗号运算符	表达式 1,表达式 2,…	左到右

附录D　常用库函数

库函数并不是 C 语言本身的构成部分，只是因为这些函数使用频率较高因而把它们收集起来供编程者使用。每一种 C 编译系统都提供了一批库函数，不同的编译系统所提供的库函数的数目和函数名以及函数的功能可能会有所不同。附录 D 列出了一些标准 C 的常用库函数。如果需要更多的库函数可以查阅《C 库函数集》，也可以到互联网上下载“C 库函数查询器”软件进行查询。

一、输入/输出函数

使用下列库函数要求在源文件中包含头文件“stdio.h”。

函数名	函数与形参类型	功能	说明
clearerr	void clearerr(FILE *fp);	清除文件指针错误	
close	int close(FILE *fp);	关闭文件指针 fp 指向的文件，成功，返回 0，不成功，返回-1	非 ANSI 标准
creat	int creat(char filename,int mode);	以 mode 所指定的方式建立文件。成功则返回正数，否则返回-1	非 ANSI 标准
eof	int eof(int fd);	检查文件是否结束。遇文件结束，返回 1，否则返回 0	非 ANSI 标准
fclose	int fclose(FILE *fp);	关闭文件指针 fp 所指向的文件，释放缓冲区。有错误返回非 0，否则返回 0	
feof	int feof(FILE *fp);	检查文件是否结束。遇文件结束符返回非零值，否则返回 0	
fgetc	int fgetc(FILE *fp);	返回所得到的字符。若读入出错，返回 EOF	
fgets	char *fgets(char *buf,int n,FILE *fp);	从 fp 指向的文件读取一个长度为(n-1)的字符串，存放起始地址为 buf 的空间。成功返回地址 buf，若遇文件结束或出错，返回 NULL	
fopen	FILE *fopen(char *filename,char *mode);	以 mode 指定的方式打开名为 filename 的文件。成功时返回一个文件指针，否则返回 NULL	
fprintf	int fprintf(FILE *fp,char *format,args,…);	把 args 的值以 format 指定的格式输出到 fp 指向的文件中	
fputc	int fputc(char ch,FILE *fp);	将字符 ch 输出到 fp 指向的文件中。成功则返回该字符，否则返回非 0	

续表

函数名	函数与形参类型	功能	说明
fputs	int fputs(char *str,FILE *fp);	将str指向的字符串输出到fp指向的文件中。成功则返回0，否则返回非0	
fread	int fread(char *pt,unsigned size,unsigned n,FILE *fp);	从fp指向的文件中读取长度为size的n个数据项，存到pt指向的内存区。成功则返回所读的数据项个数，否则返回0	
fscanf	int fscanf(FILE *fp,char format,args,…);	从fp指向的文件中按format给定的格式将输入数据送到args所指向的内存单元	
fseek	int fseek(FILE *fp,long offset,int base);	将fp指向的文件位置指针移到以base所指出的位置为基准，以offset为位移量的位置。成功则返回当前位置，否则返回-1	
ftell	long ftell(FILE *fp);	返回fp所指向的文件中的当前读写位置	
fwrite	int fwrite(char *ptr,unsigned size,unsigned n,FILE *fp);	将ptr所指向的n*size个字节输出到fp所指向的文件中。返回写到fp文件中的数据项个数	
getc	int getc(FILE *fp);	从fp所指向的文件中读入一个字符。返回所读的字符，若文件结束或出错，返回EOF	
getchar	int getchar(void);	从标准输入设备读取下一个字符。返回所读字符，若文件结束或出错，则返回-1	
gets	char *gets(char *str);	从标准输入设备读取字符串，存放由str指向的字符数组中。返回字符数组起始地址	
getw	int getw(FILE *fp);	从fp指向的文件读取下一个字（整数）。返回输入的整数，若遇文件结束或出错，返回-1	非ANSI标准函数
open	int open(char *filename,int mode);	以mode指出的方式打开已存在的名为filename的文件。返回文件号（正数），如打开失败，返回-1	非ANSI标准函数
printf	int printf(char *format,args,…);	按format指向的格式字符串所规定的格式，将输出表列args的值输出到标准输出设备。返回输出字符的个数，出错返回负数	format是一个字符串或字符数组的起始地址
putc	int putc(int ch,FILE *fp);	将一个字符ch输出到fp所指的文件中。返回输出的字符ch，出错返回EOF	
putchar	int putchar(char ch);	将字符ch输出到标准输出设备。返回输出的字符ch，出错返回EOF	
puts	int puts(char *str);	把str指向的字符串输出到标准输出设备，将'\0'转换为回车换行。返回换行符，失败返回EOF	
putw	int putw(int w,FILE *fp);	将一个整数w（即一个字）写入fp指向的文件中。返回输出的的整数，出错返回EOF	非ANSI标准函数

续表

函数名	函数与形参类型	功能	说明
read	int read(int fd,char *buf,unsigned count);	从文件号 fd 所指示中读 count 个字节到由 buf 指示的缓冲区中。返回真正读入的字节个数。如遇文件结束返回 0，出错返回-1	非 ANSI 标准函数
rename	int rename(char *oldname,char *newname);	把由 oldname 所指的文件名，改为由 newname 所指的文件名。成功时返回 0，出错返回-1	
rewind	void rewind(FILE *fp);	将 fp 指向的文件中的位置指针移到文件开头位置，并清除文件结束标志和错误标志	
scanf	int scanf(char *format,args,…);	从标准输入设备按 format 指向的格式字符串规定的格式，输入数据给 args 所指向的单元。成功时返回赋给 args 的数据个数，出错时返回 0	args 为指针
write	int write(int fd,char *buf,unsigned count);	从 buf 指示的缓冲区输出 count 个字符到 fd 所标志的文件中。返回实际输出的字节数。如出错返回-1	非 ANSI 标准函数

二、数学函数

使用下列库函数要求在源文件中包含头文件“math.h”。

函数名	函数与形参类型	功能	说明
abs	int abs(int x);	计算并返回整数 x 的绝对值	
acos	double acos(double x);	计算并返回 arccos(x)的值	要求 x 在 1 和-1 之间
asin	double asin(double x);	计算并返回 arcsin(x)的值	要求 x 在 1 和-1 之间
atan	double atan(double x);	计算并返回 arctan(x)的值	
atan2	double atan2(double x,double y);	计算并返回 arctan(x/y)的值	
atof	double atof(char *nptr);	将字符串转化为浮点数	
atoi	int atoi(char *nptr);	将字符串转化为整数	
atol	long atoi(char *nptr);	将字符串转化为长整型数	
cos	double cos(double x);	计算 cos(x)的值	x 为单位弧度
cosh	double cosh(double x);	计算双曲余弦 cosh(x)的值	
exp	double exp(double x);	计算 e^x 的值	
fabs	double fabs(double x);	计算 x 的绝对值	x 为双精度数
floor	double floor(double x);	求不大于 x 的最大双精度整数	
fmod	double fmod(double x,double y);	计算 x/y 后的余数	

续表

函数名	函数与形参类型	功能	说明
frexp	double frexp(double val,double *eptr);	将 val 分解为尾数 x，以 2 为底的指数 n，即 val=x*2^n，n 存放到 eptr 所指向的变量中	返回尾数 x，x 在 0.5 与 1 之间
labs	long labs(long x);	计算并返回长整型数 x 的绝对值	
log	double log(double x);	计算并返回自然对数值 ln(x)	x>0
log10	double log10(double x);	计算并返回常用对数值 $log_{10}(x)$	x>0
modf	double modf(double val,double *iptr);	将双精度数分解为整数部分和小数部分。小数部分作为函数值返回；整数部分存放在 iptr 指向的双精度型变量中	
pow	double pow(double x,double y);	计算并返回 x^y 的值	
pow10	double pow10(int x);	计算并返回 10^x 的值	
rand	int rand(void);	产生-90 到 32767 间的随机整数	rand()%100 就是返回 100 以内的整数
random	int random(int x);	在 0～x 范围内随机产生一个整数	使用前必须用 randomize 函数
randomize	void randomize(void);	初始化随机数发生器	
sin	double sin(double x);	计算并返回正弦函数 sin(x)的值	x 为单位弧度
sinh	double sinh(double x);	计算并返回双曲正弦函数 sinh(x)的值	
sqrt	double sqrt(double x);	计算并返回 x 的平方根	x 要大于等于 0
tan	double tan(double x);	计算并返回正切值 tan(x)	x 为单位弧度
tanh	double tanh(double x);	计算并返回双正切值 tanh(x)	

三、字符判别和转换函数

使用下列库函数要求在源文件中包含头文件“ctype.h”。

函数名	函数与形参类型	功能	说明
isalnum	int isalnum(int ch);	检查 ch 是否为字母或数字	是，返回 1，否则返回 0
isalpha	int isalpha(int ch);	检查 ch 是否为字母	是，返回 1，否则返回 0
isascii	int isascii(int ch);	检查 ch 是否为 ASCII 字符	是，返回 1，否则返回 0
iscntrl	int iscntrl(int ch);	检查 ch 是否为控制字符	是，返回 1，否则返回 0
isdigit	int isdigit(int ch);	检查 ch 是否为数字	是，返回 1，否则返回 0
isgraph	int isgraph(int ch);	检查 ch 是否为可打印字符，即不包括控制字符和空格	是，返回 1，否则返回 0
islower	int islower(int ch);	检查 ch 是否为小写字母	是，返回 1，否则返回 0
isprint	int isprint(int ch);	检查 ch 是否为可打印字符（含空格）	是，返回 1，否则返回 0

续表

函数名	函数与形参类型	功能	说明
ispunch	int ispunch(int ch);	检查 ch 是否为标点符号	是，返回 1，否则返回 0
isspace	int isspace(int ch);	检查 ch 是否为空格水平制表符('\t')、回车符('\r')、走纸换行('\f')、垂直制表符('\v')、换行符('\n')	是，返回 1，否则返回 0
isupper	int isupper(int ch);	检查 ch 是否为大写字母	是，返回 1，否则返回 0
isxdigit	int isxdigit(int ch);	检查 ch 是否为十六进制数字	是，返回 1，否则返回 0
tolower	int tolower(int ch);	将 ch 中的字母转换为小写字母	返回小写字母
toupper	int toupper(int ch);	将 ch 中的字母转换为大写字母	返回大写字母
atof	double atof(const char *nptr);	将字符串转换成浮点数	返回浮点数（double 型）
atoi	int atoi(const char *nptr);	将字符串转换成整型数	返回整数
atol	long atol(const char *nptr);	将字符串转换成长整型数	返回长整型数

四、字符串函数

使用下列库函数要求在源文件中包含头文件“string.h”。

函数名	函数与形参类型	功能	说明
strcat	char *strcat(char *str1,const char *str2);	将字符串 str2 连接到 str1 后面	返回 str1 的地址
strchr	char *strchr(const char *str,int ch);	找出 ch 字符在字符串 str 中第一次出现的位置	返回 ch 的地址，若找不到返回 NULL
strcmp	int strcmp(const char *str1,const char *str2);	比较字符串 str1 和 str2	str1<str2 返回负数 str1=str2 返回 0 str1>str2 返回正数
strcpy	char *strcpy(char *str1,const char *str2);	将字符串 str2 复制到 str1 中	返回 str1 的地址
strlen	int strlen(const char *str);	求字符串 str 的长度	返回 str1 包含的字符数（不含'\0'）
strlwr	char *strlwr(char *str);	将字符串 str 中的字母转换为小写字母	返回 str 的地址
strncat	char *strncat(char *str1,const char *str2,size_t count);	将字符串 str2 中的前 count 个字符连接到 str1 后面	返回 str1 的地址
strncpy	char *strncpy(char *dest,const char *source,size_t count);	将字符串 str2 中的前 count 个字符复制到 str1 中	返回 str1 的地址
strstr	char *strstr(const char *str1,const char *str2);	找出字符串 str2 的字符串 str 中第一次出现的位置	返回 str2 的地址，找不到返回 NULL
strupr	char *strupr(char *str);	将字符串 str 中的字母转换为大写字母	返回 str 的地址

五、动态分配存储空间函数

使用下列库函数要求在源文件中包含头文件“stdlib.h”。

函数名	函数与形参类型	功能	说明
calloc	void *calloc(size_t num, size_t size);	为 num 个数据项分配内存，每个数据项大小为 size 个字节	返回分配的内存空间起始地址，分配不成功返回 0
free	void *free(void *ptr);	释放 ptr 指向的内存单元	
malloc	void *malloc(size_t size);	分配 size 个字节的内存	返回分配的内存空间起始地址，分配不成功返回 0
reallc	void *realloc(void ptr,size_t newsize);	将 ptr 指向的内存空间改为 newsize 字节	返回新分配的内存空间起始地址，分配不成功返回 0
ecvt	char ecvt(double value,int ndigit,int *decpt,int *sign);	将一个浮点数转换为字符串	
fcvt	char *fcvt(double value,int ndigit,int *decpt,int *sign);	将一个浮点数转换为字符串	
gcvt	char *gcvt(double value,int ndigit,char *buf);	将浮点数转换成字符串	
itoa	char *itoa(int value,char *string,int radix);	将一整型数转换为字符串	
strtod	double strtod(char *str,char **endptr);	将字符串转换为 double 型	
strtol	long strtol(char *str,char **endptr,int base);	将字符串转换为长整型数	
ultoa	char *ultoa(unsigned long value,char *string,int radix);	将无符号长整型数转换为字符串	

参考文献

[1] 朱鸣华，刘旭麟，杨微．C语言程序设计教程[M]．2版．北京：机械工业出版社，2011.
[2] 裘宗燕．从问题到程序程序设计与C语言引论[M]．2版．北京：机械工业出版社，2011.
[3] 谭浩强．C程序设计[M]．4版．北京：清华大学出版社，2010.
[4] 李丽娟．C语言程序设计教程[M]．4版．北京：人民邮电出版社，2013.
[5] 方娇莉，李向阳．研究式学习——C语言程序设计[M]．2版．北京：中国铁道出版社，2010.
[6] 揣锦华．C++程序设计语言[M]．西安：西安电子科技大学出版社，2003.
[7] 尹宝林．C程序设计思想与方法[M]．北京：机械工业出版社，2009.
[8] 李春葆，张植民，肖忠付．C语言程序设计题典[M]．北京：清华大学出版社，2002.
[9] 苏小红，孙志岗，陈惠鹏．C语言大学实用教程[M]．3版．北京：电子工业出版社，2012.
[10] 徐士良．C语言程序设计教程[M]．第3版．北京：人民邮电出版社，2010.
[11] [美]K.N.KING.著．C语言程序设计现代方法[M]．第2版．吕秀锋，黄倩译．北京：人民邮电出版社，2015.